T0281580

Grundlagen der Elektrotechnik

Cihat Karaali

Grundlagen der Elektrotechnik

Elektrisches und magnetisches Feld,
Gleichstrom- und Wechselstromkreis,
Drehstrom in der Antriebstechnik,
Einführung mit Übungen

Cihat Karaali
Department of Science Technology (SciTec),
University of Applied Sciences Jena
Berlin, Deutschland

ISBN 978-3-658-31828-4   ISBN 978-3-658-31829-1   (eBook)
https://doi.org/10.1007/978-3-658-31829-1

Die Deutsche Nationalbibliothek verzeichnet diese Publikation in der Deutschen Nationalbibliografie; detaillierte bibliografische Daten sind im Internet über http://dnb.d-nb.de abrufbar.

Planung/Lektorat: Reinhard Dapper
Springer Vieweg ist ein Imprint der eingetragenen Gesellschaft Springer Fachmedien Wiesbaden GmbH und ist ein Teil von Springer Nature.
Die Anschrift der Gesellschaft ist: Abraham-Lincoln-Str. 46, 65189 Wiesbaden, Germany

Meiner Familie
Nikos Ada, Elia, Zoi Su,
Esim, Lucia, Özlem, Kostas, Ayse'm
gewidmet

Vorwort

Die Bewegung elektrischer Ladungen in einem Magnetfeld als ein physikalischer Effekt und die Entstehung von elektrischen Feldern durch elektrische Ladungen und durch Änderung von magnetischen Feldern sind die fundamental unabdingbaren Vorkenntnisse für die Analyse von Gleichstrom- und Wechselstromnetzwerken. Daher entwickelt sich der Inhalt dieses Werkes in eine systematische Vorgehensweise unter Betrachtung der grundlegenden Begriffe vom magnetischen und elektrischen Feld, gefolgt mit den ganz ausführlichen Analysen von Gleich- und Wechselstromkreisen und folglich mit Drehstrom in der Antriebstechnik.

Das Werk soll die Interessenten, die sich in ausführlicher Form informieren möchten, eine Anregung zum Weiterstudium und zur Weiterentwicklung/-forschung bieten. Es soll grundlegend Einführung und Übersicht, Übung und Formelsammlung sowie ausführliche begleitende grafische Darstellungen zum Inhalt vermitteln. Die wesentlichen Gebiete der Elektrotechnik von den Grundlagen bis zu zahlreichen ausgeführten praktischen Übungen bilden die Schwerpunkte des Buches.

Es wurde viel Wert auf die grafischen Darstellungen und Schaltnetzwerken und sehr ausführlichen Ableitungen der Netzwerkgleichungen gelegt. Eine generelle elektrotechnische Lösungsmethode für den technisch optimalen Entwicklungsvorgang ist in diesem Werk unter der Berücksichtigung von unterschiedlichen Eigenschaften, der systematischen Vorgehensweisen und Lösungskonzepten vorgestellt. Diese Systematik charakterisiert den wichtigen Auswahlprozess der theoretischen sowie der praktischen Arbeit. An einer Vielzahl von Anwendungsbeispielen werden Eigenschaften und Möglichkeiten elektrotechnischer Aufgaben und deren Verfahren erläutert. Darüber hinaus wird auch gezeigt, dass es für die gestellten Aufgaben zahlreiche Lösungsmethoden gibt, die unterschiedliche Vorgehensweisen anbieten. Es ist aber nicht unbedingt erforderlich, eine gezielte Voraussetzung für die Durchführung der Aufgabenlösungen anzugeben. Dabei werden Beschreibungsmethoden zur Anwendung physikalischer/elektrotechnischer Gesetze systematisiert erläutert, die zielgerechte Lösungen der gestellten Aufgaben darbieten.

Berlin   Prof Dr.-Ing Cihat Karaali
2019

Inhaltsverzeichnis

Das magnetische Feld

Schlüsselwörter

Magnetisches Feld · Feldstärke · Widerstand · Feldlinien · Induktion

1.1 Grunderscheinung

Als bekannt wird vorausgesetzt:

- Magnete können Eisenteile anziehen und festhalten,
- Kompassnadeln (Magnetnadeln) richten sich unter dem Einfluss des Erdmagnetismus in etwa in die biografische Nord-/Südrichtung aus,
- Stromdurchflossene Leiter haben um sich herum ein Magnetfeld.

▶ **Definition Magnetisches Feld:** Raum, der sich in einem magnetisch wirksamen Zustand befindet.

Möglichkeiten des Nachweises magnetischer Felder:
- Eisenfeilspäne
- Magnetnadeln
- Induktionsspulen

Versuche mit Eisenfeilspänen und stromdurchflossenen Leiter zeigen, dass sich Eisenteilchen in bestimmten Linien anordnen. Aus solchen Feldlinienbildern können Form und Ausbreitung magnetischer Felder bestimmt werden.

© Springer Fachmedien Wiesbaden GmbH, ein Teil von Springer Nature 2021
C. Karaali, *Grundlagen der Elektrotechnik*, https://doi.org/10.1007/978-3-658-31829-1_1

Siehe Abb. 1.1 und 1.2.

Abb. 1.1 Feldlinien eines
stromdurchflossenen geraden
Leiters in einer senkrechten
Ebene zum Leiter

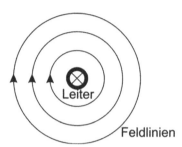

Abb. 1.2 Feldlinienbild einer
Windung

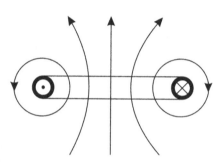

Abb. 1.3 Feldlinienbild einer
geraden langen Spule

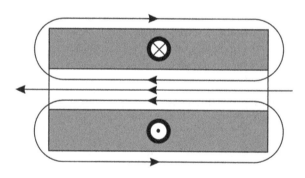

In Abb. 1.3 verlaufen die Feldlinien innerhalb der Spule geradlinig. Felder mit
parallelen und geraden Feldlinien werden als **homogene Felder** bezeichnet.

Festlegung von Nord- und Südpol:

Eine freibewegliche Magnetnadel stellt sich im erdmagnetischen Feld in die geo-
grafische Nord-/Südrichtung ein.

Nordpol der Magnetnadel: Nadelende, das zum Erdnordpol zeigt;

Südpol der Magnetnadel: Nadelende, das zum geografischen Erdsüdpol zeigt.

Feldrichtung, Stromrichtung und Polarität einer stromdurchflossenen Spule mit Eisenkern:

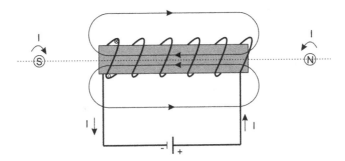

Abb. 1.4 Spule mit Eisenkern

Nord- und Südpol werden mit einer Kompassnadel bestimmt. Für die positive Feldrichtung gilt, dass die Richtung der Feldlinien vom Nordpol zum Südpol durch die Luft hindurch verläuft. Feld- und Stromrichtung in Abb. 1.4 lassen sich mit der Bohrer- oder Korkenzieherregel festlegen. Denkt man sich eine Rechtsschraube in positiver Feldrichtung in die Spulenachse geschraubt, so gibt die dazu nötige Drehrichtung die Stromrichtung an. Die Umkehrung lautet: Wird die Rechtsschraube in den Leitern in Richtung des Stromes geschraubt, so gibt die dazu gehörige Drehrichtung die positive Feldrichtung an. ◀

1.2   Größen des magnetischen Feldes

1.2.1   Die Feldgrößen im Linienbild

Die Stärke des magnetischen Feldes ist von der Feldliniendichte abhängig. Trotzdem ist die Feldliniendichte nur ein relativer Maßstab. Das Feldlinienbild ist nur eine Hilfsvorstellung. Tatsächlich ist der ganze Raum kontinuierlich von dem magnetischen Zustand erfüllt.

1.2.2   Induktion und Fluss

Ein Eisenstück wird in einem magnetischen Feld durch Induktion selbstmagnetisch, d. h. von magnetischen Feldlinien durchsetzt (Abb. 1.5).

Abb. 1.5 Eisenstück von magnetischen Feldlinien durchsetzt (zur Verdeutlichung der magnetischen Induktion)

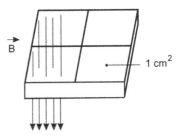

Maß für die Stärke der magnetischen Induktion = Anzahl der magnetischen Induktionslinien (Feldlinien), die eine Flächeneinheit durchsetzt. Formelzeichen der magnetischen Induktion: $\vec{B}$ (vektorielle Größe) (Abb. 1.6).

Abb. 1.6 Eisenstück von magnetischen Feldlinien durchsetzt (zur Verdeutlichung des magnetischen Flusses)

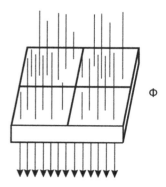

Magnetischer Fluss oder Induktionsfluss = Gesamtzahl aller Feldlinien, die eine Fläche durchsetzen. Formelzeichen des magnetischen Flusses: Φ. Zwischen Φ, $\vec{B}$ und der Fläche A_n, durch die der Fluss hindurchtritt, besteht im homogenen Magnetfeld folgender Zusammenhang:

$$\Phi = \vec{B} \cdot \vec{A_n} \qquad (1.1)$$

Für $\vec{B} \cdot \vec{A_n}$ gilt: skalares Produkt der Vektoren $\vec{B}$ und $\vec{A_n}$ (inneres Produkt). Das skalare Produkt zweier Vektoren ist skalar. Es ist gleich dem Produkt aus den beiden Beträgen der beiden Vektoren und dem Cosinus des von beiden Vektoren eingeschlossenen Winkels. [Äußeres Produkt: Das vektorielle Produkt zweier Vektoren ist ein Vektor. Sein Betrag ist gleich dem Produkt aus den Beträgen der beiden Faktoren und dem Betrag des Sinus, des von beiden Vektoren eingeschlossenen Winkels]. A_n ist die Normalfläche, d. h. die Flächenprojektion auf eine Ebene senkrecht zu den Feldlinien.

Spule, die sich in einem homogenen Magnetfeld dreht (Abb. 1.7).

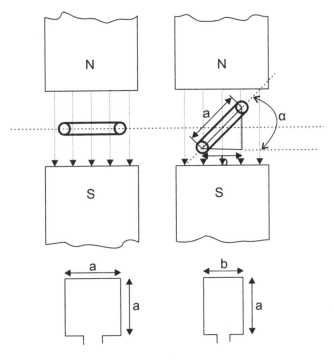

Abb. 1.7 Für die linke Seite gilt: $A_n = a \cdot a = a^2$

$$\cos \alpha = \frac{b}{a}$$

$$b = a \cdot \cos \alpha$$

Für die rechte Seite gilt: $A_n = a \cdot b$

$$= a \cdot a \cdot \cos \alpha$$

$$= a^2 \cdot \cos \alpha$$

Für das nichthomogene Magnetfeld lässt sich Φ aus der allgemeinen Gl. (1.2) ermitteln:

$$\Phi = \int \vec{B} \cdot d\vec{A_n} \tag{1.2}$$

Für das magnetische Feld gilt:

1. Der Fluss ist in jedem magnetischen Feld, d. h. in jedem magnetischen Feldlinien-
   kreis konstant. Das gilt nur, wenn die Gesamtheit des Feldes betrachtet wird,
2. Das magnetische Feld ist ein Wirbelfeld, d. h. in jedem magnetischen Feld sind
   stets alle magnetischen Linien in sich geschlossene Linien ohne Anfang und Ende.

1.3   Das ohmsche Gesetz des magnetischen Kreises (Hopkinsonsches Gesetz)

Wird der Fluss durch eine Spule erzeugt, so ist seine Größe abhängig von der Stromstärke I und der Windungszahl N der Spule. Das Produkt $N \cdot I$ ist die erzeugte Größe des
Flusses (Ursache). $N \cdot I$ wird als Durchflutung genannt. Formelzeichen

$$\Theta = N \cdot I \tag{1.3}$$

Wie im elektrischen Kreis gilt auch hier im magnetischen Kreis: Die Wirkung (Fluss Φ)
ist der Ursache (Durchflutung Θ) proportional. Es gilt:

$$\Phi = \Lambda \cdot N \cdot I = \Lambda \cdot \Theta \tag{1.4}$$

In Gl. (1.4) ist Λ eine Proportionalitätskonstante, die als **magnetischer Leitwert**
bezeichnet wird.
  Magnetischer Leitwert $\Lambda = 1/$magnetischer Widerstand

$$\Lambda = \frac{1}{R_m} \tag{1.5}$$

Gl. (1.5) in (1.4) eingesetzt:

$$\Phi = \frac{N \cdot I}{R_m} = \frac{\Theta}{R_m} \tag{1.6}$$

1.4   Größen und Einheiten des magnetischen Feldes

Größe	Formelzeichen	Einheit	Symbol
Magnetische Induktion	$\vec{B}$	Tesla	T
Magnetischer Fluss	Φ	Weber	Wb
Durchflutung	Θ	Ampere	A
Magnetischer Leitwert	Λ	Henry	H
Magnetischer Widerstand	R_m	Henry^{-1}	H^{-1}

$1 \, \text{Wb} \stackrel{\triangle}{=} 1 \, \text{Vs} \stackrel{\triangle}{=} 10^8 \, \text{M}.$

$1 \, \text{T} \stackrel{\triangle}{=} 1 \frac{\text{Ws}}{\text{m}^2} \stackrel{\triangle}{=} 10^4 \, \text{G} \quad \text{mit} \ 1 \frac{\text{Vs}}{\text{cm}^2} = 10^8 \, \text{G} \qquad \text{(G: Gauß)}.$

Definitionsgleichung für Λ: $\Lambda = \frac{\Phi}{\Theta} \rightarrow \frac{[\text{Wb}]}{[\text{A}]} = \frac{[\text{Vs}]}{[\text{A}]} = \Omega \cdot s = H.$ Für $1 \Omega \cdot 1s$ wird die Einheit $1H$ eingeführt. In der Praxis wurden bis 1970 für Gauß $\vec{B} \rightarrow$ Gauß [G] und für den Fluss Mexwell $\Phi \rightarrow$ Mexwell [M] als Einheiten aus dem absoluten elektromagnetischen Maßsystem verwendet.

1.5 Magnetischer Widerstand

Der magnetische Widerstand kann auch aus den Größen Länge, Querschnitt und Werkstoffkonstante berechnet werden:

$$R_m = \frac{l}{\mu \cdot A_n} \tag{1.7a}$$

$$\mu = \mu_0 \cdot \mu_r \tag{1.7b}$$

l mittlere Länge der Feldlinien [cm]
A_n Normalfläche
μ absolute Permeabilität (magnetische Leitfähigkeit)
μ_0 Induktionskonstante (magnetische Leitfähigkeit des Vakuums)
μ_r relative Permeabilität (reiner Zahlenfaktor)
μ_r gibt das Verhältnis der magnetischen Leitfähigkeit im betrachteten Werkstoff zur magnetischen Leitfähigkeit im Vakuum an
μ_r $= 1$ (Vakuum)
μ_r $= 1,0000004$ (Luft). Für Berechnungen wird $\mu_r = 1$ für Luft eingesetzt

Induktionskonstante:

$$\mu_0 = 1{,}256 \cdot 10^{-8} \frac{[\text{H}]}{[\text{cm}]} \tag{1.8}$$

$$\mu_0 = 125{,}6 \cdot 10^{-8} \frac{[\text{Tm}]}{[\text{A}]}$$

$$\mu_0 = 125{,}6 \cdot 10^{-6} \frac{[\text{T} \cdot \text{cm}]}{[\text{A}]}$$

Gl. (1.7a) wird in Gl. (1.6) eingesetzt:

$$\Phi = \frac{\Theta}{R_m} = \frac{N \cdot I \cdot \mu_0 \cdot \mu_r \cdot A_n}{l} \tag{1.9}$$

Mit Gl. (1.9) wird vorwiegend in der Praxis gerechnet.

Aufgabe 1

Gegeben   Ringspule → Kern: Luft ($\mu_r = 1$)

                Mittlerer Ringdurchmesser: 20 cm

                Mittlerer Windungsdurchmesser: 3 cm

                Induktion in der Spule: 10^{-2} T

Gesucht   Durchflutung? Magnetischer Leitwert (Abb. 1.8)?

Abb. 1.8 Ringspule mit
magnetischen Windungen

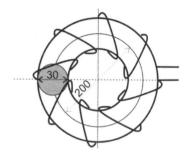

Lösung

$$\Theta = |N \cdot I| = \frac{\phi \cdot l}{\mu_0 \cdot \mu_r \cdot A_n}$$

$$\phi = \vec{B} \cdot A_n$$

$$\Theta = |N \cdot I| = \frac{\left|\vec{B}\right| \cdot l \cdot A_n}{\mu_0 \cdot \mu_r \cdot A_n}$$

$$\Theta = |N \cdot I| = \frac{\left|\vec{B}\right| \cdot l}{\mu_0 \cdot \mu_r} = \frac{10^{-2}\,\text{T}\,20\text{cm}}{125,6 \cdot 10^{-6}\,\text{Tcm/A}} \approx 5000\,\text{A}$$

$N \cdot I = 5000\,\text{A}$ können z. B. durch 5000 Windungen und 1 A erzeugt werden. Die Aufteilung des Produktes ist abhängig von der zur Verfügung stehenden Spannung, vom Widerstand der Wicklung und der zulässigen Erwärmung, d. h. der zulässigen Leistungsaufnahme. Beispiel: Zulässige Leistungsaufnahme eines Fernmelderelais (verfügt über eine Spule im Steuerstromkreis) beträgt etwa 5 W.

$$R_m = \frac{l}{\mu_0 \cdot \mu_r \cdot A_n}$$

$$\Lambda = \frac{1}{R_m} = \frac{\mu_0 \cdot \mu_r \cdot A_n}{l} = \frac{\mu_0 \cdot \mu_r \cdot \frac{d^2 \cdot \pi}{4}}{d \cdot \pi} = \frac{1{,}256 \cdot 10^{-8}\,\text{H/cm} \cdot (3\,\text{cm})^2}{20\,\text{cm} \cdot 4} = 0{,}1413 \cdot 10^{-8}\,\text{H}$$

mit

$$A = \frac{d^2 \cdot \pi}{4} = \frac{(3\,\text{cm})^2 \cdot \pi}{4}$$

$$l = d \cdot \pi = (20\,\text{cm}) \cdot \pi$$

1.6 Magnetische Feldstärke

Nach Gl. (1.1) gilt $\vec{B} = \frac{\Phi}{A_n}$. Für den Fall eines homogenen Feldes darf Φ durch Gl. (1.9) ersetzt werden:

$$\vec{B} = \frac{\Phi}{\vec{A_n}} = \mu_0 \cdot \mu_r \cdot \frac{N \cdot I}{l} \tag{1.10a}$$

Die Größe $\left|\vec{B}\right|$ ist nach Gl. (1.10a) bestimmt durch die magnetische Leitfähigkeit $\mu_0 \cdot \mu_r$ und dem Bruch $\frac{N \cdot I}{l}$.

Bedeutung von $\frac{N \cdot I}{l}$: Durchflutung je Längeneinheit der Feldlinie, d. h., an jeder Längeneinheit der Feldlinie erzeugt die Durchflutung ein Feld der Stärke $\frac{N \cdot I}{l}$. Für $\frac{N \cdot I}{l}$ wird die Bezeichnung **magnetische Feldstärke** eingeführt. Formelzeichen: $\vec{H}$. Magnetische Feldstärke:

$$\vec{H} = \frac{N \cdot I}{l} = \frac{\Theta}{l} \tag{1.10b}$$

Θ ist die Ursache für Φ, und $\vec{H}$ ist die Ursache für $\vec{B}$. Gl. (1.10b) in (1.10a) eingesetzt:

$$\vec{B} = \mu_0 \cdot \mu_r \cdot \frac{N \cdot I}{l} = \mu_0 \cdot \mu_r \cdot \vec{H} \tag{1.11}$$

Einheit von $\vec{H} = \frac{[\text{A}]}{[\text{m}]}$. Aus Gründen der Zweckmäßigkeit wird jedoch häufig $\vec{H} = \frac{[\text{A}]}{[\text{cm}]}$ für die praktische Rechnung verwendet. Einheit von $\vec{H}$ im absoluten elektromagnetischen Maßsystem ist $\vec{H} \rightarrow$ [Oersted, Oe]. Umrechnung:

$$1[\text{Oe}] \stackrel{\wedge}{=} \frac{10}{4 \cdot \pi} \left[\frac{\text{A}}{\text{cm}}\right]$$

$$1 \cdot \left[\frac{\text{A}}{\text{cm}}\right] \stackrel{\wedge}{=} 1{,}256[\text{Oe}].$$

Aufgabe 2

Gegeben   Ringspule aus Aufgabe 1

Gesucht   Feldstärke $\left|\vec{H}\right|$ und die Durchflutung Θ

Lösung

$$\vec{H} = \frac{\vec{B}}{\mu_0 \cdot \mu_r} = \frac{10^{-2}\,\text{T}}{125{,}6\left[\text{T} \cdot \frac{\text{cm}}{\text{A}}\right] \cdot 10^{-6} \cdot 1} = \frac{79{,}6\,\text{A}}{\text{cm}}$$

$$\left|\vec{H}\right| \cdot l = N \cdot I = \Theta = 79{,}6\,\text{A/cm} \cdot 20\,\text{cm} \cdot \pi \approx 5000\,\text{A}$$

1.7   Magnetische Spannung

Aus Gl. (1.10b) folgt:

$$\vec{H} \cdot l = N \cdot I = \Theta \tag{1.12}$$

Das Produkt $\vec{H} \cdot l$ ist für die Größe Fluss Φ und die Ausdehnung Länge l des Feldes bestimmend. Die elektrische Spannung ist für die Größe des elektrischen Stromes im Leiter bestimmend. $\vec{H} \cdot l$ wird in Analogie zur Spannung U als **magnetische Spannung** bezeichnet. Magnetische Spannung:

$$V = \vec{H} \cdot l = \Theta \tag{1.13}$$

$\vec{H} \cdot l$ in Gl. (1.13) ist ein skalares Vektorprodukt. Gl. (1.13) gilt nur für das homogene Magnetfeld.

1.8   Magnetische Felder in Eisen

1.8.1   Permeabilität μ_r

Nach der Größe ihrer μ_r-Werte werden Stoffe in drei Gruppen unterteilt:

1. Gruppe: Diamagnetische Stoffe mit μ_r-Werte< 1 (Dia: auseinander). Werkstoffbeispiele: Wasserstoff, Kupfer, Silber, Glas, Wasser usw.
2. Gruppe: Paramagnetische Stoffe mit μ_r-Werte> 1. (Para: herbei). Werkstoffbeispiele: Luft, Aluminium, Silizium, Platin usw.
3. Gruppe: Ferromagnetische Stoffe mit μ_r-Werte$\gg 1$. (Ferro: Eisen). Werkstoffbeispiele: Kobalt, Nickel, Eisen, Kupfer-Mangan-Legierung usw.

Die μ_r-Werte für ferromagnetische Werkstoffe liegen zwischen 100.000 und 10. Diese Werte sind nicht konstant. Sie werden experimentell bestimmt.

1.8.2   Die Magnetisierungskurve

Die Größe der Permeabilität ist abhängig von

- Werkstoff
- Feldstärke
- Vorgeschichte des Werkstoffes (d. h. Magnetisierung des Werkstoffes vor der Betrachtung)

Die Abhängigkeit der Permeabilität von der Feldstärke $\mu = f(H)$ wird in der Praxis selten benötigt. Für die Berechnung magnetischer Kreise spielt vor allem die Beziehung $B = f(H)$ eine wichtige Rolle. Die Kurvendarstellung der Funktion $B = f(H)$ für ferromagnetische Werkstoffe wird als **Magnetisierungskurve** bezeichnet. μ-Werte können nach Gl. (1.11) und mithilfe der Magnetisierungskurve berechnet werden.

Aufgabe 3

Gegeben	Ringspule, mittlerer Durchmesser 20 cm
	Kernwerkstoff aus Dynamoblech
Induktion	$B_1 = 0{,}9\,\text{T}$
	$B_2 = 1{,}8\,\text{T}$
Gesucht	Durchflutung $N \cdot I$ und μ

Lösung

$$l = d \cdot \pi = 20\,\text{cm} \cdot \pi = 62{,}8\,\text{cm}$$

$$N \cdot I = H \cdot l$$

$$B_1 = 0{,}9\,\text{T} \rightarrow H_1 = 2{,}4\,\text{A/cm}$$

$$B_2 = 1{,}8\,\text{T} \rightarrow H_2 = 114\,\text{A/cm}$$

$$\Theta_1 = N_1 \cdot I_1 = H_1 \cdot l = 2{,}4\,\text{A/cm} \cdot 62{,}8\,\text{cm} = 151\,\text{A}$$

$$\Theta_2 = N_2 \cdot I_{21} = H_2 \cdot l = 114\,\text{A/cm} \cdot 62{,}8\,\text{cm} = 7160\,\text{A}$$

$$\mu_{r1} = \frac{B_1}{\mu_0 \cdot H_1} = \frac{0{,}9\,\text{T}}{125{,}6 \cdot 10^{-6}\,\text{Tcm/A} \cdot 2{,}4\,\text{A/cm}} = 2980$$

$$\mu_{r2} = \frac{B_2}{\mu_0 \cdot H_2} = \frac{1{,}8\,\text{T}}{125{,}6 \cdot 10^{-6}\,\text{Tcm/A} \cdot 114\,\text{A/cm}} = 126$$

1.8.3   Feld des geraden Leiters

Für die Induktion B_a außerhalb der geraden und endlich langen Leiter in Luft gilt (Abb. 1.9a, b):

Abb. 1.9 Feldlinienverlauf
um den Leiter **a, b**

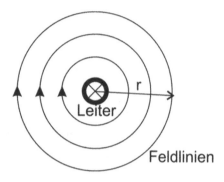

Abb. 1.9 (Fortsetzung)

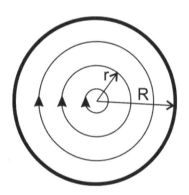

$$B_a = \mu_0 \cdot \mu_r \cdot H$$

$$\mu_r = 1$$

$$\mu_0 = 125{,}6.10^{-6}\,\mathrm{T} \cdot \mathrm{cm/A}$$

$$H = \frac{N \cdot I}{l}$$

$$l = 2 \cdot r \cdot \pi$$

$$N = 1$$

$$H = \frac{I}{2 \cdot r \cdot \pi}$$

$$B_a = \frac{\mu_0}{2 \cdot \pi} \cdot \frac{I}{r} \qquad\qquad (1.14\mathrm{a})$$

In Gl. (1.14a) nimmt die Induktion B_a mit der Entfernung von der Mittellinie des Leiters ab.

Induktion innerhalb des geraden Leiters:

$$B_i = \frac{\mu_0}{2 \cdot \pi} \cdot \frac{r \cdot I}{R^2}$$

(1.14b)

$$\mu_r \approx 1$$

Aufgabe 4
Gegeben

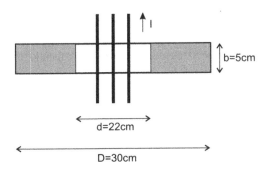

Kupferring mit rechteckigem Querschnitt und drei Leitern in der Mitte. Strom je Leiter 50 A
Gesucht   Magnetischer Fluss im Kupferring

Lösung

$$\Phi = \int B_a \cdot dA_n$$

$$B_a = \frac{\mu_0}{2 \cdot \pi} \cdot \frac{I}{r}$$

$$\Phi = \frac{\mu_0}{2 \cdot \pi} \cdot \int \frac{I}{r} dA_n$$

Es werden die Beträge eingesetzt, da die Induktion B_a senkrecht auf der Querschnitt-
fläche des Kupferringes steht.

$$dA_n = b \cdot dr$$

Grenzen des Integrals:
Untere Grenze: $\frac{d}{2}$
Obere Grenze: $\frac{D}{2}$
Lösungsgleichung:

$$\Phi = \frac{\mu_0 \cdot I}{2 \cdot \pi} \cdot b \cdot \int\limits_{d/2}^{D/2} \frac{1}{r} dr$$

$$= \frac{\mu_0 \cdot I}{2 \cdot \pi} \cdot b \cdot \ln \frac{D}{d}$$

$$= \frac{125{,}6 \, \text{T} \cdot \text{cm/A} \cdot 3 \cdot 50 \, \text{A}}{2 \cdot \pi} \cdot 5 \, \text{cm} \cdot \ln \frac{30 \, \text{cm}}{22 \, \text{cm}}$$

$$= 46{,}5 \cdot 10^{-8} \, \text{Wb}$$

1.8.4 Coulombsches Gesetz

$$F = \frac{1}{\mu_0 \cdot \mu_r \cdot 4\pi} \cdot \frac{m_1 \cdot m_2}{a^2} \qquad (1.15)$$

m_1, m_2: Polstärke [Vs]

a: Abstand der Pole

$$\frac{[Vs][Vs]}{\left[\frac{H}{cm}\right][cm^2]} = \frac{[Vs][Vs]}{\left[\frac{Vs}{Acm}\right][cm^2]} = \left[\frac{Ws}{cm}\right]$$

Zwei in Abstand a sich gegenüberstehende Pole mit der Polstärke m_1 und m_2 ziehen sich an oder stoßen sich ab, mit der Kraft F.

1.9 Feldübergang von Eisen in Luft

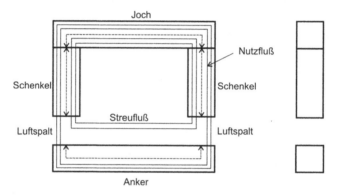

Abb. 1.10 Nutzfluss, Streufluss

Der gesamte Fluss ergibt sich aus der Summe des Nutz- und des Streuflusses. Für die praktische Rechnung wird der Streufluss als Erfahrungswert mit 10–30 % des Gesamtflusses angegeben. Beim Auftreten eines magnetischen Flusses auf die Trennfläche zweier Medien mit verschiedenen μ_r-Werten ändert sich Größe und Richtung von Induktion und Feldstärke. Zwischen Eisen und Luft treten die Feldlinien praktisch senkrecht von Eisen in Luft über und umgekehrt (Abb. 1.10).

1.9.1   Berechnung magnetischer Felder in Eisen

Häufige Aufgabenstellung: Für ein gefordertes magnetisches Feld bestimmter Größe ist die Durchflutung gesucht. Nach den Gl. (1.12) und (1.13) gilt: $\Theta = N \cdot I = H \cdot l = V$. Diese Gleichung ist der mathematische Ausdruck für den Durchflutungssatz.

Durchflutungssatz: Die magnetische Spannung $V = H \cdot l$ (magnetische Umlaufspannung) längs einer geschlossenen Feldlinie ist gleich der Durchflutung $\Theta = N \cdot I$ durch die Fläche, die von der betrachteten Flächenlinie umgewandelt wird.

Schema eines magnetischen Kreises (Abb. 1.11):

Abb. 1.11 Ringspule und die magnetischen Felder

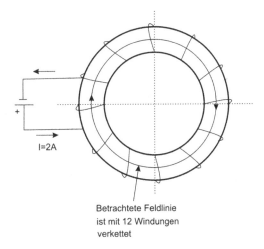

Betrachtete Feldlinie ist mit 12 Windungen verkettet

$$I = 2\,\text{A}$$
$$N = 12$$
$$\Theta = N \cdot I = 2\,\text{A} \cdot 12 = 24\,\text{A}$$
$$V = H \cdot l = 24\,\text{A}$$

Für das homogene Feld der Ringspule drückt der Durchflutungssatz etwas Bekanntes in neuer Form aus. Für Felder geringer Inhomogenität werden die Feldlinien an einer Anzahl so kleiner und endlicher Abschnitte zerlegt, dass für jeden Feldlinienabschnitt gilt:

Feldstärke längst des Abschnittes näherungsweise konstant. Für den Durchflutungssatz gilt nun:

$$V = H_1 \cdot l_1 + H_2 \cdot l_2 + H_3 \cdot l_3 + \ldots = \sum_{n=1}^{n=n} H_n \cdot l_n = \Theta \qquad (1.16)$$

Beispiel

Gegeben   Gerade, lange Spule, $N = 3$ Windungen und $I = 2\,\text{A}$ (Abb. 1.12).

Abb. 1.12 Gerade, lange
Spule

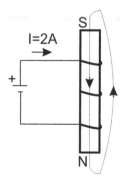

Gesucht V? ◄

Lösung $\Theta = N \cdot I = 3 \cdot 2\,\text{A} = 6\,\text{A} = V$

Der Durchflutungssatz gilt nur für die geschlossenen Feldlinien. Für starke inhomogene Felder wird die Feldlinie in Weg-Differenziale zerlegt. Die allgemeine Form des Durchflutungssatzes lautet:

$$V = \oint \vec{H} \cdot d \cdot l = \Theta \tag{1.17}$$

$\oint$: Linienintegral: Integral ist über eine geschlossene Linie zu bilden.

Aufgabe 5

Gegeben   Transformatorkern mit drei Schenkeln. Auf Schenkel 1 befindet sich die Wicklung, die im Schenkel 2 einen Fluss von 0,003 Wb erzeugt. Die Streuung ist vernachlässigbar klein. Werkstoff des Kerns ist legiertes Blech. Eisenfüllfaktor = 1 (Abb. 1.13).

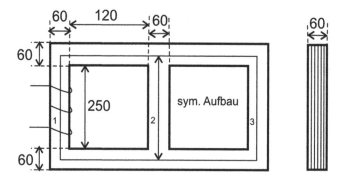

Abb. 1.13 Schematische Darstellung einesTransformatorkerns mit drei Schenkel

Gesucht   a) Flüsse im Schenkel 1 und 3

b) Durchflutung vom Schenkel 1

Lösung

$$l_1 = l_3 = 65\,\text{cm}$$
$$l_2 = 31\,\text{cm}$$

Die auf Schenkel 1 befindliche Spule erzeugt den gesamten Fluss, der sich auf Schenkel 2 und 3 verteilt. $\Phi_1 = \Phi_2 = \Phi_3$. Analog zu den Strömen des elektrischen Stromkreises verhalten sich die Teilflüsse umgekehrt wie die magnetischen Widerstände: $\frac{\Phi_2}{\Phi_3} = \frac{R_{m3}}{R_{m2}}$. R_m wird durch die Gl. (1.7a) und (1.7b) ausgedrückt:

$$\frac{\Phi_2}{\Phi_3} = \frac{\frac{l_3}{\mu_0 \cdot \mu_{r3} \cdot A_{n3}}}{\frac{l_2}{\mu_0 \cdot \mu_{r2} \cdot A_{n2}}}$$

$$\frac{\Phi_2}{A_{n2}} \cdot \frac{l_2}{\mu_0 \cdot \mu_{r2}} = \frac{\Phi_3}{A_{n3}} \cdot \frac{l_3}{\mu_0 \cdot \mu_{r3}}$$

Für $\frac{\Phi}{A_n}$ wird B eingesetzt.

$$\frac{B}{\mu_0 \cdot \mu_{r2}} \cdot l_2 = \frac{B}{\mu_0 \cdot \mu_{r3}} \cdot l_3$$

$$\vec{H}_2 \cdot l_2 = \vec{H}_3 \cdot l_3 \qquad (1.18)$$

Gl. (1.18) besagt: Die magnetischen Spannungen $H \cdot l$ sind an allen parallelen Gleichungen gleich (analog zum elektrischen Stromkreis). Nach dem Durchflutungssatz kann $\Theta = N \cdot I$ wie folgt berechnet werden:

$$\Theta = N \cdot I = N \cdot I = H_1 \cdot l_1 + H_2 \cdot l_2$$

oder

$$\Theta = N \cdot I = N \cdot I = H_1 \cdot l_1 + H_3 \cdot l_3$$

Lösung a)

$$B_2 = \frac{\Phi_2}{A_{n2}} = 0{,}833\,\text{T}$$

$$B_2 \rightarrow H_2 = 2{,}4\,\text{A/cm}$$

$$H_3 = \frac{l_2}{l_3} \cdot H_2 = \frac{31\,\text{cm}}{65\,\text{cm}} \cdot 2{,}4\,\text{A/cm} = 1{,}14\,\text{A/cm}$$

$$H_3 \rightarrow B_3 = 0{,}4\,\text{T}$$

$$\Phi_3 = B_3 \cdot A_{n3} = 144 \cdot 10^{-5}\,\text{Wb}$$

$$\Phi_1 = \Phi_2 + \Phi_3 = 300 \cdot 10^{-5}\,\text{Wb} + 144 \cdot 10^{-5}\,\text{Wb} = 444 \cdot 10^{-5}\,\text{Wb}$$

Lösung b)

Abschnitt	Werkstoff	$\Phi * 10^{-5}\,\mathrm{Wb}$	$A_n * 10^{-4}\,\mathrm{m}^2$	B [T]	H [A/cm]	L [cm]	$H \cdot l$ [A]
Schenkel 1	Leg. Blech	444	36	1,23	9,5	65	618
Schenkel 2	Leg. Blech	300	36	0,833	2,4	31	74,5

$$N \cdot I = \sum H \cdot l = 692,5\,\mathrm{A}$$

1.10   Wirkungen im magnetischen Feld

1.10.1 Spannungserzeugung

1.10.1.1 Bewegungsspannung

Abb. 1.14 Eine Windung im magnetischen Feld

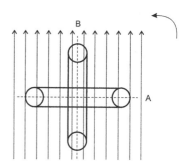

Wird eine Windung in einem magnetischen Feld gedreht, z. B. von A nach B, so wird in ihr eine Urspannung induziert. Diese Spannung wird allgemein als Bewegungsspannung bezeichnet. Entsteht sie durch eine Drehbewegung, so nennt man sie Rotationsspannung (Abb. 1.14).

1.10.1.2 Transformationsspannung
Ändert sich die Induktion oder der Fluss eines magnetischen Feldes, in dem sich eine nicht bewegte Windung befindet, so wird in dieser Windung eine Urspannung induziert. Diese Spannung wird als Transformationsspannung bezeichnet. Ausnahme: Windungsfläche darf nicht parallel zu den Feldlinien stehen.

1.10.1.3 Windungsfluss
Bewegungs- und Transformationsspannung sind abhängig von der zu den Feldlinien senkrecht stehenden Windungsfläche

$$A_n = A \cdot \cos\alpha \tag{1.19}$$

und der Induktion B. Daraus folgt:

$$e \sim B \cdot A_n \tag{1.20}$$

Da nach Gl. (1.1) $\Phi = B \cdot A_n$ gilt, so ist die erzeugte Urspannung e proportional dem, mit der Windung verketteten Fluss. Dieser Fluss wird als Windungsfluss bezeichnet.

1.10.1.4 Flussänderung

Für die Größe der erzeugten Urspannung ist in allen Fällen (Bewegungs- und Transformationsspannung) die zeitliche Änderung des Windungsflusses maßgebend. Mathematische Formulierung dieser Aussage ist:

$$e \sim \frac{d\Phi}{dt} \tag{1.21}$$

1.10.1.5 Spannungsrichtung

Zur Festlegung des Vorzeichens des Differenzialquotienten in Gl. (1.21) ist verabredet worden:

- $+d\Phi \rightarrow$ Flusszunahme
- $-d\Phi \rightarrow$ Flussabnahme
- Eine positive Flussänderung und ein positiver Umlaufsinn z einer Windung werden durch eine Rechtsschraube einander zugeordnet (Abb. 1.15).

Abb. 1.15 Flussänderung im
positiven Umlaufsinn

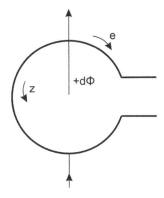

Bei der gegebenen Zuordnung der Größe z und $+d\Phi$ zeigt die Messung, dass e entgegen der positiven Zählrichtung wirkt. Wird die Windung über einen Verbraucher kurzgeschlossen, so fließt ein Strom. Dieser Strom hat ein magnetisches Feld zur Folge. Das magnetische Feld ist so gerichtet, dass es die Flusszunahme zu verhindern sucht. Auch bei Flussabnahme $-d\Phi$ wird eine Spannung induziert. Jetzt aber in Zählrichtung. Ein von dieser Spannung betriebener Strom hat ein solches Feld zur Folge, dass die Flussabnahme verhindert wird. Dieses Verhalten wird in das „**Lenzsche Gesetz**" ausgedrückt. „Die in einer Windung induzierte Spannung ist stets so gerechnet, dass ein von ihr erzeugter Fluss die Flussänderung des Erregerfeldes zu verhindern sucht."

1.10.1.6 Induktionsgesetz (1831 F)

Faraday entdeckte, dass die in einer Windung induzierte Spannung gleich der zeitlichen Abnahme des mit der Windung verketteten Flusses ist.

$$e = -\frac{d\Phi}{dt} \tag{1.22}$$

„−" Zeichen besagt, dass die positive Spannungsrichtung von der Flussabnahme erzeugt wird. Magnetischer Schwund = Geschwindigkeit, mit der ein magnetischer Fluss abnimmt.

1.10.1.7 Geradlinige Bewegung eines Leiters im Feld

Abb. 1.16 Bewegung der rechtwinkligen Spule in Mgnetfeld (l: Leiterlänge)

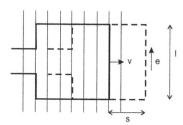

In Abb. 1.16 bewegt sich die Seite l einer Spule rechtwinklig zu den Feldlinien mit der Geschwindigkeit v in ein homogenes Magnetfeld hinein. Für diesen Fall darf in Gl. (1.22) der Differenzialquotient $\frac{d\Phi}{dt}$ durch den Quotienten endlicher Differenzen ersetzt werden. $e = \frac{\Delta\Phi}{t}$. Durch Einsetzen der Größen $\Phi = B \cdot A_n$ und $A_n = s \cdot l$ ergibt sich für

$$\Phi = B \cdot s \cdot l \tag{1.23}$$

$$e = \frac{B \cdot l \cdot s}{t} = B \cdot l \cdot v \tag{1.24}$$

Die Richtung von e kann mit der **rechten Handregel (Generatorregel)** bestimmt werden: „Hält man die ausgestreckte rechte Hand so, dass die Feldlinien in die Handinnenfläche eintreten und den Daumen so, dass er die relative Bewegung des Leiters zu den Feldlinien angibt, so zeigen die ausgestreckten Finger die Spannungsrichtung an."

1.10.1.8 Selbstinduktion

Abb. 1.17 Erzeugung von
Transformationsspannungen

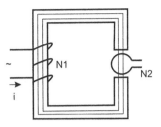

In Abb. 1.17 wird eine Transformationsspannung in der Wicklung N2 mithilfe der Erregerspule erzeugt. N1 und N2 sind über den sich ändernden Fluss miteinander verkettet. Auch in der Spule N1 bewirkt die Flussänderung eine Spannungsinduktion nach Gl. (1.22). Diese Spannung wird als Urspannung der Selbstinduktion e_L bezeichnet. In Gl. (1.22) wird e durch eine Windung erzeugt. Für N Windungen gilt:

$$e = -N \frac{d\Phi}{dt} \tag{1.25}$$

Nach Gl. (1.25) kann die selbstinduktive Spannung berechnet werden. Für den praktischen Gebrauch wird Gl. (1.25) umgeformt:

$$\Phi = \Lambda \cdot N \cdot i$$

$$e = -N \frac{d\Lambda \cdot N \cdot i}{dt} \tag{1.26}$$

$$\Lambda = \frac{\mu_0 \cdot \mu_r \cdot A_n}{l}$$

Wenn μ_r konstant ist, ist Λ auch konstant. Damit wird

$$e_L = -N^2 \cdot \Lambda \cdot \frac{di}{dt} \tag{1.27}$$

$N^2 \cdot \Lambda$ wird als **Selbstinduktionskoeffizient oder Selbstinduktivität** bezeichnet und bekommt ein Formelzeichen L.

$$L = N^2 \cdot \Lambda = \frac{\mu_0 \cdot \mu_r \cdot A_n}{l} \cdot N^2 \tag{1.28}$$

Gl. (1.28) in (1.27) eingesetzt, ergibt die Gleichung für die selbstinduktive Spannung:

$$e_L = -L \frac{di}{dt} \tag{1.29}$$

C hängt nur von der Anordnung des magnetischen Feldes und einer Kennzeichnungsgröße einer Spule ab. Wird in Gl. (1.28) für $\Lambda = \frac{\Phi}{\Theta} = \frac{\Phi}{N \cdot I}$ eingesetzt, so gilt:

$$L = N^2 \frac{\Phi}{N \cdot I} = N \frac{\Phi}{I} \qquad (1.30)$$

Nach Gl. (1.28) hat L die Einheit von $\Lambda \to [H]$.

Vergleich zwischen mechanischer und magnetischer Trägheit:

Mechanik	Magnetisches Feld
$F = -m \frac{dv}{dt}$	$e_L = -L \frac{di}{dt}$
F: Massenträgheitskraft	e_L: Selbstinduktionsspannung
M: mechanische Masse (Maß für Massenträgheit)	L: Induktivität (Maß für die magnetische Trägheit)
$\frac{dv}{dt}$: Beschleunigung (Änderungsgeschwindigkeit)	$\frac{di}{dt}$: Änderungsgeschwindigkeit des Stromes

Aufgabe 6

Gegeben   Eisenlose Ringspule $N = 175$ Windungen, mittlerer Durchmesser $= 12$ cm, Windungsfläche $A_n = 2\,\text{cm}^2$

Gesucht   Induktivität L

Lösung

$$L = N^2 \cdot \Lambda$$
$$= N^2 \cdot \frac{\mu_0 \cdot \mu_r \cdot A_n}{l}$$
$$= 175^2 \cdot \frac{1{,}256 \cdot 10^{-8}\,\text{H/cm} \cdot 1 \cdot 2\,\text{cm}^2}{\underbrace{12\,\text{cm} \cdot \Pi}_{d \cdot \Pi}}$$
$$= 0{,}0204\,\text{mH}$$

L ist eine Spule, die von I und Φ unabhängig ist.

Aufgabe 7

Gegeben   Spule der Aufgabe 9 mit Stahlgusskern

Gesucht L der Spule für Induktionen von $B = 0{,}2$ T bis $B = 1{,}6$ T, Intervall 0,2 T

Lösung

$$L = N^2 \cdot \Lambda = \mu_r \cdot \underbrace{N^2 \frac{\mu_0 \cdot A_n}{l}}_{\text{L der Luftspule}}$$

$$\mu_r = \frac{B}{\mu_0 \cdot H}$$

B [T]	0,2	0,4	0,6	0,8	1,0	1,2	1,4	1,6
H [A/cm]	1,2	1,7	1,9	2,0	3,1	6,0	14,0	41,0
μ_r	1330	1873	2520	3180	2570	1590	796	310
L [mH]	27	38	51,4	65	52,4	32,4	16,2	6,34

$$\mu_r = \frac{1,4\,\text{T}}{1,256 \cdot 10^{-8}\,\text{H/cm} \cdot 14,0\,\text{A/cm}} = \frac{1,4\,\text{Vs} \cdot \text{cm} \cdot \text{A} \cdot \text{cm}}{\text{A} \cdot 1,256 \cdot 10^{-8} \cdot \text{Vs} \cdot 14,0\,\text{A}}$$

$$L = 175^2 \cdot \frac{1 \cdot 2\,\text{cm}^2 \cdot 2520 \cdot 1,256\,\text{H}}{12\,\text{cm} \cdot \pi \cdot 10^8\,\text{cm}} = 51,45\,\text{mH}$$

L ist von der magnetischen Induktivität abhängig.

1.10.1.9 Gegeninduktivität

Definition

Die gegenseitige Beeinflussung zweier benachbarten Stromkreise über ihre magnetischen Felder.

Abb. 1.18 Gegenseitige
Beeinflussung von
benachbarten Magnetfeldern

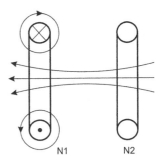

In Abb. 1.18 fließt in der Spule N1 ein Strom i_1, der den Fluss Φ_1 erzeugt: $i_1 \rightarrow \Phi_1$. Aufteilung von Φ_1 in Teilflüsse:

$$\Phi_1 = \Phi_{10} + \Phi_{12} \tag{1.31a}$$

Φ_{10}: Fluss, der nur mit N1 verkettet ist
Φ_{12}: Fluss, der mit N1 und N2 verkettet ist.
Es wird in N2 eine Spannung e_2 induziert.

$$e_2 = -N_2 \frac{d\Phi_{12}}{dt} \tag{1.32a}$$

Sind N1 und N2 lagemäßig vertauscht, so gilt: $i_2 \rightarrow \Phi_2$ (Abb. 1.19).

Abb. 1.19 Gegenseitige
Beeinflussung von
benachbarten Magnetfeldern

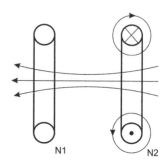

$$\Phi_2 = \Phi_{20} + \Phi_{21} \tag{1.31b}$$

Φ_{20}: Fluss, der nur mit N2 verkettet ist
Φ_{21}: Fluss, der mit N1 und N2 verkettet ist.
Es wird in N1 eine Spannung e_1 induziert.

$$e_2 = -N_1 \frac{d\Phi_{21}}{dt} \tag{1.32b}$$

Für $\Phi_{12} = \Phi_{21}$ wird e_1 und e_2 nur durch das Verhältnis der Windungszahlen N1 und N2 bestimmt:
$e_1 : e_2 = N_1 : N_2$ (Spannungsübersetzung des idealen [verlustlosen] Transformators).
Für die Teilflüsse Φ_{12} und Φ_{21} gilt:

$$\begin{aligned}\Phi_{12} &= \Lambda \cdot N_1 \cdot i_1 \\ \Phi_{21} &= \Lambda \cdot N_2 \cdot i_2\end{aligned} \tag{1.32c}$$

Λ soll konstant sein; die linke und rechte Seite der Gl. (1.32c) werden nach der Zeit differenziert

$$\frac{d\Phi_{12}}{dt} = \Lambda \cdot N_1 \cdot \frac{di_1}{dt}$$

$$\frac{d\Phi_{21}}{dt} = \Lambda \cdot N_2 \cdot \frac{di_2}{dt}$$

und erweitert

$$\frac{d\Phi_{12}}{dt} = \Lambda \cdot N_1 \cdot \frac{di_1}{dt} \cdot (-N_2)$$

$$\underbrace{-N_2 \cdot \frac{d\Phi_{12}}{dt}}_{e_2} = -\Lambda \cdot N_1 \cdot N_2 \cdot \frac{di_1}{dt}$$

$$\frac{d\Phi_{21}}{dt} = \Lambda \cdot N_2 \cdot \frac{di_2}{dt} \cdot (-N_1)$$

$$\underbrace{-N_1 \cdot \frac{d\Phi_{12}}{dt}}_{e_1} = -\Lambda \cdot N_1 \cdot N_2 \cdot \frac{di_2}{dt}$$

Daraus folgt:

$$e_2 = -\Lambda \cdot N_1 \cdot N_2 \cdot \frac{di_1}{dt}$$

$$e_1 = -\Lambda \cdot N_1 \cdot N_2 \cdot \frac{di_2}{dt}$$

Der beiden Gleichungen gemeinsamer Faktor $\Lambda \cdot N_1 \cdot N_2$ wird als Gegeninduktivität M bezeichnet.

$$M = \Lambda \cdot N_1 \cdot N_2$$
$$= N_1 \cdot N_2 \cdot \frac{\mu_0 \cdot \mu_r \cdot A_n}{l} \qquad (1.33a)$$

$(\mu_r = 1)$.

$$e_2 = -M \cdot \frac{di_1}{dt}$$
$$e_1 = -M \cdot \frac{di_2}{dt} \qquad (1.33b)$$

Gl. (1.33a) kann auf folgende Formel gebracht werden:
$\Lambda = \frac{\Phi_{12}}{N_1 \cdot i_1} = \frac{\Phi_{21}}{N_2 \cdot i_2}$. Und damit wird M zu:

$$M = N_2 \cdot \frac{\Phi_{12}}{i_1} = N_1 \cdot \frac{\Phi_{21}}{i_2} \qquad (1.34)$$

Die Einheit von M ist Henry: [H].

1.11   Energie und Kräfte im magnetischen Feld

1.11.1 Energie des magnetischen Feldes

Arbeit für den Aufbau eines magnetischen Feldes:

$$dW = u \cdot i \cdot dt \tag{1.35}$$

oder

$$dW = -L \cdot i \cdot dt \tag{1.36}$$

In Gl. (1.36) wird (1.25) bzw. (1.29) eingesetzt:

$$dW = +N \frac{d\Phi}{dt} \cdot i \cdot dt = N \cdot i \cdot d\Phi \tag{1.37a}$$

$$dW = +L \cdot \frac{di}{dt} \cdot i \cdot dt = L \cdot i \cdot di \tag{1.37b}$$

Durch Integration von z. B. Gl. (1.37b) ergibt sich der **Energieinhalt W_m des magnetischen Feldes:**

$$W_m = \int_0^{W_m} dW = L \int_0^I i \, di = \frac{1}{2} L \cdot I^2 \tag{1.38}$$

Vergleiche:
   Kinetische Energie der Mechanik: $W_{\mathrm{me}} = \frac{1}{2} \cdot m \cdot v^2$
   Energie des elektrischen Feldes: $W_{\mathrm{el}} = \frac{1}{2} C \cdot U^2$.

1.11.2 Berechnung der mechanischen Kräfte im Feld

Gl. (1.37a) wird integriert:

$$W_m = \int_0^{W_m} dW = \int_0^\Phi N \cdot i \cdot d\Phi \tag{1.39}$$

Unter der Annahme eines homogenen Feldes wird in Gl. (1.39) eingesetzt:

$$N \cdot i = H \cdot l$$
$$d\Phi = A_n \cdot dB$$
$$W_m = \int_0^B H \cdot l \cdot A_n \cdot dB$$

$$W_m = A_n \cdot l \int\limits_0^B H\,dB \qquad\qquad (1.40)$$

$A_n \cdot l$: Rauminhalt V des betrachteten Feldes.

$$W_m = V \int\limits_0^B H\,dB \qquad\qquad (1.41\text{a})$$

Für nichthomogene Felder gilt:

$$dW_m = d\left(V \int\limits_0^B H\,dB \right). \qquad\qquad (1.41\text{b})$$

1.11.3 Anziehung von Eisen

Es sollen die Kräfte untersucht werden, die in einem homogenen Feld zwei Eisenstücke aufeinander ausüben.

Abb. 1.20 Kräftewirkung im magnetischen Feld

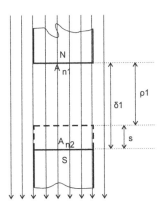

Die zwei Eisenstücke in Abb. 1.20 werden durch das Feld magnetisch und ziehen sich mit ihren Flächen A_n an. Die Richtung des Feldes ist belanglos. Die Fläche A_{n1} sei feststehend. Fläche A_{n2} bewegt sich durch Anziehung um den Weg $s = \delta_1 - \rho_1$ auf A_{n1} zu. Die aufzubringende mechanische Arbeit ist dann:

$$W = F \cdot s \qquad\qquad (1.42)$$

Um diese Arbeit muss sich die magnetische Energie verringern. Voraussetzung: Induktion in Luft und Eisen konstant. Feldstärke H:

$$H_{\text{Luft}} = \frac{B}{\mu_0 \cdot \mu_r}; \quad H_{\text{Eisen}} = \frac{B}{\mu_0 \cdot \mu_r} \qquad\qquad (1.43)$$

Energie des Raumes $s \cdot A_n$ vor der Anziehung:

$$W_{m1} = s \cdot A_n \int_0^B H_{\text{Luft}} \, dB$$

$$= s \cdot A_n \int_0^B \frac{B}{\mu_0 \times \mu_r} \, dB \qquad (1.44a)$$

$$= \frac{s \cdot A_n \cdot B^2}{2 \cdot \mu_0 \cdot \mu_r}$$

(hier ist $\mu_r = 1$)

Energie nach der Anziehung:

$$W_{m2} = s \cdot A_n \int_0^B H_{\text{Eisen}} dB = s \cdot A_n \int_0^B \frac{B}{\mu_0 \cdot \mu_r} dB = \frac{s \cdot A_n \cdot B^2}{2 \cdot \mu_0 \cdot \mu_r} \qquad (1.44b)$$

(hier muss μ_r berechnet werden).

Die Arbeit, die zur Anziehung erforderlich ist, ergibt sich aus:

$$W = F \cdot s = W_{m1} - W_{m2} = \frac{s \cdot A_n \cdot B^2}{2\mu_0} \left(1 - \frac{1}{\mu_r} \right).$$

Ist μ_r sehr groß, dann kann $1/\mu_r$ gegenüber 1 vernachlässigt werden.

$$F \cdot s = \frac{s \cdot A_n \cdot B^2}{2\mu_0}$$

$$F \approx \frac{A_n \cdot B^2}{2\mu_0} \left[\frac{\text{Ws}}{m} = N \right] \qquad (1.45)$$

Einheit: $\left[m^2 \cdot \dfrac{T^2}{\frac{T \cdot m}{A}} = T \cdot m \cdot A = \dfrac{V \cdot s}{m^2} \cdot m \cdot A = N \right]$.

Aufgabe 8

Gegeben   Zwei Eisenstücke in einem Magnetfeld von 1,2 T

Gesucht   Größe der Flächen, die sich gegenüber ziehen, für eine Zugkraft von 1000 N

Lösung

$$A_n = \frac{F \cdot 2 \cdot \mu_0}{B^2} = \frac{1000 \, \text{N} \cdot 2 \cdot \mu_0}{(1,2 \, \text{T})^2} = \frac{1000 \, \text{N} \cdot 2 \cdot 125,6 \cdot 10^{-8} \, \text{Tm/A}}{1,44 \, \text{T}^2} = 17,3 \, \text{cm}^2$$

Aufgabe 9

Gegeben   Magnetischer Kreis, Luftspaltinduktion 0,9 T

Abb. 1.21 Feldkraft in
Schenkeln und Anker

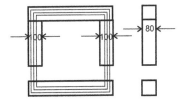

Gesucht   Zugkraft zwischen den Schenkeln und dem Anker (Abb. 1.21)

Lösung

$$F = A_n \frac{B^2}{2\mu_0} = 1{,}6 \cdot 10^{-2}\,\text{m}^2 \frac{(0{,}9\,\text{T})^2}{2 \cdot 125{,}6 \cdot 10^{-8}\,\text{Tm/A}} \approx 5159{,}2\,\text{N}$$

1.11.4 Stromdurchflossener Leiter im Feld

Durch Bewegung eines geraden Leiters im Feld wird in diesem eine Spannung induziert. Es wird eine elektrische Energie erzeugt. Nach Gl. (1.24) gilt: $e = B \cdot l \cdot v$. In Gl. (1.35) $dW = u \cdot i \cdot dt$ wird die Gl. (1.24) eingesetzt und für $v = \frac{ds}{dt}$ geschrieben:

$$dW = B \cdot l \cdot \frac{ds}{dt} \cdot i \cdot dt = B \cdot l \cdot i \cdot ds \tag{1.46}$$

Der entstehenden elektrischen Arbeit muss eine gleich große mechanische Arbeit $dW = F \cdot ds$ gegenüberstehen. Die Kraft zum bewegenden Leiter:

$$F = \frac{dW}{ds} = \frac{B \cdot l \cdot i \cdot ds}{ds} = B \cdot l \cdot i \tag{1.47}$$

Einheit: [Ws/m = N].

Die gleiche Kraft tritt als Reaktionskraft aus, wenn ein ruhender Leiter im magnetischen Feld vom Strom durchflossen wird. Induktionsgesetz und Kraftgesetz stehen in Wechselwirkung zueinander. Elektrische Energieerzeugung erfordert einen Verbrauch mechanischer Energie (Generatoren).

Mechanische Energieerzeugung erfordert einen Verbrauch elektrischer Energie (Motor).

Das elektrische Feld 2

Schlüsselwörter

Elektrisches Feld · Feldlinien · Kondensator · Parallelschaltung · Elektrotechnik

Es sollen die Größen und Eigenschaften elektrostatischer Felder untersucht werden.

2.1 Erzeugung und Größen des elektrischen Feldes

2.1.1 Elektrizitätsmenge

Die elektrisch wirksamen Bauteile der Materie, die bei elektrostatischem Feld eine Rolle spielen, sind Protonen und Elektronen. Der Betrag der Elektrizitätsmenge ist $e = 1{,}6 \cdot 10^{-19}$ As. Proton = +Ladung; Neutron = −Ladung. Technische Einheit der Elektrizitätsmenge = 1 C = 1 As.

2.1.2 Elektrische Felder

Elektrizitätsmengen können in ihrer Umgebung Wirkungen verursachen; z. B. Elektronenbewegungen oder mechanische Kräfte ausüben. Der Elektrizitätsmenge umgebende Raum, in dem sich derartige Vorgänge abspielen, heißt elektrisches Feld. Da Ladungen immer paarweise auftreten, wird ein Feld stets von zwei gleich großen, entgegengesetzten Ladungen erzeugt. Ein solches Feld wird auch als ein elektrostatisches Feld bezeichnet. Es ist ein Quellenfeld. Wird durch Zuführung immer neuer Elektrizitätsmengen ein elektrisches Feld aufrechterhalten, so bezeichnet man dieses Feld als stationäres Feld oder als Strömungsfeld. In diesem Feld fließt ein Leitungsstrom.

2.1.3   Elektrische Feldlinien und elektrische Feldstärke

Das elektrostatische Feld lässt sich z. B. mithilfe von Glasbowle oder Gipskristall sichtbar machen (Abb. 2.1).

Abb. 2.1 Versuchsanordnung zum Sichtbarmachen von elektrischen Feldlinien

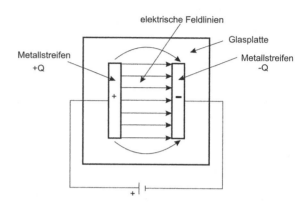

Feldlinienrichtung

Die positive Richtung der Feldlinien verläuft von der (+) Ladung zur (−) Ladung. Mithilfe der Feldlinien können die Größe und Richtung des Feldes angegeben werden. In der Versuchsanordnung nach Abb. 2.2 kann die elektrische Feldstärke ermittelt werden. Zwei voneinander isolierte Metallplatten werden an 220 V Gleichspannung gelegt. Abstand der Platten a = 4 cm. Zwischen den Platten baut sich ein homogenes elektrisches Feld ein. Im Feld befinden sich zwei mit einem elektrostatischen

Abb. 2.2 Feldlinien zur Bestimmung der Größe und Richtung des Feldes

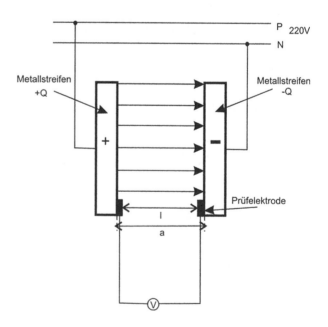

Spannungsmesser verbundene Prüfelektroden. Es wird die Spannung bei verschiedenen Abständen l der Prüfelektroden gemessen und das Verhältnis $\frac{U}{l}$ gebildet.

l [cm]	U [V]	$\frac{U}{l}$ [V/cm]
4	220	55
3	165	55
2	110	55
1	55	55

Das Verhältnis $\frac{U}{l}$ gibt die Stärke des elektrischen Feldes an und wird als **elektrische Feldstärke** bezeichnet. Formelzeichen: $\vec{E}$

Einheit: $\frac{V}{cm}$
Die Feldstärke $\vec{E}$ ist ein Vektor.

$$\left|\vec{E}\right| = \frac{U}{l} \tag{2.1}$$

Die Beziehung Gl. (2.1) gilt nur für homogene Felder. Für inhomogene Felder wird die Beziehung angewendet:

$$\vec{E} = \frac{dU}{dl} \tag{2.2}$$

Darüber hinaus gilt die Beziehung:

$$E = \frac{F}{Q} \qquad \frac{\left[\frac{Ws}{cm}\right]}{[As]} = \frac{[VA]}{[cmA]} = \frac{[V]}{[cm]}$$

2.2   Spannung und Potenzial

2.2.1   Spannung und Feld

Aus Gl. (2.1) folgt:

$$U = \left|\vec{E}\right| \cdot l \tag{2.3}$$

Gl. (2.3) besagt, dass die elektrische Spannung U zwischen zwei Punkten mit elektrischer Ladung ist gleich dem Produkt aus der Feldstärke längs der Feldlinie und derselben Länge zwischen der Ladung. Es besteht nur dann eine Spannung zwischen zwei Punkten eines Feldes, wenn die Punkte eine Ladungsdifferenz haben. Für das inhomogene Feld gilt:

$$U = \int_{1}^{2} \vec{E} \cdot dl \tag{2.4}$$

2.2.2   Elektrisches Potenzial

Jedem Punkt eines Feldes kann ein eindeutiger Zahlenwert ϕ zugewiesen werden, der als elektrisches Potenzial genannt wird. Das elektrische Potenzial ist eine skalare Ortsfunktion. Für die Potenziale ϕ_1 und ϕ_2 von zwei Punkten gilt:

$$U_{12} = \phi_1 - \phi_2 \qquad\qquad (2.5)$$

Aufgabe

Gegeben $\left|\vec{E}\right| = 3000\,\text{V/cm}$

Gesucht U

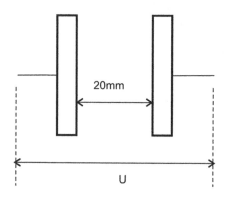

Lösung

$$U = \left|\vec{E}\right| \cdot l = 3000\,\text{V/cm} \cdot 2\,\text{cm} = 6\,\text{kV}$$

Aufgabe 10

Gegeben   Kondensator

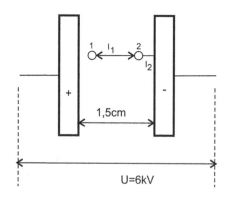

$l_1 = 0,75\,\text{cm}$

$l_2 = 0,45\,\text{cm}$

$d = 1,5\,\text{cm}$

Gesucht   a) Spannung von Punkt 1 und 2 gegen die negative Platte
           b) Spannung zwischen den Punkten 1 und 2

Lösung

a)

$$U = \left|\vec{E}\right| \cdot l$$

$$\left|\vec{E}\right| = \frac{U}{l} = \frac{6000\,\text{V}}{1,5\,\text{cm}} = 4000\,\text{V}/\text{cm}$$

$$\phi_2 = \left|\vec{E}\right| \cdot l_2 = 4000\,\text{V}/\text{cm} \cdot 0,45\,\text{cm} = 1800\,\text{V}$$

$$\phi_1 = \left|\vec{E}\right| \cdot l_1 = 4000\,\text{V}/\text{cm} \cdot (0,45 + 0,75)\,\text{cm} = 4800\,\text{V}$$

b)

$$U_{12} = \phi_1 - \phi_2 = 3\,\text{kV}$$

Aufgabe 11

Gegeben   Kondensator voriger Aufgabe mit Spannung = 20 kV und Feldstärke = 7 kV/
           cm

Gesucht   Plattenabstand

Lösung

$$l = \frac{U}{E} = \frac{20\,\text{kV} \cdot \text{cm}}{7\,\text{kV}} = 2,85\,\text{cm}$$

Zur vollständigen Beschreibung des Feldes wird neben der Feldstärke $\vec{E}$ noch eine zweite vektorielle Feldgröße benötigt, die als Dielektrische Verschiebung $\vec{D}$ bezeichnet wird.

$$\vec{D} = \varepsilon_0 \cdot \varepsilon_r \cdot \vec{E} \tag{2.6a}$$

$$\varepsilon = \varepsilon_0 \cdot \varepsilon_r \tag{2.6b}$$

mit:

ε absolute Dielektrizitätskonstante

ε_0 absolute Dielektrizitätskonstante des Vakuums (Verschiebungskonstante oder Influenzkonstante)

ε_r relative Dielektrizitätskonstante (Dielektrizitätszahl). Er gibt den Einfluss des Werkstoffes, in dem sich das Feld befindet, auf die Feldstärke an.

$$\begin{aligned} \varepsilon_0 &= 0{,}88542 \cdot 10^{-11}\ \text{F/m} \\ &= 0{,}886 \cdot 10^{-13}\ \text{F/cm} \end{aligned} \tag{2.6c}$$

Mithilfe der Verschiebung $\vec{D}$ kann man die Größe der influenzierten Elektrizitätsmenge Q auf einer Fläche A_n angeben:

$$Q = \vec{D} \cdot A_n \tag{2.7a}$$

$$\vec{D} = \frac{dQ}{dA_n} \tag{2.7b}$$

Gl. (2.7b) gilt für das inhomogene Feld und besagt, dass die Verschiebung (Dielektrizitätsverschiebung) der Elektrizitätsmenge je Flächeneinheit, der sogenannten Ladungsdichte, entspricht.

2.2.3 Verschiebungsfluss

Der Verschiebungsfluss oder elektrischer Fluss wird durch Flächenintegral des Feldvektors der dielektrischen Verschiebung angegeben:

$$\Phi_e = \int \vec{D} \cdot dA_n \tag{2.8}$$

Der Verschiebungsfluss Φ_e ist der Ausdruck für das Feld in einer bestimmten Fläche, über die integriert wird. Soll das Feld durch eine Fläche ermittelt werden, welche die Ladung Q (Quelle) ganz umschließt (Kugelfläche), so ist der Fluss:

$$\Phi_{e_{\text{ges}}} = \iint \vec{D} \cdot dA_n \tag{2.9}$$

Das Oberflächenintegral (Höllenintegral) erstreckt sich über die Oberfläche eines Volumens.

2.3 Kapazität und Kondensator

Als Ursache des elektrostatischen Feldes kann die auf den Platten aufgespeicherte Elektrizitätsmenge angesehen werden. Wird die Spannung an dem Plattenpaar gesteigert, so wächst die Elektrizitätsmenge proportional mit.

$$Q = C \cdot U \tag{2.10}$$

In Gl. (2.10) ist C ein Proportionalitätsfaktor und wird als Kapazität der betreffenden Anordnung bezeichnet. C gibt das Fassungsvermögen für Elektrizitätsmenge an. Eine isoliert aufgestellte Leiteranordnung, die aus zwei dicht beieinanderstehenden spannungsführenden Elektroden besteht, heißt Kondensator. Die Einheit der Kapazität eines Kondensators ergibt sich aus der Gl. (2.10) zu:

$$C = \frac{Q}{U} \quad \left[\frac{1\,\text{As}}{1\,\text{V}} = \frac{\text{s}}{\Omega} = F \rightarrow \text{Farad}\right] \tag{2.11}$$

Technisch gebräuchliche Einheiten für Kapazitätsmengen: Mikrofarad: $1\,\mu\text{F} = 10^{-6}\,\text{F}$; Nanofarad: $1\,\text{nF} = 10^{-9}\,\text{F}$; Picofarad: $1\,\text{pF} = 10^{-12}\,\text{F}$.

2.4 Dielektrische Verluste

Die im Dielektrikum eines Kondensators auftretenden Verluste sind:

2.4.1 Leistungsverlust im Isolationswiderstand

Auch in einem Isolator sind freie Elektronen vorhanden, welche durch die Wirkung des elektrischen Feldes zum Strömen gebracht werden können. Diese Ströme führen zur Erwärmung des Isolators.

$$P_R = U \cdot I_R \tag{2.12}$$

2.4.2 Leistungsverlust im Oberflächenwiderstand

Bei verschmutzter und feuchter Oberfläche fließen Flächenströme über die Isolatorfläche. Dieser Leistungsverlust hat die Größe:

$$P_F = I_F^2 \cdot R_F = U \cdot I_F \tag{2.13}$$

2.4.3 Eigentliche dielektrische Verluste

Diese Verluste sind ebenfalls Wärmeverluste. Sie werden durch ständiges Umpolarisieren der Elementarteilchen des Dielektrikums im elektrischen Wechselfeld hervorgerufen:

$$P_V = 2 \cdot \pi \cdot f \cdot C \cdot U^2 \cdot \tan\delta \tag{2.14}$$

Die dielektrischen Verluste nach Gl. (2.14) sind abhängig von:

Frequenz $f \rightarrow$ [Hz]
Kapazität $C \rightarrow$ [F]
Angelegte Spannung $U \rightarrow$ [V]
Verlustfaktor $\tan \delta \rightarrow$ [1]

Sinnbild für einen verlustbehafteten Kondensator:

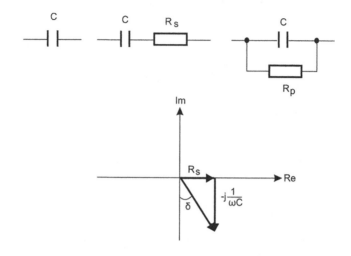

2.5   Schaltung von Kondensatoren

2.5.1   Parallelschaltung

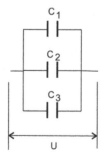

Durch Parallelschalten von Kondensatoren wird die Oberfläche vergrößert; C wächst mit A_n.

$$C_{ges} = C_1 + C_2 + C_3 + \dots = \sum C \qquad (2.15)$$

2.5.2 Reihenschaltung

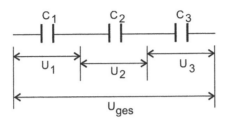

Bei der Reihenschaltung werden alle Kondensatoren vom selben Wechselstrom durchflossen. Die Elektrizitätsmengen müssen daher auf allen Belegungen gleich sein.

$$Q = C \cdot U$$
$$U_{ges} = U_1 + U_2 + U_3$$
$$\frac{Q}{C_{ges}} = \frac{Q}{C_1} + \frac{Q}{C_2} + \frac{Q}{C_3} \qquad (2.16)$$
$$\frac{1}{C_{ges}} = \frac{1}{C_1} + \frac{1}{C_2} + \frac{1}{C_3} = \sum \frac{1}{C}$$

Kondensatoren verhalten sich bei Parallel- und Serienschaltungen umgekehrt wie ohmsche Widerstände.

2.6 Wirkungen im elektrischen Feld

2.6.1 Energieinhalt des elektrischen Feldes

Das elektrische Feld besitzt eine Energie, genau wie das magnetische Feld. Um auf einem Kondensator die Ladung dq aufzubringen, ist die Arbeit $dq \rightarrow dW = u \cdot dq$ erforderlich. Wird ein Kondensator von 0 bis Q aufgeladen, so wird dazu folgende Arbeit benötigt:

$$W = W_e = \int_0^Q u \cdot dq \qquad (2.17)$$

Nach Gl. (2.10) gilt $Q = C \cdot U \rightarrow U = \frac{Q}{C}$. In die Gl. (2.17) eingesetzt:

$$W = W_e = \int_0^Q u \cdot dq = \frac{1}{C} \int_0^Q q \cdot dq$$

$$= \frac{1}{C} \cdot \frac{1}{2} q^2 \Big|_0^Q = \frac{1}{C} \cdot \frac{1}{2} \cdot (Q^2 - 0) \tag{2.18}$$

$$= \frac{1}{C} \cdot \frac{1}{2} \cdot Q^2$$

2.7 Grundlegende Begriffe der Elektrotechnik

2.7.1 Einleitung

Elektrotechnik Sammelbegriff für die technische Beherrschung des gesamten Begriffes der Elektrizität und des Magnetismus.

Elektrizitätslehre Lehre vom Gesamtgebiet der Erscheinungen, die mit dem Auftreten von Strömen und Verschwinden von elektrischen Ladungen und ihren materiellen Trägern der Elektronen zusammenhängt.

Elektrostatik Lehre von Kräften, die zwischen den ruhenden elektrischen Ladungen wirken und von den Bedingungen, unter denen der Ruhezustand eingehalten wird.

Elektrodynamik Lehre von bewegten elektrischen Ladungen und ihren Wirkungen.

2.7.2 Aufbau der Materie

Molekül Kleinstes chemisch einheitliches Teil einer Verbindung. Bestehen aus Atomen; Zusammenhalt: chemische Bindung.

Atom Kleinstes chemisch einheitliches Teil eines Elements. Bestehen aus Kern und Elektronenhülle.

Kernbausteine oder Nukleonen:

Proton	Ladung $e = +1{,}6 \cdot 10^{-19}$ As, Masse $m = 1{,}674 \cdot 10^{-24}$ gr
Neutron	Ladung $e = 0$ As, Masse $m = 1{,}674 \cdot 10^{-24}$ gr
Elektron (Lepton)	Ladung $e = -1{,}6 \cdot 10^{-19}$ As, Masse $m = 9{,}110^{-28}$ gr
Elektronenhülle	negative Elektronen, die um den Atomkern kreisen ($\nu \approx 10^{15}$ Mal in der s)

Jedem negativen Elektron in der Hülle entspricht ein Proton im Kern.

Ionen   Atome oder Moleküle mit positiver oder negativer Ladung
Freie Elektronen Elektronen, die nicht an Atome gebunden sind

Sind in einem Körper z. B. Metalldraht, Ionen oder freie Elektronen vorhanden, so ist die Voraussetzung gegeben, dass ein elektrischer Strom fließen kann, wenn die Elektrizitätsträger durch eine geeignete Kraft angestoßen werden.

2.7.3 Leiter und Nichtleiter

Einteilung der Stoffe nach ihrem elektrischen Leitvermögen:

Leiter Leiter 1. Klasse: Leiter, die beim Stromdurchgang chemisch nicht verändert werden; Leiter 2. Klasse: Leiter, die beim Stromdurchgang chemisch verändert werden (wässrige Lösungen von Säuren, Basen und Salzen und hiervon durchsetzte Stoffe).

Nichtleiter oder Isolierstoffe Isolierstoffe können die Elektronen nur durch sehr große elektrische Kräfte (Spannungen) bewegen. Bei normalen elektrischen Betriebszuständen ist im Isolierstoff keine Elektronenbewegung vorhanden (Gummi, Baumwolle, Porzellan usw.).

Halbleiter Strom wird nur in einer Richtung durchgelassen (Selen, Germanium, Silizium, usw.).

2.7.4 Wirkungen des elektrischen Stromes

Wärmewirkung, magnetische Wirkung, chemische Wirkung.

2.8 Elektrizitätsmenge und Stromstärke

2.8.1 Elektrizitätsmenge

Die Metallatome befinden sich auf den Eckpunkten und den Schnittpunkten der Flächen- und Raumdiagonalen. Je nach Wärmezustand schwingen sie verschieden um die Ruhelage. Der Raum um den Atomkern ist von freien Elektronen erfüllt. Sie führen sehr schnelle Schwingbewegungen aus wie Gasteilchen, deshalb auch die Bezeichnung Elektronengas. Dieses Elektronengas stellt in einem Leiter vorhandene freie Elektrizitätsmenge dar, die zum Strömen gebracht werden kann.

2.8.2 Stromstärke

Die Größe der Stromstärke ist abhängig von Elektronenmenge (Elektrizitätsmenge, die den Leiterquerschnitt an einer bestimmten Stelle durchströmt) und der Zeit (Zeitabschnitt, in dem die Elektronen hindurchströmen).
Definition der Stromstärke:

$$I = \frac{Q}{t}. \text{ Elektrizitätsmenge/Zeit}$$

Die vorherige Gleichung gilt nur unter der Voraussetzung, dass der Elektronenstrom gleichmäßig über den Leiterquerschnitt verteilt sein muss und die Stromfäden parallel verlaufen sollen. Daraus folgt, dass die Übertragungsmenge (Drähte) eine große axiale Ausdehnung zum Querschnitt haben müssen. Die elektrische Stromdichte S ist die spezifische Strömungsgröße zur Stromstärke:

$$S = \frac{I}{A}. \text{ Stromstärke/Leiterquerschnitt}$$

2.8.3 Maßsystem, Einheiten, Gleichungen

Basisgröße	Formelzeichen	Basiseinheit	Symbol (DIN1301)
Größen aus der Mechanik			
Länge	l, s	Meter	M
Maße	M	Kilogramm	Kg
Zeit	t	Sekunde	S
Elektrische Stromstärke	I	Ampere	A
Elektrische Ladung	Q	Coulomb	C
Thermodynamische Temperatur	ϑ	Kelvin	K
Lichtstärke	J	Candela	cd

Einheit der elektrischen Stromstärke: 1 A ist diejenige Stromstärke, die zwischen zwei Geraden parallel unendlich langem Leiter mit vernachlässigbarem kreisförmigem Querschnitt in einer Entfernung von einem Meter im Vakuum eine Kraft von $2 \cdot 10^{-7}$ N pro Meterlänge hervorruft.

$1 \text{V} = \left[\text{m}^2 \cdot \text{kg} \cdot \text{s}^{-3} \cdot \text{A}^{-1}\right]$. In der praktischen Elektrotechnik wird vielfach mit dem MSVA-System gearbeitet (Meter, Sekunde, Volt, Ampere).

2.9   Temperatureinfluss

Der Widerstand eines Leiters ist temperaturabhängig. Es soll folgende Beziehung gelten:

R_1 Wert des Widerstandes bei Ausgangstemperatur
$\alpha \cdot R_1$ Wert der Widerstandsänderung bei 1 °C Temperaturerhöhung
ϑ_1 Ausgangstemperatur
ϑ_2 Endtemperatur
$\vartheta_2 - \vartheta_1$ Temperaturerhöhung

Die Widerstandserhöhung bei einer Temperaturerhöhung von ϑ_1 auf ϑ_2 beträgt: $\alpha \cdot R_1 (\vartheta_2 - \vartheta_1)$.

Für die Temperatur ϑ_2 ergibt sich somit:

$$R_2 = R_1 + \alpha \cdot R_1 (\vartheta_2 - \vartheta_1) \text{ oder } R_2 = R_1 \cdot [1 + \alpha \cdot (\vartheta_2 - \vartheta_1)].$$

α Temperaturbeiwert oder Temperaturkoeffizient

Geht man von einem Tabellenwert bei 20 °C aus, so entspricht $\vartheta_1 = 20\,°C \rightarrow R_{20}$.

Der dazugehörige Widerstand ist $\rightarrow R_{20}$.

Damit hat die vorherige Gleichung die Form:

$R_2 = R_{20} \cdot [1 + \alpha_{20} \cdot (\vartheta - 20\,°C)]$. Diese Gleichungen gelten bis etwa 200 °C. Für höhere Temperaturen gilt: $R_2 = R_1 \cdot [1 + \alpha \cdot (\vartheta_2 - \vartheta_1) + \beta \cdot (\vartheta_2 - \vartheta_1)]$.

Leiter mit $+\alpha$-Werten (Kaltleiter oder PTC-Widerstände) haben mit zunehmender Temperatur steigenden Widerstandswert. Leiter mit $-\alpha$-Werten (Heßleiter oder NTC-Widerstände) haben bei zunehmender Temperatur kleiner werdende Widerstandswerte.

Aufgabe 12

Gegeben   Glühlampe mit Wolframdraht $\rho = 0{,}055\,\frac{\Omega \cdot mm^2}{m}$.

Drahtdurchmesser $d = 0{,}024\,mm$, Länge 62 cm

Ausgangstemperatur $\upsilon_k\ 20\,°C \rightarrow \alpha_{20} = 4{,}1 \cdot 10^{-3}\,°C^{-1}$

$\vartheta_w\ 2200\,°C \rightarrow \beta_{20} = 10^{-6}\,°C^{-2}$

Gesucht   Widerstand R_K und R_W

Lösung

$$R_K = \frac{\rho \cdot l}{A} = \frac{0{,}055\,\Omega \cdot mm^2 \cdot 62\,cm}{\frac{\pi \cdot (0{,}0024\,mm^2)}{4} \cdot m} = 75{,}3\,\Omega$$

$$R_W = 75{,}3 \cdot [1 + 4{,}1 \cdot 10^{-3}\,°C^{-1} \cdot (2200 - 20)\,°C + 10^{-6}\,°C^{-5} \cdot (2200 - 20)^2\,°C]$$

$$= 1106{,}3\,\Omega$$

2.9.1   Temperaturmessung

Berechnung des Temperatureinflusses auf Widerstände mit beliebiger Anfangs-
temperatur:

$$R_W = R_{20} \cdot \left[1 + \alpha_{20} \cdot (\vartheta_W - 20\,^\circ\mathrm{C})\right]$$

$$R_K = R_{20} \cdot \left[1 + \alpha_{20} \cdot (\vartheta_K - 20\,^\circ\mathrm{C})\right]$$

$$\frac{R_W}{R_K} = \frac{R_{20} \cdot [1 + \alpha_{20} \cdot (\vartheta_W - 20\,^\circ\mathrm{C})]}{R_{20} \cdot [1 + \alpha_{20} \cdot (\vartheta_K - 20\,^\circ\mathrm{C})]}$$

$$\frac{R_W}{R_K} = \frac{\frac{1}{\alpha_{20}} - 20\,^\circ\mathrm{C} + \vartheta_W}{\frac{1}{\alpha_{20}} - 20\,^\circ\mathrm{C} + \vartheta_K}$$

$$\frac{R_W}{R_K} = \frac{\tau + \vartheta_W}{\tau + \vartheta_K}$$

mit $\tau = \frac{1}{\alpha_{20} - 20\,^\circ\mathrm{C}}$. Diese Werte sind aus Tabellen zu entnehmen.

Die zuvor genannte Gleichung ist die mathematische Grundlage für die elektrische
Temperaturmessung.

Aufgabe 13

Gegeben   Widerstand aus Cu-Draht
           $R_{12\,^\circ\mathrm{C}} = 3{,}42\,\Omega$
           $\tau_{\mathrm{Cu}} = 235\,^\circ\mathrm{C}$

Gesucht   Temperaturwert für den Fall, dass der Widerstandswert auf $R_W = 4{,}21\,\Omega$
           angestiegen ist, d. h. $\vartheta_W \to R_W = 4{,}21\,\Omega$?

Lösung

$$\frac{R_W}{R_K} = \frac{\tau + \vartheta_W}{\tau + \vartheta_K}$$

$$\vartheta_W = \frac{(\tau + \vartheta_K) \cdot R_W}{R_K} - 235\,^\circ\mathrm{C} = \frac{(235\,^\circ\mathrm{C} + 12\,^\circ\mathrm{C}) \cdot 4{,}21\,\Omega}{3{,}24\,\Omega} - 235\,^\circ\mathrm{C} = 69{,}05\,^\circ\mathrm{C}$$

Der Gleichstromkreis

3

Schlüsselwörter

Stromstärke · Spannung · Netzwerk · Kondensator · Ohmsches Gesetz

3.1 Elektrischer Strom

Im Kap. 2 dieses Werkes lernten wir, dass die Elementarladung

$$e = 1{,}62 \cdot 10^{-19}\,\text{A} \cdot \text{s}$$

$$[e] = A \cdot s = C : Columb$$

die kleinste unteilbare Ladung ist. Eine Ladungsmenge besteht aus vielfachen Elementarladungen

$$Q = \pm n \cdot e$$

mit n als Anzahl der Elementarladungen. Betrachtet man einen Leiter, innerhalb dessen die Elektronen gleichmäßig verteilt sind, dann spricht man von einem konstanten elektrischen Feld, das durch eine Gleichspannungsquelle erzeugt wird. Beobachtet man die fließenden Anzahl der Elektronen durch den Leiter innerhalb einer Zeitspanne Δt und wiederholt man unter Berücksichtigung der festgelegten gleichen Beobachtungszeitspanne die Anzahl der strömenden Elektronen an verschiedenen Stellen des Leiters, so erkennt man, dass der Quotient $\frac{\Delta Q}{\Delta t}$ konstant ist und den gleichen Wert hat. Der Quotient

$$I = \frac{\Delta Q}{\Delta t}$$

© Springer Fachmedien Wiesbaden GmbH, ein Teil von Springer Nature 2021
C. Karaali, *Grundlagen der Elektrotechnik*, https://doi.org/10.1007/978-3-658-31829-1_3

$$[I] = \frac{C}{s} = \frac{A \cdot s}{s} = A$$

wird als elektrische Stromstärke I definiert. Aus der Gleichung ist leicht zu erkennen, dass je mehr Elektronen innerhalb einer Zeitspanne durch den Leiter fließen, umso größer der elektrische Strom wird. Ein zeitlich konstanter Strom, d. h. eine Stromstärke, die durch einen Leiter mit dem Quotienten $\frac{\Delta Q}{\Delta t}$ konstant ist, heißt Gleichstrom (Abb. 3.1).

Abb. 3.1 Verlauf Gleichstrom

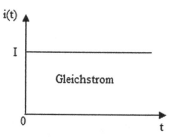

Die elektrische Stromdichte S wird als der Quotient der Stromstärke durch Leiterquerschnitt definiert:

$$S = \frac{I}{A}$$

$$[S] = \frac{A}{mm^2}.$$

Eine weitere Beziehung für die elektrische Stromdichte ergibt sich durch den Zusammenhang

$$S = \gamma \cdot E$$

$$[\gamma] = \frac{A}{V \cdot m} \text{ und } [E] = \frac{V}{m}$$

mit γ als elektrische Leitfähigkeit und E als elektrische Feldstärke des Leiters.

Übung:
Durch die Wendel einer Glühlampe mit dem Querschnitt $d_1 = 0,02$ mm fließt ein Strom von $I = 60$ mA. Der Durchmesser der Zuleitung hat den Querschnitt $d_2 = 1,8$ mm. Bestimmen Sie das Verhältnis der Stromdichten beider Leitungen und begründen Sie das Glühverhalten der Wendel.

Lösung:

$$S_1 = \frac{I \cdot 4}{d_1^2 \cdot \pi} = 190,9 \, \frac{A}{mm^2}$$

$$S_2 = \frac{I \cdot 4}{d_2^2 \cdot \pi} = 0,02 \, \frac{\text{A}}{\text{mm}^2}$$

$$\frac{S_1}{S_2} = \frac{190,9 \, \text{A/mm}^2}{0,02 \, \text{A/mm}^2} = 9545$$

Die Stromdichte in der Glühwendel ist also mehr als das 9000-Fache größer als die der Zuleitung. Die starken Reibungseffekte der Ladungsträger in der Glühwendel mit dem kleinen Querschnitt erzeugen eine hohe Wärmeenergie, die zum Glühen der Wendel beitragen.

3.2 Elektrische Spannung

Für den Fluss der elektrischen Ladungen in einem Leiter sind äußere Kraftwirkungen wie u. a. Wärme-, magnetische, chemische oder elektrische Wirkung erforderlich. Ist diese externe Wirkung über den ganzen Leiter gleichmäßig verteilt, so handelt es sich um ein homogenes elektrisches Feld mit der konstanten Feldstärke E im Leiter. (E ist zwar eine gerichtete Größe, die im Grunde symbolisch als $\vec{E}$ darzustellen wäre. Diese Darstellung auch für andere gerichtete Größen wird hier und demnächst vereinfachend vernachlässigt.)

Das konstante elektrische Feld, das bei der Definition des elektrischen Stromes erwähnt wurde, kann nur entstehen, wenn sich eine elektrische konstante Potenzialdifferenz zwischen zwei elektrisch geladenen Quellen bildet. Um dies zu verdeutlichen, wie in Abb. 3.2 gezeigt, wird eine Zweiplattenanordnung P1 und P2 vorgestellt, die in einem konstanten Abstand zueinander fixiert sind und zwischen denen ein konstantes, homogenes elektrisches Feld herrscht.

Abb. 3.2 Transport von Elementarladungen

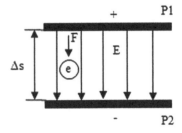

Aus den physikalischen Regeln ist zu entnehmen, dass durch die äußere Kraft

$$F = Q \cdot E$$

die Elementarladung e bzw. die Gesamtladung Q von einer Platte zur anderen transportiert werden kann, wodurch eine physikalische Arbeit

$$\Delta W = F \cdot \Delta s = Q \cdot E \cdot \Delta s$$

geleistet wird. Das Produkt

$E \cdot \Delta s = \frac{\Delta W}{Q} = U$ wird als elektrische Spannung V (*Volt*) bezeichnet.

$$[U] = \frac{N \cdot m}{A \cdot S} = V.$$

Damit wird auch die elektrische Spannung als Funktion des Produktes von elektrischer Feldstärke und vom Abstand zwischen zwei voneinander in einem bestimmten Abstand entfernten Punkten deklariert. In der Literatur findet man auch die Bezeichnung „Potenzialdifferenz" zwischen zwei Punkten, für die auch die Beziehung gilt:

$$U_{12} = \varphi_1 - \varphi_2 = \frac{\Delta W}{\Delta Q}$$

Eine zeitlich konstante elektrische Spannung heißt Gleichspannung (Abb. 3.3).

Abb. 3.3 Verlauf
Gleichspannung

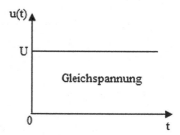

3.3   Ohmscher Widerstand, Leitwert, Ohmsches Gesetz

Dazu wird ein zylinderförmiger langer Leiter mit dem konstanten Querschnitt A, der elektrischen Leitfähigkeit γ und der Länge l, an denen Enden eine Spannung U anliegt, vorgestellt. Darüber hinaus wird angenommen, dass das elektrische Feld im Leiter homogen ist. Aus der vorher abgeleiteten Beziehung für die Spannung $E \cdot \Delta s = U$ lässt sich folgern

$$E = \frac{U}{l}$$

Aus der Homogenität des elektrischen Feldes kann behauptet werden, dass die Stromdichte
$S = \gamma \cdot E$ überall den gleichen Betrag hat:

$$S = \gamma \cdot E = \gamma \cdot \frac{U}{l}$$

Aus der Beziehung $S = \frac{I}{A}$ kann der Strom

$$I = S \cdot A = \gamma \cdot \frac{U}{l} \cdot A = \frac{\gamma \cdot A}{l} \cdot U = G \cdot U \, \text{mit } [G] = S \ (Siemens)$$

mit *G als Leitwert* abgeleitet werden. Unter dem Begriff Leitwert versteht man, wie gut der betreffende Leiter (das Material) bei anliegender Spannung den Strom leitet. Der Kehrwert des Leitwertes ist der Leitungswiderstand

$$R = \frac{1}{G} = \frac{l}{\gamma \cdot A}$$

Damit wird das ohmsche Gesetz durch die folgende Form gebildet:

$U = R \cdot I$ mit $[R] = \frac{V}{A} = \Omega$. Unter der Berücksichtigung der Einheiten von Leitwert und Widerstand erhalten wir:

$$[\,\Omega\,] = \left[\frac{1}{S}\right] bzw. [S] = \left[\frac{1}{\Omega}\right]$$

(S für Siemens nicht mit S der Stromdichte verwechseln!).

Durch Einführung des spezifischen elektrischen Widerstandes $\rho = \frac{1}{\gamma}$ lässt sich die vorangehende Gleichung in der folgenden Form angeben:

$$G = \frac{A}{\rho \cdot l} \ und \ R = \frac{\rho \cdot l}{A}$$

Übung:
Welche Länge *l* muss ein kreiszylindrischer Kupferleiter $\left(\gamma_{Cu} = 5{,}8 \cdot 10^7 \frac{A}{V \cdot m}\right)$ mit dem Durchmesser d = 0,6 mm haben, damit sein Widerstand 3,3 Ω beträgt?

Lösung:

$$A = \pi \frac{d^2}{4} = \pi \frac{0{,}6^2}{4} = 0{,}282 \, \mathrm{mm}^2$$

$$R = \frac{l}{\gamma \cdot A} \rightarrow l = R \cdot \gamma \cdot A = 3{,}3 \ \Omega \cdot 5{,}8 \cdot 10^7 \frac{A}{V \cdot m} \cdot 0{,}282 \, \mathrm{mm}^2 = 53{,}974 \, \mathrm{m}$$

Übung:
Ein verdrillter Kupferleiter besteht aus n = 12 einzelnen Leitern mit je d = 2,03 mm Durchmesser. Der spezifische Widerstand des Materials beträgt $\rho = 17{,}6 \cdot 10^{-9}$ Ωm.

Wie groß ist der Widerstand R des Leiters je km Leitungslänge?

Lösung:
Bei dem Leiterquerschnitt

$$A = n \frac{d^2 \cdot \pi}{4} = 12 \frac{(2{,}03 \, \mathrm{mm})^2 \cdot \pi}{4} = 38{,}83 \, \mathrm{mm}^2$$

und der Leiterlänge $l = 1000$ m beträgt der gesuchte Widerstand

$$R = \frac{\rho \cdot l}{A} = \frac{17{,}6 \cdot 10^{-9} \ \Omega m \cdot 1000 \ mm}{38{,}83 \cdot 10^{-6} \ mm} = 453{,}2 \ m\,\Omega.$$

Übung:

Die an einem Verbraucher liegende Gleichspannung wird von $U_1 = 6$ V auf $U_2 = 15{,}3$ V vergrößert. Um wie viel Prozent steigt die umgesetzte Leistung, wenn der ohmsche Innenwiderstand des Verbrauchers konstant angenommen wird?

Lösung:

Die umgesetzte Leistung am Widerstand wird bei beiden Spannungen nach der allgemeinen Formel.

$$P_1 = \frac{U_1^2}{R} \ und \ P_2 = \frac{U_2^2}{R}$$

berechnet. Damit wird

$$\frac{P_2}{P_1} = \left(\frac{U_2}{U_1}\right)^2 = 6{,}5.$$

Die umgesetzte Leistung steigt also um den Faktor 6,5.

3.4   Serienschaltung von Widerständen, Spannungsteiler

Aktive Zweipole bezeichnet man Quellen, die eine elektrische Spannung verfügen und eine elektrische Stromstärke- und umgekehrt – liefern. Das sind Generatoren, Erzeuger, Spannungs- und Stromquellen. Die elektrischen passiven Bauelemente wie Widerstände, Kondensatoren, Spulen, Dioden, Glühlampen usw. sind die „Last" (Verbraucher) der aktiven Zweipole, die durch diese versorgt werden. Durch die Kopplung der aktiven und passiven Elemente wird ein Netzwerk gebildet (Abb. 3.4). Unter anderem gilt das zuvor abgeleitete ohmsche Gesetz für die Analyse von Netzwerken generell. Analyse bedeutet die Bestimmung der Teilspannungen, -ströme und -leistungen an den passiven Bauelementen als Last, die Bestimmung der maximalen Belastbarkeit der Quelle und das Verfahren der Optimierung der genannten Größen nach entsprechenden Methoden. Vor allem die Berücksichtigung der umgesetzten Leistung an den passiven Bauelementen in Netzwerken ist unabdingbar, da nicht nur der errechnete Wert der Bauelemente, sondern auch die an ihm verkörperte Verlustleistung die maßgebenden Größen sind. Technologisch hergestellte z. B. 1 Ω-Widerstand existiert für Verlustleistungen in mW- bis in kW-Größenbereich, der entsprechend seiner leitungsmäßig umsetzbaren Werte eingesetzt werden muss.

Abb. 3.4 Blockschaltbild
Netzwerk

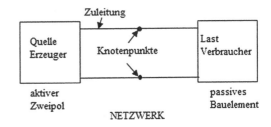

Abb. 3.5 Netzwerk

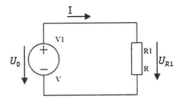

In den Abb. 3.4 und 3.5 gilt für die Spannung am Lastwiderstand das ohmsche Gesetz $U_{R1} = I \cdot R1$. Die umgesetzte Leistung am Lastwiderstand errechnet sich nach den Beziehungen

$$P_{R1} = U_{R1} \cdot I = \frac{U_{R1}^2}{R1} = I^2 \cdot R1$$

Man stelle sich vor, dass ohmsche Widerstände generell den Ladungstransport, d. h. den Stromfluss behindern. Im wahrsten Sinn des Wortes stellt er einen Widerstand für den Strom dar. Dadurch fällt an ihm eine Spannung ab, Abfallspannung, die nach dem ohmschen Gesetz vom fließenden Stromwert und dem Widerstandswert abhängig ist. In Abb. 3.5 stellt U_0 die Generatorspannung (Erzeugerspannung) und R1 den Verbraucher (Last) dar. Sind zwei hintereinander geschaltete Verbraucher in einem Netzwerk vorhanden (Serienschaltung, Reihenschaltung von Widerständen), Abb. 3.6, dann fallen an beiden Lastwiderständen mit unterschiedlichen Werten unterschiedliche Spannungswerte ab.

Abb. 3.6 Serienschaltung als
Netzwerk

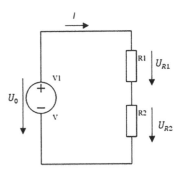

Eindeutig ist zu erkennen, dass die Pfeilrichtungen von Strom und Spannung an der Quelle zueinander entgegengesetzt sind, im Vergleich am Verbraucher, wo beide die gleiche Pfeilrichtung aufweisen. Diese Regel gilt allgemein, wenn das Netzwerk nur über eine Quelle verfügt.

Übung:

Die von einem Widerstand (R) aufgenommene Leistung soll um $p = 35\,\%$ verringert werden. Um wie viel Prozent ist die anliegende Gleichspannung herabzusetzen?

Lösung:

Liegt der Widerstand (R) an einer Gleichspannung, die angenommen U_1 heißt, an, so nimmt er die Leistung

$$P_1 = \frac{U_1^2}{R}$$

auf. Soll er bei einer Gleichspannung U_2 eine um $p = 35\,\%$ geringere Leistung. P_2 aufnehmen, so muss dann gelten

$$P_2 = \frac{U_2^2}{R} = (1-p)P_1 = (1-p)\frac{U_1^2}{R}.$$

Daraus ermittelt sich

$$U_2 = \sqrt{(1-p)} \cdot U_1 \text{ und}$$

$$\frac{U_2}{U_1} = \sqrt{(1-p)} = 0{,}8.$$

Die anliegende Spannung muss also auf 80 % des ursprünglichen Wertes gebracht und somit um 20 % herabgesetzt werden.

Es wurde bereits der elektrische Strom als Verhältnis der an einem Ort des Leiters fließenden Ladungsträger zu einer Zeitspanne $I = \frac{\Delta Q}{\Delta t}$ abgeleitet. Bedingt durch den Aufbau des genannten verzweigungsfreien Netzwerkes, Abb. 3.6, fließt überall im Netzwerk (Stromkreis) der gleiche Strom I. Das heißt, die in der Zeit Δt vorbeifließende Ladung ΔQ an jeder Stelle des Stromkreises ist gleich. Das ist die charakteristische Eigenschaft eines Stromkreises mit mehreren ohmschen Widerständen, die in Reihe zueinander geschaltet sind. Damit lassen sich die Teilspannungen an den in Serie geschalteten Widerständen berechnen:

$$U_{R1} = I \cdot R_1$$

$$U_{R2} = I \cdot R_2.$$

Fasst man die beiden im Netzwerk erwähnten Widerstände zu einem Gesamtwiderstand R_{ges}, so gilt nach dem ohmschen Gesetz

$$U_{\text{ges}} = I \cdot R_{\text{ges}}$$

Die zweite charakteristische Eigenschaft einer Serienschaltung ist, dass die Bedingung *Gesamtspannung = Summe der Teilspannungen*,

$$U_{\text{ges}} = U_{R1} + U_{R2}$$

gilt. Setzt man die entsprechenden Beziehungen in die Gleichung ein, so erhält man die dritte charakteristische Eigenschaft einer Serienschaltung zu

$$I \cdot R_{\text{ges}} = I \cdot R_1 + I \cdot R_2$$

$$R_{\text{ges}} = R_1 + R_2.$$

▶ *Diese Eigenschaft ist dadurch zu beschreiben, dass es möglich ist, die Reihenschaltung von Widerständen durch einen äquivalenten Widerstand zu ersetzen, der zur ursprünglichen Schaltung „klemmenäquivalent" ist, d. h., er weist an seinen Klemmen die gleiche Beziehung zwischen Strom und Spannung wie in der ursprüngliche Schaltung auf.*

Abb. 3.7 Spannungsteiler einer Serienschaltung

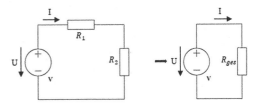

In einer Reihenschaltung von Widerständen wird also die Gesamtspannung aus der Summe der Teilspannungen an den einzelnen Widerständen gebildet, d. h. die Gesamtspannung teilt sich in Teilspannungen auf. Haben die in Serie geschalteten Widerstände den gleichen ohmschen Wert, so sind die an diesen einzelnen Widerständen abfallenden Teilspannungen gleich groß. Im Gegensatz dazu haben die Teilspannungen unterschiedliche Größen, wenn die Widerstandswerte nicht identisch sind. Um die Teilspannungen unterschiedlicher in Serie geschalteten Widerstände zu berechnen, wenden wir die Spannungsteilerformel an. Dazu wird eine Teilspannung durch die Gesamtspannung geteilt (Abb. 3.7):

$$\frac{U_{R1}}{U_{\text{ges}}} = \frac{I \cdot R_1}{I \cdot R_{\text{ges}}} = \frac{R_1}{R_1 + R_2}$$

Damit lautet die Spannungsteilerformel:

$$\frac{Teilspannung}{Gesamtspannung} = \frac{Teilwiderstand}{Gesamtwiderstand}$$

Übung:
Gegeben sei die folgende Schaltung. Berechnen Sie die Teilspannungen, den Gesamtstrom und die umgesetzten Leistungen an den einzelnen Widerständen (Abb. 3.8).

Abb. 3.8 Spannungsteiler
einer Serienschaltung mit
Zahlengrößen

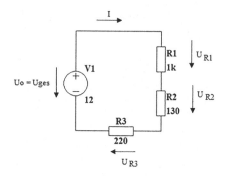

Lösung:

$$\frac{U_{R1}}{U_{\text{ges}}} = \frac{U_{R1}}{12\,\text{V}} = \frac{R_1}{R_{\text{ges}}} = \frac{R_1}{R_1 + R_2 + R_3} = \frac{1000\,\Omega}{1000\,\Omega + 130\,\Omega + 220\,\Omega} \rightarrow U_{R1} = 8{,}88\,\text{V}$$

$$\frac{U_{R2}}{U_{\text{ges}}} = \frac{U_{R2}}{12\,\text{V}} = \frac{R_2}{R_{\text{ges}}} = \frac{R_2}{R_1 + R_2 + R_3} = \frac{130\,\Omega}{1000\,\Omega + 130\,\Omega + 220\,\Omega} \rightarrow U_{R2} = 1{,}15\,\text{V}$$

$$\frac{U_{R3}}{U_{\text{ges}}} = \frac{U_{R3}}{12\,\text{V}} = \frac{R_3}{R_{\text{ges}}} = \frac{R_3}{R_1 + R_2 + R_3} = \frac{220\,\Omega}{1000\,\Omega + 130\,\Omega + 220\,\Omega} \rightarrow U_{R3} = 1{,}95\,\text{V}$$

$$U_{\text{ges}} = U_{R1} + U_{R2} + U_{R3} = 12\,\text{V}$$

$$R_{\text{ges}} = R_1 + R_2 + R_3 = 1350\,\Omega$$

$$I = \frac{U_{\text{ges}}}{R_{\text{ges}}} = \frac{12\,\text{V}}{1350\,\Omega} = 8{,}88\,\text{mA}$$

$$P_{R1} = I \cdot U_{R1} = 8{,}88\,\text{mA} \cdot 8{,}88\,\text{V} = 78{,}85\,\text{mW}$$

$$P_{R2} = I \cdot U_{R2} = 8{,}88\,\text{mA} \cdot 1{,}15\,\text{V} = 10{,}21\,\text{mW}$$

$$P_{R3} = I \cdot U_{R3} = 8{,}88\,\text{mA} \cdot 1{,}95\,\text{V} = 17{,}31\,\text{mW}$$

Übung:

Gegeben ist ein Netzwerk aus drei in Reihe zueinander geschalteten Widerständen, die an einer Spannungsquelle mit 12 V Versorgungsspannung angeschlossen sind (Abb. 3.9).

Abb. 3.9 Übungsbeispiel

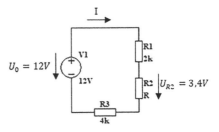

Bekannt ist noch die Spannung am Widerstand $U_{R2} = 3{,}4$ V. Man bestimme den Widerstandswert von R_2.

Lösung:

Die Widerstände $R_1 und R_3$ sind in Reihe zueinander geschaltet und können zu einem Gesamtwiderstand von 6 kΩ zusammengefasst werden (Abb. 3.10).

Abb. 3.10 Bestimmung von Teilgrößen im Übungsbeispiel

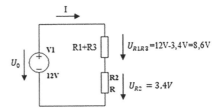

An dem zusammengefassten 6 kΩ-Widerstand lässt sich die Teilspannung von 8,6 V ermitteln und daraus den durch den gleichen Widerstand fließenden Strom nach dem ohmschen Gesetz errechnen:

$$I = \frac{8{,}6 \text{ V}}{6 \, k\,\Omega} = 1{,}43 \, \text{mA}$$

Das ist auch der Stromwert, der durch den Widerstand R_2 fließt. Durch die laut Aufgabenstellung vorgegebene Teilspannung lässt sich der Widerstandswert ermitteln:

$$R_2 = \frac{3{,}4 \text{ V}}{1{,}43 \, \text{mA}} = 2{,}372 \, \text{k}\Omega$$

Übung:

Abb. 3.11 Übungsbeispiel

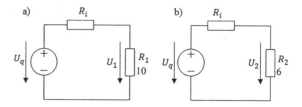

R_i ist der Innenwiderstand der Spannungsquellen U_q der Netzwerke Abb. 3.11 in (a) und (b). Die Spannungsquelle ist nach (a) durch einen Widerstand $R_1 = 10\ \Omega$ und zum anderen nach (b) durch den Widerstand $R_2 = 6\ \Omega$ belastet worden. Die dabei vorhandenen Klemmenspannungen seien $U_1 = 10\,\text{V}$ *und* $U_2 = 9\,\text{V}$.

Wie groß sind der Innenwiderstand R_i und die Quellenspannung U_q der Spannungsquelle?

Lösung:
Die von der Spannungsquelle gelieferten Ströme sind

$$I_1 = \frac{U_1}{R_1} = 1\,\text{A}\ \textit{und}\ I_2 = \frac{U_2}{R_2} = 1{,}5\,\text{A}.$$

Bei der Berechnung des Innenwiderstandes R_i der Spannungsquellen geht man davon aus, dass die Stromdifferenz $\Delta I = I_2 - I_1$ zu einer an R_i aufgetretenen Spannungsdifferenz $\Delta U = U_1 - U_2$ führt. Daher ergibt sich der Innenwiderstand zu

$$R_i = \frac{\Delta U}{\Delta I} = \frac{U_1 - U_2}{I_2 - I_1} = 2\ \Omega.$$

Die Quellenspannung hat damit die Größe

$$U_q = U_1 + I_1 \cdot R_i = 12\,\text{V}.$$

3.5   Kirchhoffsche Gesetze

Die beiden Kirchhoffschen Gesetze für Maschen und Knotengleichungen eines Netzwerkes lauten (Abb. 3.12):

▶ *Die Summe aller Spannungen innerhalb einer Schleife eines Netzwerkes ist null*

Abb. 3.12 Kirchhoffsches Gesetz für
Maschengleichungen

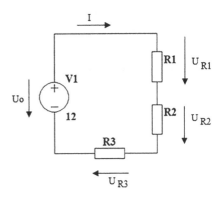

$$U_{R1} + U_{R2} + U_{R3} - Uo = 0.$$

▶ *Die Summe aller in den Knotenpunkt hinein- und aus dem Knotenpunkt herausfließenden Ströme ist null*

Abb. 3.13 Kirchhoffsches Gesetz für
Knotengleichungen

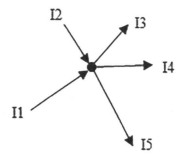

$$I1 + I2 - I3 - I4 - I5 = 0.$$

Beispiele für die Anwendung der Kirchhoffschen Gesetze sind aus den folgenden Kapiteln zu entnehmen (Abb. 3.13).

3.6 Parallelschaltung von Widerständen, Stromteiler

Im Gegensatz zur Reihenschaltung haben wir hier mit parallel zueinander geschalteten Widerständen in einem Stromkreis zu tun. Der Stromkreis verfügt über Verzweigung(en) in den Knoten. Dadurch fließt nicht mehr der gleichgroße Strom in den Bauelementen, sondern er teilt sich an den Knoten in den Zweigen entsprechend mit unterschiedlichen

Größen auf. Sowohl der aktive Zweipol als auch die passiven Elemente des Stromkreises liegen hier zwischen denselben Knoten und damit parallel zueinander. Dadurch
ist aus diesem Stromkreis (Parallelschaltung) zu entnehmen, dass an allen verfügbaren
Elementen die gleiche Spannung (Generatorspannung) anliegt (Abb. 3.14).

Abb. 3.14 Übungsbeispiel

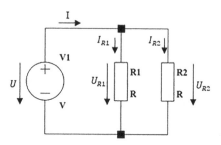

$U = U_{R1} = U_{R2}$. Die theoretische Analyse von Parallelschaltungen ist mathematisch
einfacher, wenn man anstatt Widerständen mit ihren Leitwerten arbeitet (Abb. 3.15).

Abb. 3.15 Umwandlungsgesetze

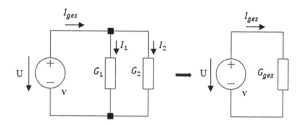

Damit gilt für die Teilströme nach dem ohmschen Gesetz:

$$I_1 = \frac{1}{R_1} \cdot U = G_1 \cdot U$$

$$I_2 = \frac{1}{R_2} \cdot U = G_2 \cdot U$$

$$I_{\text{ges}} = \frac{1}{R_{\text{ges}}} \cdot U = G_{\text{ges}} \cdot U$$

Durch den jeweiligen Querschnitt der Zuleitungen innerhalb einer Zeitspanne Δt
strömen die Anzahl von Ladungen:

$$\Delta Q_1 = I_1 \cdot \Delta t$$

$$\Delta Q_2 = I_2 \cdot \Delta t$$

$$\Delta Q_{\text{ges}} = I_{\text{ges}} \cdot \Delta t$$

Genauso wie bei der Aufteilung des Gesamtstromes des Netzwerkes, fließt die Gesamtladung auch an den Knotenpunkten von den Teilwiderständen in den Zweigen des Netzwerkes entsprechend ab. Damit gilt:

$$\Delta Q_{\text{ges}} = \Delta Q_1 + \Delta Q_2$$

Da die Beobachtungsdauer der vorbeiströmenden Ladungen konstant ist, erhalten wir die Beziehung:

$$I_{\text{ges}} = I_1 + I_2$$

Mit $I_{\text{ges}} = G_{\text{ges}} \cdot U$, $I_1 = G_1 \cdot U$ und $I_2 = G_2 \cdot U$ ergibt sich die weitere Beziehung für die Parallelschaltung

$$G_{\text{ges}} = G_1 + G_2$$

Der Gesamtwiderstand dieser Beziehung erhalten wir durch Einsetzen von

$$\frac{1}{R_{\text{ges}}} = \frac{1}{R_1} + \frac{1}{R_2} \rightarrow R_{\text{ges}} = \frac{R_1 \cdot R_2}{R_1 + R_2}$$

Die Beziehung zwischen Gesamtstrom und Teilstrom erhält man dadurch, wenn ein Teilstrom durch den Gesamtstrom geteilt wird

$$\frac{I_1}{I_{\text{ges}}} = \frac{G_1 \cdot U}{G_{\text{ges}} \cdot U} = \frac{G_1}{G_{\text{ges}}}$$

Damit lautet die Stromteilerformel:

$$\frac{Teilstrom}{Gesamtstrom} = \frac{Teilleitwert}{Gesamtleitwert}$$

Möchte man mit Widerstandswerten arbeiten, dann erhält man durch Einsetzen

$$\frac{I_1}{I_{\text{ges}}} = \frac{\frac{1}{R_1}}{\frac{1}{R_1} + \frac{1}{R_2}} = \frac{R_2}{R_1 + R_2}$$

Übung:
Gesucht sind die Teilströme und der Gesamtwiderstand des folgenden Netzwerkes (Abb. 3.16).

Abb. 3.16 Übungsbeispiel

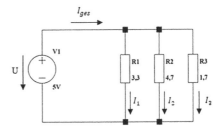

Lösung:

Durch Anwendung der Stromteilerformel lassen sich die Teilströme des Netzwerkes wie folgt ermitteln:

Die drei Widerstände sind parallel zueinander geschaltet. Der Gesamtwiderstand ist dann

$$\frac{1}{R_{ges}} = \frac{1}{R_1} + \frac{1}{R_2} + \frac{1}{R_3} = \frac{1}{3,3\ \Omega} + \frac{1}{4,7\ \Omega} + \frac{1}{1,7\ \Omega} = 1,1\ \text{S}$$

$$R_{ges} = 0,9\ \Omega$$

und der Gesamtstrom

$$I_{ges} = \frac{U}{R_{ges}} = \frac{5V}{0,9\ \Omega} = 5,55\ \text{A}$$

Wird die Stromteilerformel angewendet, so gilt

$$\frac{I_1}{I_{ges}} = \frac{G_1}{G_{ges}} = \frac{\frac{1}{3,3\ \Omega}}{1,1\ \text{S}} = 0,27 \rightarrow I_1 = 5,55\text{A} \cdot 0,27 = 1,5\text{A}$$

$$\frac{I_2}{I_{ges}} = \frac{G_2}{G_{ges}} = \frac{\frac{1}{4,7\ \Omega}}{1,1\ \text{S}} = 0,19 \rightarrow I_2 = 5,55\ \text{A} \cdot 0,19 = 1,06\ \text{A}$$

$$\frac{I_3}{I_{ges}} = \frac{G_3}{G_{ges}} = \frac{\frac{1}{1,7\ \Omega}}{1,1\ \text{S}} = 0,53 \rightarrow I_3 = 5,55\ \text{A} \cdot 0,53 = 2,94\ \text{A}$$

Die alternative Lösung finden wir auch durch die Anwendung des ohmschen Gesetzes, da die Spannung überall dieselbe ist zu

$$I_1 = \frac{U}{R_1} = \frac{5\ \text{V}}{3,,3\ \Omega} = 1,5\ \text{A}$$

$$I_2 = \frac{U}{R_2} = \frac{5\ \text{V}}{4,7\ \Omega} = 1,06\ \text{A}$$

$$I_3 = \frac{U}{R_3} = \frac{5\ \text{V}}{1,7\ \Omega} = 2,94\ \text{A}$$

Übung:

Das laut Aufgabenstellung gegebene Netzwerk besteht aus Reihen- und Parallelschaltungen von Widerständen, die an einer Gleichspannungsquelle angeschlossen sind (Abb. 3.17).

Abb. 3.17 Übungsbeispiel

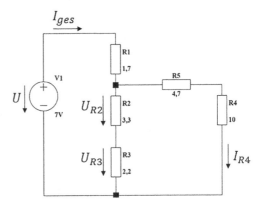

Zu berechnen sind die Größen I_{ges}, U_{R2}, U_{R3} und I_{R4}, nach den uns schon bekannten physikalischen Beziehungen.

Lösung:

Wir wollen I_{ges} nach zwei alternativen Methoden berechnen:

(a) Bestimmung von I_{ges} nach dem ohmschen Gesetz:
R4 und R5 sowie R2 und R3 sind in Serie zueinander geschaltet und können durch einen einzigen Widerstand aufgefasst werden, die ihrerseits eine Parallelschaltung bilden.

$$R_{45} = 14,7 \ \Omega$$

$$R_{23} = 5,5 \ \Omega$$

Die Parallelschaltung ergibt dann die Größe:

$$\frac{1}{R_{2345}} = \frac{1}{R_{23}} + \frac{1}{R_{45}} \rightarrow R_{2345} = 4 \ \Omega.$$

Der Gesamtwiderstand ist dann

$$R_{ges} = R_1 + R_{2345} = 5,7 \ \Omega$$

und

$$I_{ges} = \frac{U}{R_{ges}} = \frac{7V}{5,7 \ \Omega} = 1,22 \, \text{A}$$

(b) Bestimmung von I_{ges} nach der Spannungsteilerformel:
Da der unter (a) berechnete Gesamtwiderstand R_{2345} in Serie zu R1 geschaltet ist, lässt sich hier die Spannungsteilerformel anwenden.

$$\frac{U_{R1}}{U_{ges}} = \frac{R_1}{R_{ges}} = \frac{1{,}7\,\Omega}{5{,}7\,\Omega} \rightarrow U_{R1} = 7\,\text{V} \cdot \frac{1{,}7\,\Omega}{5{,}7\,\Omega} = 2{,}08\,\text{V}.$$

Damit wird der Gesamtstrom

$$I_{ges} = \frac{U_{R1}}{R_1} = \frac{2{,}08\,\text{V}}{1{,}7\,\Omega} = 1{,}22\,\text{A}.$$

Die Teilspannungen U_{R2} und U_{R3} lassen sich ebenfalls nach zwei Methoden ermitteln:

(a) Da die Teilspannung am Widerstand R_1 bekannt ist, wird durch die Differenzspannung $U_{R2} + U_{R3} = U - U_{R1} = 4{,}92\,\text{V}$. R2 und R3 bilden durch die Summe den Gesamtwiderstand $R_{23} = R_2 + R_3 = 5{,}5\,\Omega$. Wendet man die Spannungsteilerformel an, so gilt: $\frac{U_{R2}}{U_{R2}+U_{R3}} = \frac{R_2}{R_2+R_3} = 0{,}6$ und damit $U_{R2} = 0{,}6 \cdot 4{,}92\,\text{V} = 2{,}95\text{,}\,\text{V}$ und $U_{R3} = 1{,}97\,\text{V}$.

(b) Wenn die Stromteilerformel angewendet wird, dann wird nur die untere Parallelschaltung berücksichtigt. Da der Gesamtstrom vor und nach dem Widerstand R1 unverändert bleibt, soll für die Anwendung der Stromteilerformel dieser Widerstand nicht berücksichtigt werden! Hierfür gilt dann die Beziehung

$$\frac{I_{R2R3}}{I_{ges}} = \frac{\frac{1}{R_2+R_3}}{\frac{1}{R_2+R_3} + \frac{1}{R_4+R_5}} = \frac{\frac{1}{5{,}5\,\Omega}}{\frac{1}{5{,}5\,\Omega} + \frac{1}{14{,}7\,\Omega}} = 0{,}727$$

$$\rightarrow I_{R2R3} = 1{,}22\text{A} * 0{,}727 = 0{,}88\,\text{A}$$

Damit lassen sich die Teilspannungen berechnen zu

$$U_{R2} = I_{R2R3} \cdot R_2 = 0{,}88\,\text{A} \cdot 3{,}3\,\Omega = 2{,}92\,\text{V}$$

$$U_{R3} = I_{R2R3} \cdot R_3 = 0{,}88\,\text{A} \cdot 2{,}2\,\Omega = 1{,}96\,\text{V}.$$

Die Stromstärke I_{R4} ist die Differenz von $I_{R4} = I_{ges} - I_{R2R3} = 0{,}34\,\text{A}$.

Übung:

Gegeben ist das in Abb. 3.18 dargestellte Netzwerk.

Abb. 3.18 Übungsbeispiel

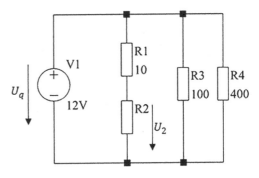

Wie groß ist der Widerstand R_2 und der Gesamtstrom, wenn bei der Quellenspannung $U_q = 12\,\text{V}$ ein Spannungsabfall $U_2 = 9{,}6\,\text{V}$ am Widerstand R_2 gemessen wird.

Lösung:

Nach der Spannungsteilerformel gilt:

$$U_2 = U_q \frac{R_2}{R_1 + R_2}.$$

Daraus abgeleitet

$$R_2 = U_2 \frac{R_1}{U_q - U_2} = 40\ \Omega$$

$$R_{\text{ges}} = R_4 \mathbin{/\!/} R_3 \mathbin{/\!/} (R_1 + R_2) = \frac{400}{13}\ \Omega$$

$$I_{\text{ges}} = \frac{U_q}{R_{\text{ges}}} = 312\,\text{mA}$$

Übung:

Für die Schaltung in Abb. 3.19 ist der Strom I_3 mittels Strom- und Spannungsteilerformel zu berechnen.

Abb. 3.19 Übungsbeispiel

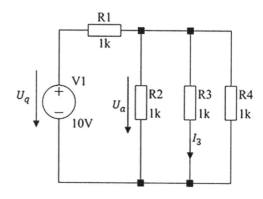

Lösung:

Spannungsteiler:

$$U_a = U_q \frac{R_2 \mathbin{/\!/} R_3 \mathbin{/\!/} R_4}{R_2 \mathbin{/\!/} R_3 \mathbin{/\!/} R_4 + R_1} = 2{,}5\,\mathrm{V}$$

$$I_3 = \frac{U_a}{R_3} = 2{,}5\,\mathrm{mA}$$

Stromteiler:

$$R_{\mathrm{ges}} = 1{,}33\,\Omega$$

$$I_{\mathrm{ges}} = \frac{U_q}{R_{\mathrm{ges}}} = 7{,}5\,\mathrm{mA}$$

$$I_3 = I_{\mathrm{ges}} \frac{\frac{1}{R_3}}{\frac{1}{R_2} + \frac{1}{R_3} + \frac{1}{R_4}} = 2{,}5\,\mathrm{mA}$$

Übung:

Abb. 3.20 Übungsbeispiel

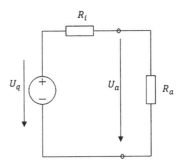

Der Widerstand $R_i = 2\,\Omega$ ist der Innenwiderstand der Spannungsquelle U_q. Belastet wird die Spannungsquelle mit dem Lastwiderstand R_a. Welchen Wert muss R_a haben, damit sich die Klemmenspannung U_a beim Anschließen des Lastwiderstandes höchstens um p=0,1 % ändert? (Abb. 3.20)

Lösung:
Beim Anschließen des Lastwiderstandes R_a sinkt die Klemmenspannung von dem Wert U_q auf den Wert

$$U_a = U_q \frac{R_a}{R_a + R_i}.$$

Da die Klemmenspannung U_a um p=0,1 % kleiner als U_q sein soll, muss weiterhin

$$U_a = (1 - q)U_q$$

sein. Durch Gleichsetzen erhalten wir

$$(1 - q)U_q = U_q \frac{R_a}{R_a + R_i}.$$

Hieraus ergibt sich der für den Lastwiderstand erforderliche Wert als

$$(1 - 0{,}1\%) = \frac{R_a}{R_a + R_i}$$

$$R_a = \frac{(1 - 0{,}1\%) \cdot 2\,\Omega}{1 - 1 + 0{,}1\%} = 1998\,\Omega.$$

Übung:

Abb. 3.21 Übungsbeispiel

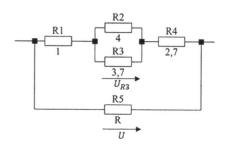

Gegeben ist das in Abb. 3.21 dargestellte Netzwerk. Welche Klemmenspannung U liegt an der Schaltung, wenn am Widerstand R_3 der Spannungsabfall 24 V gemessen wird?

Lösung:

Der Strom durch den Widerstand R_3 hat den Wert.

$$I_3 = \frac{U_{R3}}{R_3} = 6{,}48\,\text{A}$$

und wegen der Parallelschaltung gilt auch für

$$I_2 = \frac{U_{R3}}{R_2} = 6\,\text{A}.$$

Die Stromstärke durch den Widerstand R_1 ergibt sich als Summe von

$$I_1 = I_2 + I_3 = 12{,}48\,\text{A}.$$

Damit gilt

$$U_{R1} = 12{,}48A \cdot R_1 = 12{,}48\,\text{V}$$
$$U_{R4} = 12{,}48A \cdot R_4 = 33{,}69\,\text{V}$$
$$U = U_{R1} + U_3 + U_{R4} = 70{,}17\,\text{V}.$$

Übung:
Gegeben ist das in Abb. 3.22 dargestellte Netzwerk.

Abb. 3.22 Übungsbeispiel

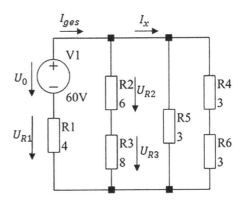

Gesucht ist der Teilstrom I_x.

Lösung:
Der Gesamtwiderstand errechnet sich zu

$$R_{ges} = (R_4 + R_6) /\!/ R_5 /\!/ (R_2 + R_3) + R_1 = 5{,}6 \ \Omega$$

Daraus ergibt sich der Gesamtstrom zu

$$I_{ges} = \frac{U_0}{R_{ges}} = 10{,}71 \ \text{A}$$

und

$$I_x = I_{ges} \frac{G_5 + G_{46}}{G_5 + G_{46} + G_{23}} = 9{,}37 \ \text{A}.$$

Übung:

Abb. 3.23 Übungsbeispiel

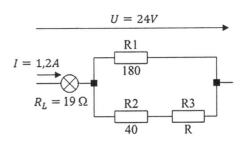

Gegeben ist die Schaltung in Abb. 3.23. Welche Größe muss der Widerstand R_3 auf-weisen, damit durch die Leuchte ein Strom von 1,2 A fließt?

Lösung:
Der Gesamtwiderstand mit dem unbekannten Widerstand R_3 errechnet sich durch die Beziehung

$$R_{\mathrm{ges}} = \frac{U_{\mathrm{ges}}}{I_{\mathrm{ges}}} = \frac{24\,\mathrm{V}}{1,2\,\mathrm{A}} = 20\,\Omega = \frac{(R_2 + R_3) \cdot R_1}{(R_2 + R_3) + R_1} + R_L$$

$$R_3 = |40\,\Omega|$$

Übung:
Die in Abb. 3.24 angegebene Schaltung mit $U = 48\,\mathrm{V}$ enthält die Widerstände R_1 bis R_4.

Abb. 3.24 Übungsbeispiel

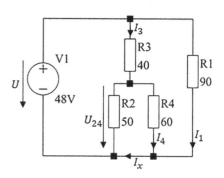

Wie groß ist der Zweigstrom I_x?

Lösung:
Aus der Abb. 3.24 ist ersichtlich, dass die Widerstände R_2 *und* R_4 parallel liegen und diese Parallelschaltung mit R_3 in Serie geschaltet ist. Der Widerstand R_1 liegt direkt an der Spannung U. Hieraus ergibt sich der Strom

$$I_1 = \frac{U}{R_1} = 0,533\,\mathrm{A}$$

mit

$$R_{24} = R_2 /\!/ R_4 = 27,3\,\Omega$$

wird

$$I_3 = \frac{U}{R_3 + R_{24}} = 0,714\,\mathrm{A}.$$

Damit wird

$$U_{24} = I_3 \cdot R_{24} = 19{,}5\,\text{V}$$

$$I_4 = \frac{U_{24}}{R_4} = 0{,}324\,\text{A}.$$

Der gesuchte Strom wird dann ermittelt durch

$$I_x = I_1 + I_4 = 857\,\text{mA}.$$

Alternative Lösung:

$$R_{24} = R_2 \mathbin{/\!/} R_4 = 27{,}3\,\Omega$$

$$R_{234} = R_{24} + R_3 = 67{,}3\,\Omega$$

$$R_{\text{ges}} = R_{234} \mathbin{/\!/} R_1 = 38{,}5\,\Omega$$

$$I_{\text{ges}} = \frac{48\,\text{V}}{38{,}5\,\Omega} = 1{,}24\,\text{A}$$

$$I_1 = \frac{U}{R_1} = 533\,\text{mA}$$

$$I_3 = I_{\text{ges}} - I_1 = 713{,}5\,\text{mA}$$

Stromteiler:

$$\frac{I_4}{I_3} = \frac{G_4}{G_4 + G_2} \rightarrow I_4 = 324{,}34\,\text{mA}$$

$$I_x = I_4 + I_1 = 857\,\text{mA}.$$

Übung:

Abb. 3.25   Übungsbeispiel

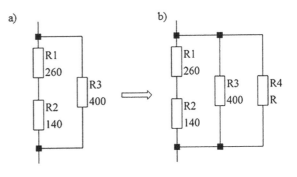

Die Abb. 3.25 links oben dargestellte Schaltung enthält die Widerstände R_1 bis R_3. Zu der Anordnung soll nach Abb. 3.25b rechts ein vierter Widerstand R_4 parallelgeschaltet und dadurch der Gesamtwiderstand um $p = 4\%$ verkleinert werden. Welchen Wert muss der Widerstand R_4 haben?

Lösung:

Der Gesamtwiderstand der Schaltung (a) beträgt.

$$R_{ges} = \frac{(R_1 + R_2) \cdot R_3}{R_1 + R_2 + R_3} = 200 \ \Omega.$$

Durch Zuschalten des Widerstandes R_4 nach (b) soll R_{ges} um $p = 4\%$ verkleinert werden. Es muss also

$$(1 - p) \cdot R_{ges} = \frac{R_{ges} \cdot R_4}{R_{ges} + R_4}$$

sein. Hieraus wird der gesuchte Widerstand erhalten als

$$R_4 = \frac{1 - p}{p} \cdot R_{ges} = \frac{1 - 0{,}04}{0{,}04} \cdot 200 \ \Omega = 4800 \ \Omega.$$

Übung:

Abb. 3.26 Übungsbeispiel

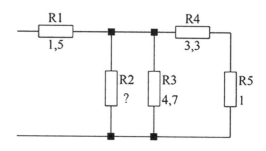

Welcher Widerstandswert ergänzt das Netzwerk in Abb. 3.26 so, dass der Gesamtwiderstand $R_{ges} = 3{,}2 \ \Omega$ beträgt?

Lösung:

Die Reihenschaltung von R_4 und R_5 mit dem parallelgeschalteten Widerstand R_3 bilden den gemeinsamen Ersatzwiderstand von

$$R_{345} = \frac{(R_4 + R_5) \cdot R_3}{(R_4 + R_5) + R_3} = \frac{20{,}21}{9} \ \Omega.$$

Laut Aufgabenstellung ist der Gesamtwiderstandswert gegeben und somit gilt

$$R_{\mathrm{ges}} = 3{,}2\ \Omega = 1{,}5\ \Omega + \frac{\frac{20{,}21}{9}\ \Omega \cdot R_2}{\frac{20{,}21}{9}\ \Omega + R_2}$$

$$R_2 = 6{,}99\ \Omega$$

Übung:

Abb. 3.27 Übungsbeispiel

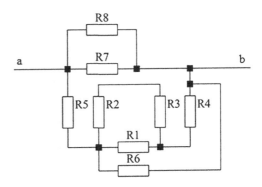

In der in Abb. 3.27 dargestellten Schaltung sind alle Widerstände gleichgroß. Berechnen Sie den Gesamtwiderstand für den Fall, dass der Einzelwiderstand $R = 34\ \Omega$ ist.

Lösung:
Die Widerstände R_8 *und* R_7 sind parallel- und R_2 *und* R_3 sind in Reihe zueinander geschaltet. Fasst man sie zusammen, so ergibt sich folgende Gestalt der Schaltung (Abb. 3.28):

Abb. 3.28 Übungsbeispiel

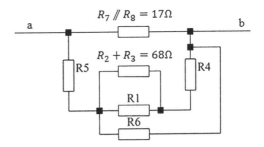

Damit kann der Gesamtwiderstand der Parallelschaltung von R_1 und $(R_2 + R_3)$ ermittelt werden. Folgende Schaltung ergibt sich dann (Abb. 3.29):

Abb. 3.29 Zusammenfassung der Widerstände

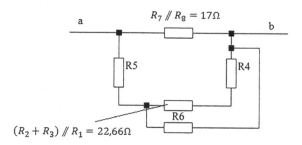

$(R_2 + R_3) \mathbin{/\!/} R_1 = 22{,}66\,\Omega$

R_4 und $(R_2 + R_3) \mathbin{/\!/} R_1$ in Reihe zueinander geschaltet. Dieser ist wiederum zu R_6 parallelgeschaltet. Zusammengefasst ergibt den Schaltungsaufbau (Abb. 3.30):

Abb. 3.30 Zusammenfassung der Widerstände

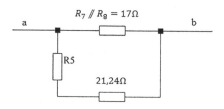

Der Gesamtwiderstand R_{ges} zwischen den Knotenpunkten a und b ist dann

$$R_{\text{ges}} = \frac{(R_5 + 21{,}24\ \Omega) \cdot 17\ \Omega}{(R_5 + 21{,}24\ \Omega) + 17\ \Omega} = 13\ \Omega$$

Übung:

Abb. 3.31 Übungsbeispiel

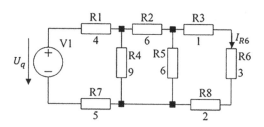

Es soll für das in Abb. 3.31 dargestellte Widerstandsnetzwerk die Quellenspannung U_q ermittelt werden. Bekannt ist der Strom durch den Widerstand $I_{R6} = 1\,\text{A}$.

Lösung:

Der Strom I_{R6} fließt durch die Widerstände R_3, R_6 und R_8 und erzeugt die Teilspannungen

$$U_{R3R6R8} = 1\,\text{A} \cdot 6\,\Omega = 6\,\text{V}$$

Diese Spannung liegt auch am Widerstand R_5. Der Strom durch den Widerstand R_5 ist dann

$$I_{R5} = \frac{U_{R3R6R8}}{R_5} = 1\,\text{A}.$$

Damit beträgt der Strom durch den Widerstand $I_{R2} = 2\,\text{A}$ und der Spannungsabfall $U_{R2} = 12\,\text{V}$.

Der Spannungsabfall am Widerstand R_4 ist dann die Summe der Teilspannungen

$$U_{R4} = U_{R3R6R8} + U_{R2} = 18\,\text{V}.$$

Der Strom am Widerstand R_4

$$I_{R4} = \frac{U_{R4}}{R_4} = 2\,\text{A}$$

und der Gesamtstrom der Quelle ist dann

$$I_{\text{ges}} = I_{R4} + I_{R2} = 4\,\text{A}.$$

Damit ermittelt sich die Erzeugerspannung zu

$$U_q = I_{\text{ges}} \cdot (R_1 + R_7) + U_{R4} = 54\,\text{V}.$$

3.7 Schaltungskombinationen, Netzwerkreduktion (Netzwerkvereinfachung)

Widerstandsnetzwerke bestehen aus Zweigen, die durch Knoten verbunden sind. Die Aneinanderreihung von Zweigen zu einem geschlossenen Umlauf wird als Masche bezeichnet. Zweige beinhalten immer Zweipole – in diesem Fall sind es passive Zweipole.

Interessiert das Strom-Spannungsverhalten zwischen zwei Punkten (Polen) des Widerstandsnetzwerkes, so kann man die dazwischen liegende Schaltung durch einen einzigen Widerstand, den Ersatzwiderstand R_{ers}, ersetzen, an dessen Klemmen dann das gleiche Strom-Spannungsverhalten auftritt (klemmenäquivalent), wie an dem ursprünglich dazwischen liegenden Netzwerk. Zum Auffinden des Ersatzwiderstandes fasst man schrittweise Widerstände zusammen, beginnend mit dem am Weitesten von den Klemmen entfernt liegenden. Sind keine eindeutige Reihen- oder Parallelschaltungen zu erkennen, die sich zusammenfassen lassen, liegt eine Stern- oder Dreieckstruktur vor, die durch Transformation in die jeweils andere Struktur wieder weitere Vereinfachungen zulässt [1].

Umwandlungsvorschriften:

(a) Dreieck-Stern-Umwandlung

Abb. 3.32 Umwandlungsvorschriften

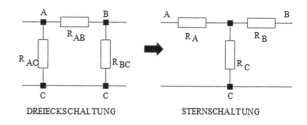

Umwandlungsvorschriften (Abb. 3.32):

$$R_A = \frac{R_{AB} \cdot R_{AC}}{R_{AB} + R_{AC} + R_{BC}}$$

$$R_B = \frac{R_{AB} \cdot R_{BC}}{R_{AB} + R_{AC} + R_{BC}}$$

$$R_C = \frac{R_{BC} \cdot R_{AC}}{R_{AB} + R_{AC} + R_{BC}}$$

(b) Stern-Dreieck-Umwandlung

Abb. 3.33 Äquivalente
Schaltungsaufbauten

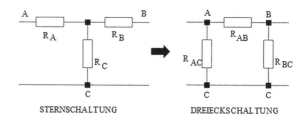

Umwandlungsvorschriften (Abb. 3.33):

$$G_{AB} = \frac{G_A \cdot G_B}{G_A + G_B + G_C} \rightarrow R_{AB} = \frac{R_B \cdot R_C + R_A \cdot R_C + R_A \cdot R_B}{R_C}$$

$$G_{AC} = \frac{G_A \cdot G_C}{G_A + G_B + G_C} \rightarrow R_{AC} = \frac{R_B \cdot R_C + R_A \cdot R_C + R_A \cdot R_B}{R_B}$$

$$G_{BC} = \frac{G_B \cdot G_C}{G_A + G_B + G_C} \rightarrow R_{BC} = \frac{R_B \cdot R_C + R_A \cdot R_C + R_A \cdot R_B}{R_A}$$

Übung:

Gegeben sei ein Widerstandsnetzwerk bestehend aus acht Widerständen folgender Darstellung (Abb. 3.34):

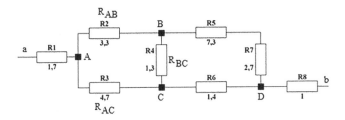

Abb. 3.34 Übungsbeispiel

Gesucht ist der äquivalente Ersatzwiderstand R_{ers} zwischen den Punkten a und b nach den Umwandlungsvorschriften.

Lösung:

Aus der Darstellung ist zu erkennen, dass zwischen den Knotenpunkten A, B und C sowie B, C und D zwei Dreieckschaltungen existieren. Darüber hinaus sind an den Knotenpunkten (A, B und C), (A, B und D), (A, C und D) sowie (B, C und B) vier erkennbare Sternschaltungen vorhanden. Bei allen erkennbaren Schaltungen ist eine Umwandlung möglich. Als eine alternative Betrachtung wird hier die Dreieckschaltung an den Knotenpunkten A, B und C in die äquivalente Sternschaltung umgewandelt und die restlichen Widerstände hinzugefügt (Abb. 3.35).

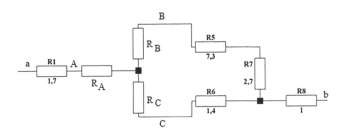

Abb. 3.35 Äquivalente Sternschaltung

Die Widerstände R_A, R_B *und* R_C lassen sich nach den Umwandlungsvorschriften bestimmen:

$$R_A = \frac{R_{AB} \cdot R_{AC}}{R_{AB} + R_{AC} + R_{BC}} = \frac{3,3 \ \Omega \cdot 4,7 \ \Omega}{3,3 \ \Omega + 4,7 \ \Omega + 1,3 \ \Omega} = 1,66 \ \Omega$$

$$R_B = \frac{R_{AB} \cdot R_{BC}}{R_{AB} + R_{AC} + R_{BC}} = \frac{3,3 \ \Omega \cdot 1,3 \ \Omega}{3,3 \ \Omega + 4,7 \ \Omega + 1,3 \ \Omega} = 0,46 \ \Omega$$

$$R_C = \frac{R_{BC} \cdot R_{AC}}{R_{AB} + R_{AC} + R_{BC}} = \frac{1{,}3\,\Omega \cdot 4{,}7\,\Omega}{3{,}3\,\Omega + 4{,}7\,\Omega + 1{,}3\,\Omega} = 0{,}65\,\Omega$$

Die Widerstände R_1 *und* R_A; R_B, R_5 *und* R_7 sowie R_C *und* R_6 bilden Serienschaltungen, deren Widerstände dann wie folgt zusammengefasst werden (Abb. 3.36):

Abb. 3.36 Zusammenfassung der Widerstände

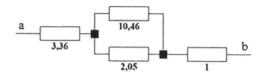

Der Ersatzwiderstand ist dann

$$R_{ers} = 3{,}36\,\Omega + \frac{10{,}46\,\Omega \cdot 2{,}05\,\Omega}{10{,}46\,\Omega + 2{,}05\,\Omega} + 1\,\Omega = 6{,}08\,\Omega.$$

Als eine vergleichende Untersuchung wird nun die Stern-Dreieck-Umwandlung für die Sternschaltung der Knotenpunkte ABD mit dem Mittelpunkt C durchgeführt (Abb. 3.37).

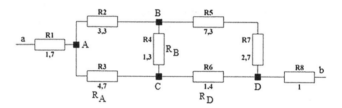

Abb. 3.37 Äquivalente Lösung

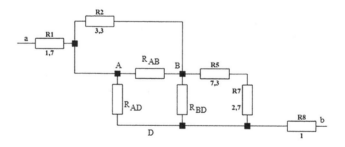

Abb. 3.38 Zusammenfassung der Widerstände

$$R_{AB} = \frac{R_B \cdot R_D + R_A \cdot R_D + R_A \cdot R_B}{R_D} = \frac{1{,}3\,\Omega \cdot 1{,}4\,\Omega + 4{,}7\,\Omega \cdot 1{,}4\,\Omega + 4{,}7\,\Omega \cdot 1{,}3\,\Omega}{1{,}4\,\Omega} = 10{,}36\,\Omega$$

$$R_{AD} = \frac{R_B \cdot R_D + R_A \cdot R_D + R_A \cdot R_B}{R_B} = \frac{1{,}3\,\Omega \cdot 1{,}4\,\Omega + 4{,}7\,\Omega \cdot 1{,}4\,\Omega + 4{,}7\,\Omega \cdot 1{,}3\,\Omega}{1{,}3\,\Omega} = 11{,}16\,\Omega$$

$$R_{BD} = \frac{R_B \cdot R_D + R_A \cdot R_D + R_A \cdot R_B}{R_A} = \frac{1{,}3\,\Omega \cdot 1{,}4\,\Omega + 4{,}7\,\Omega \cdot 1{,}4\,\Omega + 4{,}7\,\Omega \cdot 1{,}3\,\Omega}{4{,}7\,\Omega} = 3{,}08\,\Omega.$$

Aus der Darstellung in Abb. 3.38 ist zu entnehmen, dass R_2 und R_{AB} sowie die Summe von R_5 und R_7 zu R_{BD} parallel zueinander geschaltet sind, sodass die nachfolgende Schaltung wie folgt darzustellen ist (Abb. 3.39):

Abb. 3.39 Äquivalent dargestellte Endform des Netzwerkes

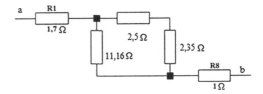

Der Ersatzwiderstand ist dann

$$R_{ers} = 1{,}7\,\Omega + \frac{11{,}16\,\Omega \cdot 4{,}85\,\Omega}{11{,}16\,\Omega + 4{,}85\,\Omega} + 1\,\Omega = 6{,}08\,\Omega.$$

Die zuvor genannten weiteren alternativen Berücksichtigungen von Stern-/Dreiecknetzwerken führen zum gleichen Ergebnis. Welches davon zu berücksichtigen ist, ist dem Anwender überlassen.

Bei einigen Netzwerken ist mehrfache Umwandlung erforderlich, um den Ersatzwiderstand zu bestimmen, wie die nachfolgende Übung zeigt.

Übung:
Gefragt ist nach dem Ersatzwiderstand R_{ers} des nachfolgenden Widerstandsnetzwerkes (Abb. 3.40).

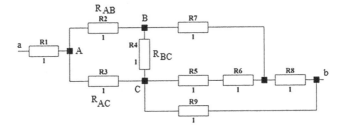

Abb. 3.40 Übungsbeispiel

Lösung:

Hierbei ist zunächst unbedingt zu überprüfen, ob eine Umwandlung erforderlich wäre. Widerstandsnetzwerke, dessen Widerstände nur nicht in Serie oder parallel zu erfassen sind, erfordern die Dreieck-/Stern-Umwandlung (oder umgekehrt). Diese ist in dem als Übung gegebenen Widerstandsnetzwerk der Fall.

Die Dreieckschaltung der Knotenpunkte ABC soll in die äquivalente Sternschaltung umgewandelt werden. Alle Widerstände haben den gleichen Wert von 1Ω. (Ist die Einheit an den Widerständen nicht angegeben, so handelt es sich um Ω-Werte!) (Abb. 3.41).

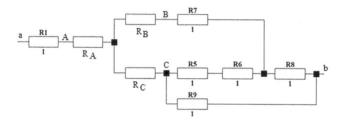

Abb. 3.41 Zusammenfassung der Widerstände

$$R_A = \frac{R_{AB} \cdot R_{AC}}{R_{AB} + R_{AC} + R_{BC}} = \frac{1\,\Omega \cdot 1\,\Omega}{1\,\Omega + 1\,\Omega + 1\,\Omega} = \frac{1}{3}\,\Omega$$

$$R_B = \frac{R_{AB} \cdot R_{BC}}{R_{AB} + R_{AC} + R_{BC}} = \frac{1\,\Omega \cdot 1\,\Omega}{1\,\Omega + 1\,\Omega + 1\,\Omega} = \frac{1}{3}\,\Omega$$

$$R_C = \frac{R_{BC} \cdot R_{AC}}{R_{AB} + R_{AC} + R_{BC}} = \frac{1\,\Omega \cdot 1\,\Omega}{1\,\Omega + 1\,\Omega + 1\,\Omega} = \frac{1}{3}\,\Omega$$

Zusammenzufassen sind die Widerstände dann $R_1 + R_A$, $R_B + R_7$ und $R_5 + R_6$ (Abb. 3.42):

Abb. 3.42 Netzwerk nach der Zusammenfassung der Widerstände

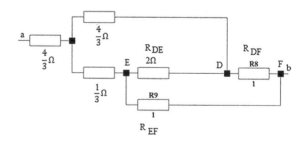

Für die Bestimmung von R_{ers} des Widerstandsnetzwerkes muss eine zweite Umwandlung durchgeführt werden. Dazu wird die Dreieckschaltung der Knotenpunkte DEF berücksichtigt und in äquivalenter Sternschaltung umgewandelt (Abb. 3.43).

Abb. 3.43 Netzwerk in zusammenfassender Form

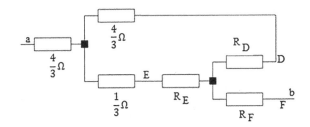

$$R_D = \frac{R_{DE} \cdot R_{DF}}{R_{DE} + R_{DF} + R_{EF}} = \frac{2\,\Omega \cdot 1\,\Omega}{2\,\Omega + 1\,\Omega + 1\,\Omega} = \frac{2}{4}\,\Omega$$

$$R_E = \frac{R_{DE} \cdot R_{EF}}{R_{DE} + R_{DF} + R_{EF}} = \frac{2\,\Omega \cdot 1\,\Omega}{2\,\Omega + 1\,\Omega + 1\,\Omega} = \frac{2}{4}\,\Omega$$

$$R_F = \frac{R_{DF} \cdot R_{EF}}{R_{DE} + R_{DF} + R_{EF}} = \frac{1\,\Omega \cdot 1\,\Omega}{2\,\Omega + 1\,\Omega + 1\,\Omega} = \frac{1}{4}\,\Omega.$$

Fasst man die Widerstände, die in Serie zueinander geschaltet sind, zusammen,

$$\frac{4}{3}\,\Omega + R_D \text{ sowie } \frac{1}{3}\,\Omega + R_E$$

so wird (Abb. 3.44):

Abb. 3.44 Entgültige Form des Netzwerkes

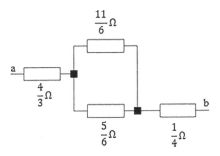

Der Ersatzwiderstand ist dann

$$R_{ers} = \frac{4}{3}\,\Omega + \frac{\frac{11}{6}\,\Omega \cdot \frac{5}{6}\,\Omega}{\frac{11}{6}\,\Omega + \frac{5}{6}\,\Omega} + \frac{1}{4}\,\Omega = 2{,}15\,\Omega$$

Übung:

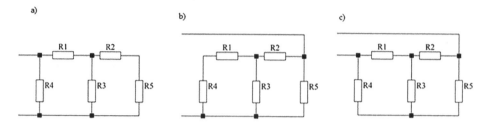

Abb. 3.45 Weitere Übungsbeispiele

Bei den in Abb. 3.45 dargestellten drei Netzwerken sollen die Gesamtwiderstände ermittelt werden. Bei welchen Versionen ist eine Dreieck-/Stern-Umwandlung (oder umgekehrt) erforderlich?

Lösung:
Nur bei Version (c).

Übung:
Gegeben ist das folgende Netzwerk (Abb. 3.46).

Abb. 3.46 Übungsbeispiel

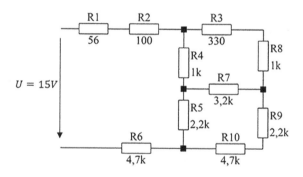

Durch Stern-/Dreieck-Umwandlung oder umgekehrt soll der Gesamtwiderstand ermittelt werden.

Lösung:

(a) Dreieck-/Stern-Umwandlung:

Abb. 3.47 Lösung nach der
Dreieck-/Sternumwandlung

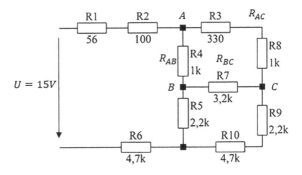

Durch die Umwandlung ergibt sich die folgende Form des Netzwerkes (Abb. 3.47):

Abb. 3.48 Zusammenfassung
der Widerstände

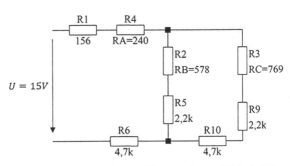

Damit berechnen sich die äquivalenten umgewandelten Widerstände zu (Abb. 3.48)

$$R_A = \frac{1,33\,\text{k} \cdot 1\,\text{k}}{1,33\,\text{k} + 1\,\text{k} + 3,2\,\text{k}} = 0,24\,\text{k}\Omega$$

$$R_B = \frac{3,2\,\text{k} \cdot 1\,\text{k}}{1,33\,\text{k} + 1\,\text{k} + 3,2\,\text{k}} = 0,578\,\text{k}\Omega$$

$$R_C = \frac{1,33\,\text{k} \cdot 3,2\,\text{k}}{1,33\,\text{k} + 1\,\text{k} + 3,2\,\text{k}} = 0,769\,\text{k}\Omega$$

Fasst man die in Reihe geschalteten Widerstände zusammen (Abb. 3.49):

Abb. 3.49 Netzwerk in
zusammenfassender Form

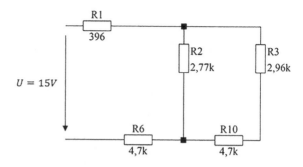

Der Gesamtwiderstand ist dann

$$R_{\text{ges}} = (R_{10} + R_3) \mathbin{/\!/} R_2 + R_1 + R_6 = 7{,}13\,\text{k}\Omega.$$

(b) Stern-/Dreieck-Umwandlung

Abb. 3.50 Schaltugsaufbauten

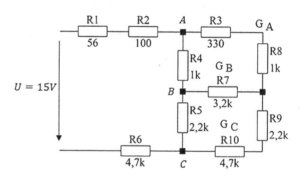

Umwandlungsgesetze (Abb. 3.50):

$$G_{AB} = \frac{G_A \cdot G_B}{G_A + G_B + G_C} = 1{,}94 \cdot 10^{-4}\,\text{S}$$

$$G_{AC} = \frac{G_A \cdot G_C}{G_A + G_B + G_C} = 9{,}01 \cdot 10^{-5}\,\text{S}$$

$$G_{BC} = \frac{G_B \cdot G_C}{G_A + G_B + G_C} = 3{,}74 \cdot 10^{-5}\,\text{S}$$

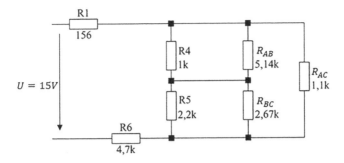

Abb. 3.51 Lösung nach der Stern-/Dreieckumwandlung

R_4 *und* R_{AB} *sowie* R_5 *und* R_{BC} bilden jeweils eine Parallelschaltung und können zusammengefasst werden (Abb. 3.51).

$$R_4 \,/\!/\, R_{AB} = 837{,}3\ \Omega$$

$$R_5 \,/\!/\, R_{BC} = 2032{,}53\ \Omega$$

Die Summe von beiden Letzten ist zum Widerstand R_{AC} parallelgeschaltet. Der Gesamtwiderstand ist dann:

$$R_{\text{ges}} = (R_4 \,/\!/\, R_{AB} + R_5 \,/\!/\, R_{BC}) \,/\!/\, R_{AC} + R_1 + R_6 = 7{,}13\ \text{k}\Omega.$$

3.8 Brückenschaltung (Wheatstonesche Messbrücke)

Die Brückenschaltung ist ein Widerstandsnetzwerk, bestehend aus vier Widerständen, wie es in Abb. 3.52 aufgebaut ist, und dient dazu, bei einer definierten Stellung des Netzwerkes aus den beliebigen drei bekannten Widerständen die Größe des vierten unbekannten Widerstands im Netzwerk entsprechend einer Gleichungsbedingung zu bestimmen.

Abb. 3.52 Brückenschaltung

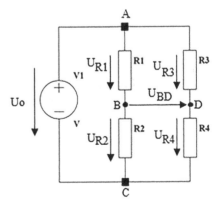

Die Widerstände sind an einer Spannungsquelle angeschlossen und bilden zwei Maschen, ABD und BCD. Da die Knotenpunkte BD in beiden Maschen existiert, lassen sich dann die zwei Maschengleichungen unter Berücksichtigung der Spannung zwischen diesen beiden Knotenpunkten U_{BD} wie folgt ableiten:

$$U_{R1} + U_{BD} - U_{R3} = 0$$

$$U_{R2} - U_{R4} - U_{BD} = 0$$

Die Spannung zwischen den Knotenpunkten B und D lässt sich als Potenzialdifferenz an diesen Knotenpunkten durch Anwendung der Spannungsteilerformel ermitteln.

$$\frac{U_{R1}}{U_0} = \frac{R_1}{R_1 + R_2} \rightarrow U_{R1} = U_0 \cdot \frac{R_1}{R_1 + R_2}$$

$$\frac{U_{R3}}{U_0} = \frac{R_3}{R_3 + R_4} \rightarrow U_{R3} = U_0 \cdot \frac{R_3}{R_3 + R_4}$$

Dadurch wird die Spannung U_{BD} als Potenzialdifferenz berechnet:

$$U_{BD} = U_{R1} - U_{R3} = U_0 \cdot \frac{R_1}{R_1 + R_2} - U_0 \cdot \frac{R_3}{R_3 + R_4} = U_0 \left(\frac{R_1 \cdot R_4 - R_2 \cdot R_3}{(R_3 + R_4)(R_1 + R_2)} \right)$$

Aus der letzten mathematischen Beziehung ist zu entnehmen, dass die Spannung U_{BD} den Wert null nur dann aufweisen kann, wenn die „Bedingung" erfüllt ist, dass der Zähler der obigen Gleichung gleich null gesetzt wird:

$$R_1 \cdot R_4 - R_2 \cdot R_3 = 0.$$

Das heißt, die Produkte aus den diagonal gegenüberliegenden Widerständen des Netzwerkes sind identisch. Sind damit die drei beliebigen Widerstände des Netzwerkes bekannt, so lässt sich durch die letzte Beziehung der unbekannte vierte Widerstand berechnen. Eine besondere Beachtung ist dieser Beziehung zu geben, da diese Bedingung von der Generatorspannung U_0 unabhängig ist.

Wenn die Gleichung für U_{BD} auch aus der zweiten Masche abgeleitet wird

$$U_{R2} - U_{R4} - U_{BD} = 0$$

dann sind auch hier die Produkte aus den entsprechenden diagonal gegenüberliegenden Widerständen des Netzwerkes identisch und damit wird der unbekannte vierte Widerstand durch Anwendung des gleichen Verfahrens ermittelt.

Ist diese Bedingung unter der Betrachtung einer beliebigen Masche des Netzwerkes erfüllt, so ist die Brückenschaltung „abgeglichen", d. h. die Abgleichsbedingung ist erfüllt, wenn die Spannung $U_{BD} = 0$ ist. Messtechnisch lässt sich die Bedingung gelten, wenn ein beliebiger Widerstand des Netzwerkes, hier z. B. R_4 als Potentiometer eingesetzt und die Spannung U_{BD} mit einem Messgerät gemessen wird. R_4 wird solange variiert, bis die Spannung $U_{BD}=0$ wird (Abb. 3.53).

Abb. 3.53 Abgleichsverfahren

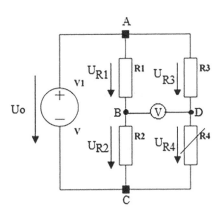

3.9 Netzwerkanalyse

3.9.1 Maschen- und Knotengleichungen

In den vorangegangenen Abschnitten ging es um die Bestimmung eines Ersatzwiderstandes, der aus einer Parallel-, Serien-, Stern- oder Dreieckschaltung in einem
elektrischen Netzwerk aufgebaut ist. Dadurch kann ermittelt werden, wie stark die
Quelle durch die Last (Ersatzwiderstand) belastet wird. Durch die Bestimmung
der Gesamtstromstärke aus der Gesamtspannung der Quelle und dem ermittelten
Ersatzwiderstand, werden die Teilströme und -spannungen des Netzwerkes durch
Anwendung der Strom- bzw. Spannungsteilerformel, Kirchhoffschen Gesetze und des
ohmschen Gesetzes berechnet. Darüber hinaus wird die an jedem Widerstand des Netzwerkes umgesetzte Leistung durch Angabe der Teilspannung bzw. des Teilstromes
am betreffenden Widerstand bestimmt. Wie in den nachfolgenden Kapiteln noch zu
berichten ist, kann durch diese Angaben auch festgestellt werden, ob die Quelle bei
maximaler Last maximal belastet wäre. Alle erwähnten Bestimmungen charakterisieren
die Analyse von elektrischen Netzwerken, die vor dem Einsatz der elektrischen
Schaltung unabdingbare Untersuchungsvoraussetzungen darstellen.

Bei noch komplizierten aufgebauten Netzwerken, die auch über eine oder mehrere
Quellen verfügen, lassen sich die Teilströme und -spannungen für die Analyse des Netzwerkes alternativ durch Bestimmung von Maschen- und Knotengleichungen wie die
nachfolgenden Übungen zeigen, ermitteln.

Übung:

Gegeben sei ein folgendes elektrisches Netzwerk, dessen Teilströme und -spannungen sowie die umgesetzten Leistungen an den einzelnen Widerständen zu bestimmen sind (Abb. 3.54).

Abb. 3.54 Übungsbeispiel

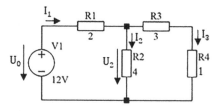

Lösung:

(a) Anwendung der Spannungsteilerformel:

$$U_2 = U_0 \frac{R_t}{R_{ges}} = 12\,V \frac{2\,\Omega}{4\,\Omega} = 6\,V$$

$$mit \; R_t = (R_3 + R_4) || R_2 = 2\,\Omega$$

$$und \; R_{ges} = R_t + R_1 = 4\,\Omega$$

$$I_2 = \frac{6\,V}{4\,\Omega} = 1{,}5\,A; I_3 = \frac{6\,V}{4\,\Omega} = 1{,}5\,A; I_1 = I_2 + I_3 = 3\,A$$

(b) Anwendung der Stromteilerformel:

$$\frac{I_t}{I_{ges}} = \frac{G_t}{G_{ges}} \rightarrow I_2 = I_{ges} \frac{\frac{1}{4\,\Omega}}{\frac{1}{2\,\Omega}} = 1{,}5\,A$$

$$mit \; I_{ges} = \frac{12\,V}{4\,\Omega} = 3\,A.$$

$$I_3 = I_{ges} \frac{\frac{1}{4\,\Omega}}{\frac{1}{2\,\Omega}} = 1{,}5\,A.$$

(c) Bildung von Maschen- und Knotengleichungen (Abb. 3.55):

Abb. 3.55 Bildung von Maschen-
und Knotengleichungen

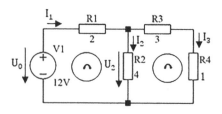

Im vorgegebenen Netzwerk sind zwei Maschen und zwei Knoten vorhanden. Man definiert eine beliebige Kreisstromrichtung der Maschen und vergleicht die Pfeilrichtungen von Teilstrom und -spannung mit dieser Kreisstromrichtung. Gewählt wurde eine Kreisstromrichtung bei beiden Maschen im Uhrzeigersinn. Für alle übereinstimmende Pfeilrichtungen ist die Größe als positiv zu deklarieren, sonst ist sie negativ. Betrachtet man die erste Masche und vergleicht man die Pfeilrichtung von I_1 mit der gewählten Pfeilrichtung des Kreisstromes, so erkennt man, dass beide die gleiche Richtung aufweisen. Das gilt auch für die Pfeilrichtung der Spannung U_2. Die Pfeilrichtungen vom gewählten Kreisstrom und Generatorspannung U_0 sind entgegengesetzt gerichtet zueinander und als negativ zu charakterisieren. Damit lauten die Maschengleichungen:

$$I_1 \cdot R_1 + I_2 \cdot R_2 - U_0 = 0$$

$$I_3(R_3 + R_4) - I_2 \cdot R_2 = 0.$$

Für die Knotengleichung ist die Voraussetzung zu beachten, dass die Strompfeilrichtung, die in den Knotenpunkt hineinfließt, als positiv und die aus dem Knotenpunkt herausfließende Ströme als negativ zu beschreiben ist (oder umgekehrt). Somit lautet die Knotengleichung des Netzwerkes:

$$I_1 - I_2 - I_3 = 0.$$

Damit ergibt sich ein Gleichungssystem mit drei Unbekannten, bestehend aus drei Gleichungen. Das Gleichungssystem ist lösbar. Löst man die Knotengleichung z. B. nach I_1 auf und setzt man I_1 in die Maschengleichungen ein, so reduziert sich die Anzahl der Unbekannten auf zwei, wie folgend umgewandelt:

$$I_1 = I_2 + I_3$$

In die Maschengleichungen eingesetzt:

$$(I_2 + I_3) \cdot R_1 + I_2 \cdot R_2 - U_0 = 0 \rightarrow I_2 \cdot (R_1 + R_2) + I_3 \cdot R_1 = U_0$$

$$I_3(R_3 + R_4) - I_2 \cdot R_2 = 0.$$

Setzt man die Größen der Widerstände und der Versorgungsspannung ein

$$I_2 \cdot 6\,\Omega + I_3 \cdot 2\,\Omega = 12V$$

$$I_3 \cdot 4\,\Omega - I_2 \cdot 4\,\Omega = 0.$$

Daraus folgt $I_2 = I_3 = 1{,}5\,\text{A}$ und $I_1 = 3\,\text{A}$.

Alternativ: Methodische Lösung des Gleichungssystems nach Formelsammlung:

$$I_1 - I_2 - I_3 = 0$$

$$I_1 \cdot R_1 + I_2 \cdot R_2 - U_0 = 0$$

$$I_3(R_3 + R_4) - I_2 \cdot R_2 = 0$$

Gegebene Werte eingesetzt:

$$I_1 - I_2 - I_3 = 0.$$

$$I_1 \cdot 2\,\Omega + I_2 \cdot 4\,\Omega = 12\,\text{V}$$

$$-I_2 \cdot 4\,\Omega + I_3 \cdot 4\,\Omega = 0$$

$$\begin{bmatrix} 1 & -1 & -1 \\ 2 & 4 & 0 \\ 0 & -4 & 4 \end{bmatrix} \cdot \begin{bmatrix} I_1 \\ I_2 \\ I_3 \end{bmatrix} = \begin{bmatrix} 0 \\ 12 \\ 0 \end{bmatrix}$$

$$\Delta = \begin{vmatrix} 1 & -1 & -1 \\ 2 & 4 & 0 \\ 0 & -4 & 4 \end{vmatrix} = 1\begin{vmatrix} 4 & 0 \\ -4 & 4 \end{vmatrix} + 1\begin{vmatrix} 2 & 0 \\ 0 & 4 \end{vmatrix} - 1\begin{vmatrix} 2 & 4 \\ 0 & -4 \end{vmatrix} = 16 + 8 + 8 = 32$$

$$\Delta I_1 = \begin{vmatrix} 0 & -1 & -1 \\ 12 & 4 & 0 \\ 0 & -4 & 4 \end{vmatrix} = 0\begin{vmatrix} 4 & 0 \\ -4 & 4 \end{vmatrix} + 1\begin{vmatrix} 12 & 0 \\ 0 & 4 \end{vmatrix} - 1\begin{vmatrix} 12 & 4 \\ 0 & -4 \end{vmatrix} = 48 + 48 = 96$$

$$\Delta I_2 = \begin{vmatrix} 1 & 0 & -1 \\ 2 & 12 & 0 \\ 0 & 0 & 4 \end{vmatrix} = 1\begin{vmatrix} 12 & 0 \\ 0 & 4 \end{vmatrix} - 0\begin{vmatrix} 2 & 0 \\ 0 & 4 \end{vmatrix} - 1\begin{vmatrix} 2 & 12 \\ 0 & 0 \end{vmatrix} = 48$$

$$\Delta I_3 = \begin{vmatrix} 1 & -1 & 0 \\ 2 & 4 & 12 \\ 0 & -4 & 0 \end{vmatrix} = 1\begin{vmatrix} 4 & 12 \\ -4 & 0 \end{vmatrix} + 1\begin{vmatrix} 2 & 12 \\ 0 & 0 \end{vmatrix} + 0\begin{vmatrix} 2 & 4 \\ 0 & -4 \end{vmatrix} = 48$$

$$I_1 = \frac{\Delta I_1}{\Delta} = \frac{96}{32} = 3\,\text{A}$$

$$I_2 = \frac{\Delta I_2}{\Delta} = \frac{48}{32} = 1{,}5\,\text{A}$$

$$I_3 = \frac{\Delta I_3}{\Delta} = \frac{48}{32} = 1{,}5\,\text{A}$$

Alternativ: Lösung mit Matlab-Simulink

```
R=[1 -1 -1; 2 4 0; 0 -4 4];
U=[0; 12; 0];
I=R\U
```

$$I1 = 3.0000$$
$$I2 = 1.5000$$
$$I3 = 1.5000$$

Alternativ: Simulation mit LTspice

Abb. 3.56 Bestimmung von umgesetzten Leistungen

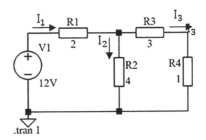

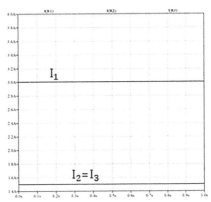

(d) Bestimmung der umgesetzten Leistungen an den Widerständen (Abb. 3.56):

$$P_{R2} = U_2 \cdot I_2 = 6\,\text{V} \cdot 1{,}5\,\text{A} = 9\,\text{W}$$

$$P_{R3} = U_3 \cdot I_3 = \frac{I_3^2}{R_3} = \frac{(1{,}5\,\text{A})^2}{3\,\Omega} = 0{,}75\,\text{W}$$

$$P_{R4} = U_4 \cdot I_3 = \frac{I_3^2}{R_4} = \frac{(1{,}5\,\text{A})^2}{1\,\Omega} = 2{,}25\,\text{W}$$

$$P_{R1} = U_1 \cdot I_1 = \frac{I_1^2}{R_1} = \frac{(3\text{A})^2}{2\,\Omega} = 4{,}5\,\text{W}.$$

3.9.2 Überlagerungsgesetz (Superpositionsprinzip)

Verfügt ein elektrisches Netzwerk über zwei Spannungsquellen, die an verschiedenen Stellen des Netzwerkes angeordnet sind, dann lassen sich die Teilströme und -spannungen des Netzwerkes neben dem Verfahren mit Maschen- und Knotengleichungen alternativ auch nach dem Überlagerungsprinzip (Superpositionsverfahren) bestimmen.

Für die Erläuterung des Überlagerungsgesetzes wird ein folgendes Netzwerk aus zwei in Serie geschalteten Spannungsquellen berücksichtigt, die durch einen ohmschen Widerstand belastet sind (Abb. 3.57).

Abb. 3.57 Serienschaltung von Quellen im Netzwerk

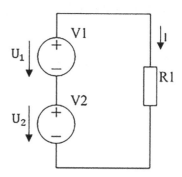

Die Maschengleichung lautet:

$$I \cdot R - U_2 - U_1 = 0.$$

Der Gesamtstrom wird daraus abgeleitet zu:

$$I = \frac{U_2}{R} + \frac{U_1}{R} = I_2 + I_1.$$

Der Strom I wird demnach aus Summe von zwei Teilen zusammengesetzt, nämlich aus I_2, der aus der Spannungsquelle U_2 und aus I_1, der aus der Spannungsquelle U_1 erzeugt werden. Messtechnisch lassen sich diese Ströme so ermitteln, indem man die eine Spannungsquelle kurzschließt und den Strom der verbleibenden Quelle misst und danach den gleichen Vorgang für die andere Quelle wiederholt, wie Abb. 3.58 zeigt.

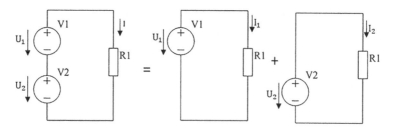

Abb. 3.58 Zur Erläuterung des Überlagerungsgesetzes

Handelt es sich um eine Stromquelle als aktiver Zweipol, so lassen sich die Teilströme nach dem gleichen Verfahren wie zuvor ermitteln. Abb. 3.59 verdeutlicht die Vorgehensweise mit zwei Stromquellen zur Bestimmung dieser einzelnen Teilströme.

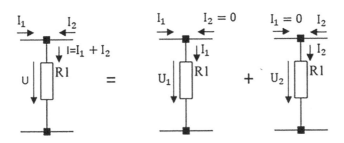

Abb. 3.59 Zusammenfassung der Knotenströme einzelner Quellen

Die Spannung am Widerstand R_1 ergibt sich durch die Beziehung

$$U_{R1} = R_1(I_1 + I_2) = I_1 \cdot R_1 + I_2 \cdot R_2 = U_1 + U_2.$$

Daraus folgernd kann definiert werden, dass in einem Netzwerk, bestehend aus Widerständen und mehreren Spannungsquellen, Teilströme und -spannungen nach dem Überlagerungsgesetz (Superpositionsprinzip) ermittelt werden können.

Bemerkung:
Wie vorher erwähnt, gilt für Netzwerke mit einer Quelle als aktiver Zweipol die Regel,
dass die Pfeilrichtungen von Strom und Spannung an der Quelle zueinander entgegengesetzt sind, jedoch am Verbraucher weisen sie die gleiche Richtung auf. Bei Netzwerken
mit mehreren Quellen gilt diese Regel aufgrund der unterschiedlichen Belastungsgrößen
der Quellen nicht! Die nachfolgende Übung verdeutlicht diesen Sachverhalt.

Übung:
Gegeben ist ein Netzwerk bestehend aus zwei Spannungsquellen (Abb. 3.60).

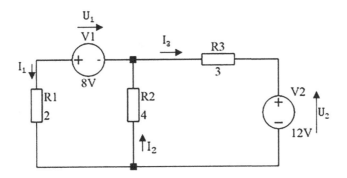

Abb. 3.60 Übungsbeispiel

Gesucht sind die Teilströme I_1, I_2 und I_3 nach dem Verfahren der Maschen- und Knotengleichungen.

Lösung:

(a) Lösung mithilfe der Maschen- und Knotengleichungen (gewählte Maschenkreisströme im Uhrzeigersinn):

$$-R_2 \cdot I_2 - R_1 \cdot I_1 + U_1 = 0$$
$$-U_2 + R_2 \cdot I_2 + I_3 \cdot R_3 = 0$$
$$I_3 = I_2 - I_1$$

I_3 in die oberen zwei Gleichungen eingesetzt, ergibt ein Gleichungssystem aus zwei Gleichungen mit zwei Unbekannten.

$$R_1 \cdot I_1 + R_2 \cdot I_2 = U_1$$
$$-R_3 \cdot I_1 + (R_2 + R_3) \cdot I_2 = U_2.$$

Obere Gleichung wird nach I_1 aufgelöst und in die zweite Gleichung eingesetzt.

$$I_3 = I_2 - I_1 = 1{,}54\,\text{A}.$$

$$I_1 = \frac{U_1 - R_2 \cdot I_2}{R_1}$$

$$-R_3 \frac{U_1 - R_2 \cdot I_2}{R_1} + (R_2 + R_3) I_2 = U_2$$

$$R_1 \frac{U_1 - R_2 \cdot I_2}{R_1} + R_2 \cdot I_2 = U_1$$

$$I_2 = \frac{U_2 + U_1 \cdot \frac{R_3}{R_1}}{\frac{R_2 \cdot R_3}{R_1} + (R_2 + R_3)} = 1{,}84\,\text{A}$$

$$I_1 = \frac{U_1 - R_2 \cdot I_2}{R_1} = 0{,}3\,\text{A}$$

(b) Lösung mithilfe des Überlagerungsgesetzes (Abb. 3.61):

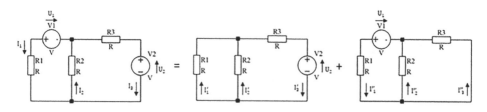

Abb. 3.61 Zusammenfassung der Ströme

Bemerkung:

Die Regel für die erwähnten Pfeilrichtungen am aktiven und passiven Vierpol der Teilquellen als Summe wird beibehalten. Die Teilströme I_1', I_2' und I_3' der Spannungsquelle U_2 und die Teilströme I_1'', I_2'' und I_3'' der Spannungsquelle U_1 werden getrennt ermittelt und zusammenaddiert.

U_1 kurzgeschlossen:

$$I_3' = \frac{U_2}{\frac{R_1 \cdot R_2}{R_1 + R_2} + R_3} = 2{,}76\,\text{A}$$

$$\frac{I_2'}{I_3'} = \frac{\frac{1}{R_2}}{\frac{1}{R_1} + \frac{1}{R_2}} \rightarrow I_2' = 0{,}92\,\text{A}$$

$$I_1' = I_3' - I_2' = 1{,}84\,\text{A}.$$

$$\left[oder \frac{I_1'}{I_3'} = \frac{\frac{1}{R_1}}{\frac{1}{R_1} + \frac{1}{R_2}} \rightarrow I_1' = 1{,}84\,\text{A} \right]$$

U_2 kurzgeschlossen:

$$I_1'' = \frac{U_1}{\frac{R_2 \cdot R_3}{R_2 + R_3} + R_1} = 2{,}15\,\text{A}$$

$$\frac{I_2''}{I_1''} = \frac{\frac{1}{R_2}}{\frac{1}{R_2} + \frac{1}{R_3}} \rightarrow I_2'' = 0{,}92\,\text{A}$$

$$I_3'' = I_1'' - I_2'' = 1{,}23\,\text{A}$$

$$\left[oder \frac{I_3''}{I_1''} = \frac{\frac{1}{R_3}}{\frac{1}{R_3} + \frac{1}{R_2}} \rightarrow I_3'' = 1{,}23\,\text{A} \right]$$

Die Überlagerung:

I_1 hat die gleiche Pfeilrichtung wie I_1''

I_1 hat die entgegengesetzte Pfeilrichtung wie I_1'

$$I_1 = I_1'' - I_1' = 0.3 A$$

I_2 hat die gleiche Pfeilrichtung wie I_2'

I_2 hat die gleiche Pfeilrichtung wie I_2''

$$I_2 = I_2' + I_2'' = 1{,}84\,\text{A}$$

I_3 hat die gleiche Pfeilrichtung wie I_3'

I_3 hat die entgegengesetzte Pfeilrichtung wie I_3''

$$I_3 = I_3' - I_3'' = 1{,}54\,\mathrm{A}$$

Alle Resultate stimmen mit den Ergebnissen des ersten Verfahrens überein.

Übung

Gegeben sei das folgende Netzwerk mit zwei Maschen (Abb. 3.62).

Abb. 3.62 Übungsbeispiel

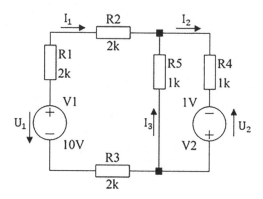

Gesucht sind die Teilströme I_1, I_2 *und* I_3 nach dem Verfahren der Maschen- und Knotengleichungen sowie nach dem Überlagerungsgesetz.

Lösung:

Maschenkreisstromrichtung im Uhrzeigersinn.

(a) Lösung mithilfe der Maschen- und Knotengleichungen:

$$-I_3 \cdot R_5 + I_1 \cdot R_3 - U_1 + I_1(R_1 + R_2) = 0$$

$$I_2 \cdot R_4 - U_2 + I_3 \cdot R_5 = 0$$

$$I_3 = I_2 - I_1$$

Die letzte Gleichung in die oberen zwei eingesetzt:

$$(R_5 + R_3 + R_1 + R_2)I_1 - R_5 \cdot I_2 = U_1$$

$$-R_5 \cdot I_1 + (R_4 + R_5)I_2 = U_2$$

Die obere Gleichung nach I_1 aufgelöst und in die zweite eingesetzt:

$$I_1 = \frac{U_1 + R_5 \cdot I_2}{(R_5 + R_3 + R_1 + R_2)}$$

$$-R_5 \frac{U_1 + R_5 \cdot I_2}{(R_5 + R_3 + R_1 + R_2)} + (R_4 + R_5)I_2 = U_2$$

Daraus folgt:

$$I_2 = 1,3\,\text{A}$$

$$I_1 = \frac{10V + 1k\,\Omega \cdot 1,3\,\text{A}}{(1\,\text{k}\Omega + 2\,\text{k}\Omega + 2\,\text{k}\Omega + 2\,\text{k}\Omega)} = 1,61\,\text{A}$$

$$I_3 = I_2 - I_1 = -0,3\,\text{A}.$$

(b) Lösung nach dem Überlagerungsgesetz:
Die Spannungsquelle U_1 wird kurzgeschlossen (Abb. 3.63).

Abb. 3.63 Kurzschluss einer Spannungsquelle

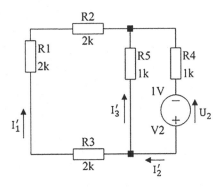

$$R_{\text{ges}} = \frac{(R_1 + R_2 + R_3)R_5}{R_1 + R_2 + R_3 + R_5} + R_4 = 1,85\,\text{k}\Omega$$

$$I_2' = \frac{U_2}{R_{\text{ges}}} = 0,53\,\text{mA}$$

$$\frac{I_1'}{I_2'} = \frac{\frac{1}{R_1+R_2+R_3}}{\frac{1}{R_1+R_2+R_3} + \frac{1}{R_5}} \rightarrow I_1' = 0,07\,\text{mA}$$

$$\frac{I_3'}{I_2'} = \frac{\frac{1}{R_5}}{\frac{1}{R_1+R_2+R_3} + \frac{1}{R_5}} \rightarrow I_3' = 0,46\,\text{mA}.$$

Die Spannungsquelle U_2 wird kurzgeschlossen (Abb. 3.64).

Abb. 3.64 Kurzschluss
anderer Spannungsquelle

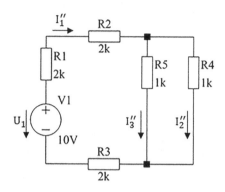

$$R_{\text{ges}} = \frac{R_4 \cdot R_5}{R_4 + R_5} + R_1 + R_2 + R_3 = 6,5\,\text{k}\Omega$$

$$I_1'' = \frac{U_1}{R_{\text{ges}}} = 1,53\,\text{mA}$$

$$\frac{I_2''}{I_1''} = \frac{\frac{1}{R_4}}{\frac{1}{\frac{R_5 \cdot R_4}{R_5 + R_4}}} \rightarrow I_2'' = 0,76\,\text{mA}$$

$$\frac{I_3''}{I_1''} = \frac{\frac{1}{R_5}}{\frac{1}{\frac{R_5 \cdot R_4}{R_5 + R_4}}} \rightarrow I_3'' = 0,76\,\text{mA}.$$

Zusammenfassung:

$$I_1 = I_1' + I_1'' = 1,61\,\text{mA}$$

$$I_2 = I_2' + I_2'' = 1,3\,\text{mA}$$

$$I_3 = I_3' - I_3'' = -0,3\,\text{mA}$$

Übung:

Gegeben ist das nachfolgende Netzwerk mit zwei Spannungsquellen. Man bestimme die Teilströme I_1, I_2 und I_3 nach dem Verfahren der Maschen- und Knotengleichungen sowie nach dem Überlagerungsgesetz (Abb. 3.65).

Abb. 3.65 Übungsbeispiel

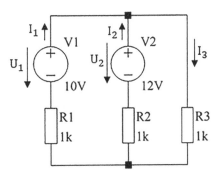

(a) Lösung nach der Bildung von Maschen- und Knotengleichungen (Kreisströme im Uhrzeigersinn):

$$I_1 \cdot R_1 - U_1 + U_2 - I_2 \cdot R_2 = 0$$
$$I_2 \cdot R_2 - U_2 + I_3 \cdot R_3 = 0$$
$$I_1 + I_2 = I_3.$$

Die letzte Beziehung des Gleichungssystems in die oberen zwei eingesetzt

$$I_1 \cdot R_1 - I_2 \cdot R_2 = U_1 - U_2$$

$$I_1 \cdot R_3 + I_2(R_2 + R_3) = U_2$$

Ergibt ein Gleichungssystem bestehend aus zwei Gleichungen mit zwei Unbekannten. Das Gleichungssystem ist lösbar. I_1 wird aus der ersten Gleichung abgeleitet und in die zweite Gleichung eingesetzt.

$$I_1 = \frac{U_1 - U_2 + I_2 \cdot R_2}{R_1}$$

$$\frac{U_1 - U_2 + I_2 \cdot R_2}{R_1} \cdot R_3 + I_2(R_2 + R_3) = U_2$$

$$I_2 = \frac{U_2(R_1 + R_3) - U_1 \cdot R_3}{R_2 \cdot R_3 + R_1(R_2 + R_3)} = 4,6 \, \text{mA}.$$

In I_1 eingesetzt ergibt

$$I_1 = 2,6 \, \text{mA}$$

und

$$I_3 = I_1 + I_2 = 7,3 \, \text{mA}.$$

(b) Lösung nach dem Überlagerungsgesetz:

Abb. 3.66 Lösung nach dem
Überlagerungsgesetz

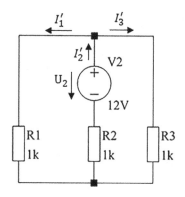

Die Spannungsquelle U_1 kurzgeschlossen (Abb. 3.66)

$$R_{\text{ges}} = \frac{R_1 \cdot R_2}{R_1 + R_2} + R_2 = 1{,}5\,\text{k}\Omega.$$

$$I_2' = \frac{U_2}{R_{\text{ges}}} = 8\,\text{mA}$$

$$I_2' \cdot R_2 = 8\,\text{V}$$

$$U_2 - 8\,\text{V} = 4\,\text{V}$$

$$I_3' = \frac{4V}{1\,\text{k}\Omega} = 4\,\text{mA}$$

$$I_1' = \frac{4V}{1\,\text{k}\Omega} = 4\,\text{mA}.$$

Die Spannungsquelle U_2 kurzgeschlossen (Abb. 3.67)

Abb. 3.67 Eine Spannungsquelle
kurzgeschlossen

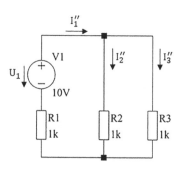

$$R_{\text{ges}} = \frac{R_3 \cdot R_2}{R_3 + R_2} + R_1 = 1{,}5\,\text{k}\Omega.$$

$$I_1'' = \frac{U_1}{R_{\text{ges}}} = 6{,}6\,\text{mA}$$

$$I_1'' \cdot R_1 = 6{,}6\,\text{V}$$

$$U_1 - U_{R1} = 10V - 6{,}6\,\text{V} = 3{,}3\,\text{V}$$

$$I_2'' = \frac{3{,}3\,\text{V}}{1\,\text{k}\Omega} = 3{,}3\,\text{mA}$$

$$I_3'' = \frac{3{,}3\,\text{V}}{1\,\text{k}\Omega} = 3{,}3\,\text{mA}.$$

Zusammenfassung:

$$I_1 = -I_1' + I_1'' = 2{,}6\,\text{mA}$$

$$I_2 = I_2' - I_2'' = 4{,}6\,\text{mA}$$

$$I_3 = I_3' + I_3'' = 7{,}3\,\text{mA}.$$

Übung:
Gegeben ist das nachfolgende Netzwerk mit zwei Spannungsquellen. Man bestimme die Teilströme I_1, I_2 *und* I_3 nach dem Verfahren der Maschen- und Knotengleichungen sowie nach dem Überlagerungsgesetz (Abb. 3.68).

Abb. 3.68 Übungsbeispiel

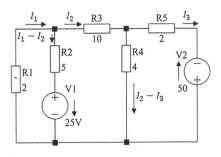

(a) Lösung nach der Bildung von Maschen- und Knotengleichungen (Kreisströme im Uhrzeigersinn):

$$I_1 \cdot R_1 + (I_1 - I_2)R_2 + V_1 = 0$$
$$I_2 \cdot R_3 + (I_2 - I_3)R_4 - V_1 - (I_1 - I_2)R_2 = 0$$
$$-(I_2 - I_3)R_4 + I_3 \cdot R_5 - V_2 = 0.$$

Die Werte eigesetzt

$$I_1 \cdot 7\,\Omega - I_2 \cdot 5\,\Omega = -25\,\text{V}$$
$$-I_1 \cdot 5\,\Omega + I_2 \cdot 19\,\Omega - I_3 \cdot 4\,\Omega = 25\,\text{V}$$
$$-I_2 \cdot R_4 + I_3 \cdot 6\,\Omega = 50\,\text{V}.$$

Es handelt sich dabei um ein Gleichungssystem mit drei Unbekannten bestehend aus drei Gleichungen. Das Gleichungssystem ist lösbar.

$$I_1 = -1,3\,\text{A}$$
$$I_2 = 3,17\,\text{A}$$
$$I_3 = 10,44\,\text{A}$$

(b) Lösung nach dem Überlagerungsgesetz:
Die Spannungsquelle V_1 kurzgeschlossen (Abb. 3.69)

Abb. 3.69 Eine Spannungsquelle kurzgeschlossen

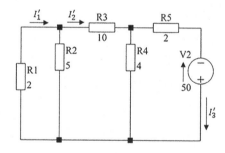

Der Gesamtwiderstand errechnet sich nach der Beziehung:

$$R_{\text{ges}} = (R_2\,/\!/\,R_1 + R_3)\,/\!/\,R_4 + R_5 = 4,96\,\Omega$$

Damit kann der Gesamtstrom ermittelt werden, zu

$$I_{\text{ges}} = I_3' = \frac{V_2}{R_{\text{ges}}} = 10\,\text{A}$$

Durch die Maschengleichung

$$U_{R5} = I_3' \cdot R_5 = 20\,\text{V}$$

$$U_{R4} = 50V - 20V = 30\,\text{V}$$

$$I_{R4} = \frac{U_{R4}}{R_4} = 7{,}5\,\text{A}$$

wird der Teilstrom

$$I_2' = I_3' - I_{R4} = 2{,}5\,\text{A}$$

und durch Anwendung der Stromteilerformel die letzte unbekannte Größe des Teilstromes berechnet.

$$I_1' = I_2' \frac{\frac{1}{R_1}}{\frac{1}{R_2} + \frac{1}{R_1}} = 1{,}78\,\text{A}$$

Die Spannungsquelle V_2 kurzgeschlossen (Abb. 3.70)

Abb. 3.70 Kurzschluss anderer Spannungsquelle

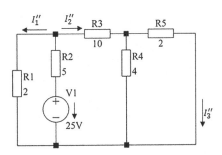

Für die Errechnung der Teilströme wird genauso wie zuvor vorgegangen:

$$R_{\text{ges}} = (R_4 /\!/ R_5 + R_3) /\!/ R_1 + R_2 = 6{,}7\,\Omega$$

Damit wird der Gesamtstrom ermittelt:

$$I_{\text{ges}} = \frac{V_1}{R_{\text{ges}}} = 3{,}73\,\text{A}$$

$$U_{R2} = I_{\text{ges}} \cdot R_2 = 18{,}65\,\text{V}$$

$$U_{R1} = V_1 - U_{R2} = 6{,}35\,\text{V}$$

Die Teilströme werden dann wie folgt berechnet:

$$I_1'' = \frac{U_{R1}}{R_1} = 3{,}175\,\text{A}$$

$$I_2'' = I_{\text{ges}} - I_1'' = 0{,}55\,\text{A}$$

$$I_{R4} = I_2'' \frac{\frac{1}{R_4}}{\frac{1}{R_4} + \frac{1}{R_5}} = 0{,}185\,\text{A}$$

$$I_3'' = I_2'' - I_{R4} = 0{,}365\,\text{A}$$

Zusammenfassung:

$$I_1 = I_1' - I_1'' = -1{,}39\,\text{A}$$

$$I_2 = I_2' + I_2'' = 3{,}05\,\text{A}$$

$$I_3 = I_3' + I_3'' = 10{,}36\,\text{A}.$$

3.9.3 Leistung und Leistungsanpassung

Betrachtet man ein lineares Netzwerk mit Spannungsquelle, wie im Folgenden dargestellt, so ist es aus einem aktiven und einem passiven Zweipol als Last dargestellt.

Abb. 3.71 Aktiver- und passiver Zweipol

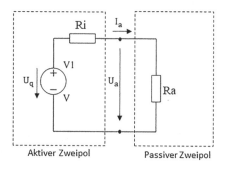

Aktiver Zweipol   Passiver Zweipol

In der Praxis wird öfter die Untersuchung vorgehalten, welche maximale Leistung einem Netzwerk (aktiver Zweipol) entnommen werden kann, bzw. wie muss der Abschlusswiderstand (passiver Zweipol) R_a gewählt werden, damit in ihm maximale Leistung umgesetzt wird. Um diese Leistung bestimmen zu können, wird die theoretische und grafische Betrachtung herangezogen.

(a) Theoretische Betrachtung:

Leistung an der Last:

$$P_a = U_a \cdot I_a = U_a \frac{U_q - U_a}{R_i} = -\frac{1}{R_i} U_a^2 + \frac{U_q}{R_i} U_a$$

Die maximale Leistung P_{amax} obiger quadratischer Gleichung ergibt sich durch die Ableitung der Gleichung nach U_a und gleich null setzen.

$$P_{amax} = \frac{dP_a}{dU_a} = -2\frac{U_a}{R_i} + \frac{U_q}{R_i} = 0.$$

Aus der obigen Gleichung ist zu entnehmen, dass

$$2 \cdot U_a = U_q$$

$$U_a = U_{amax} = \frac{U_q}{2}$$

gilt. Leistungsmaximum ergibt sich, wenn $U_a = \frac{U_q}{2}$ ist. Aus der Darstellung zweier Zweipole in Abb. 3.71 ist dann einfach zu entnehmen, dass diese Bedingung nur dann gilt, wenn

$$R_a = R_i$$

ist. Man spricht von „Leistungsanpassung".

(b) Grafische Betrachtung:
Zunächst wird die Berechnung der Leistung P_a in Abhängigkeit von U_q, R_i und R_a berechnet:

$$P_a = U_a \cdot I_a = U_q \underbrace{\frac{R_a}{R_a + R_i}}_{U_a} \cdot \underbrace{\frac{U_q}{R_a + R_i}}_{I_a} = U_q^2 \frac{R_a}{(R_a + R_i)^2}$$

P_a soll nun in einem Diagramm in Abhängigkeit von R_a gezeichnet werden, damit man ablesen kann, für welchen Widerstand R_a die Leistung P_a am größten ist. Zu diesem Zweck wird die Leistungsgleichung so umgeformt, dass sich P_a in Abhängigkeit von $\frac{R_a}{R_i}$ ergibt:

$$P_a = U_q^2 \frac{R_a}{(R_i + R_a)^2} = U_q^2 \frac{R_a}{\left[R_i\left(1 + \frac{R_a}{R_i}\right)\right]^2} = \frac{U_q^2 \cdot R_a}{R_i^2\left(1 + \frac{R_a}{R_i}\right)^2} = \frac{U_q^2}{R_i} \cdot \frac{\frac{R_a}{R_i}}{\left(1 + \frac{R_a}{R_i}\right)^2}$$

$$P_a \frac{R_i}{U_q^2} = \frac{\frac{R_a}{R_i}}{\left(1 + \frac{R_a}{R_i}\right)^2} \rightarrow y = \frac{x}{(1 + x)^2}$$

mit

$$y = P_a \frac{R_i}{U_q^2} \quad und \quad x = \frac{R_a}{R_i}.$$

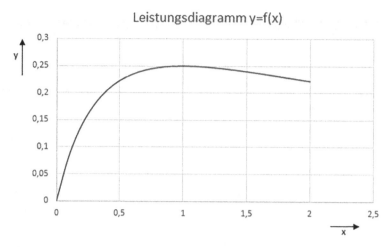

Abb. 3.72 Leistungsdiagramm

Aus dem Diagramm ist zu entnehmen (Abb. 3.72):

$$y_{max} = 0,25 = \frac{1}{4} \text{ bei x} = 1$$

$$y_{max} = P_{amax} \frac{R_i}{U_q^2} = \frac{1}{4} \rightarrow P_{max} = \frac{1}{4} \cdot \frac{U_q^2}{R_i}$$

$$x = \frac{R_a}{R_i} = 1 \rightarrow R_a = R_i.$$

Die Kennlinie des Leistungsdiagramms soll anhand einer Beispielschaltung dargestellt und die Kenngrößen ermittelt werden. Dazu wird der Schaltungsaufbau (Abb. 3.73).

Abb. 3.73 Übungsbeispiel

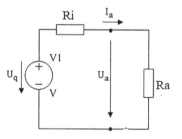

für $U_q = 2\,\mathrm{V}, R_i = 0{,}2\,\Omega$ berücksichtigt und R_a variiert. Dabei werden die Größen U_a und I_a abgelesen. Das Diagramm in Abb. 3.74 beschreibt die Leistungskennlinie mit den charakteristischen Größen.

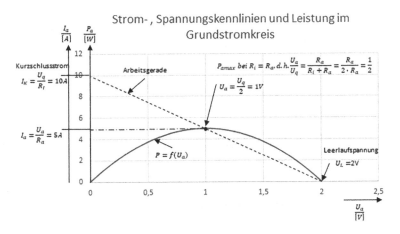

Abb. 3.74 Strom-, Spannungs- und Leistungskennlinie

Übung:

Gegeben ist das folgende Netzwerk (Abb. 3.75):

Abb. 3.75 Übungsbeispiel

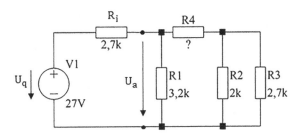

Bei Leistungsanpassung soll der Widerstandswert von R_4 ermittelt werden. Wie groß ist die indessen umgesetzte Leistung?

Lösung

Entsprechend der vorangegangenen Bedingung gilt bei Leistungsanpassung

$$R_{\mathrm{ges}} = R_i$$

$$(R_2 || R_3 + R_4) || R_1 = R_i$$

$$\frac{R_2 \cdot R_3}{R_2 + R_3} = 1{,}14\,\text{k}\Omega$$

$$\frac{(1{,}14\,\text{k}\Omega + R_4)3{,}2\,\text{k}\Omega}{1{,}14\,\text{k}\Omega + R_4 + 3{,}2\,\text{k}\Omega} = 2{,}7\,\text{k}\Omega$$

$$R_4 = 16{,}14\,\text{k}\Omega.$$

Berechnung der umgesetzten Leistung am R_4 durch Anwendung der:

(a) Stromteilerformel:
Die Widerstände R_2, R_3 *und* R_4 bilden den Ersatzwiderstand

$$R_{ers} = R_4 + R_2 || R_3 = 17{,}28\,\text{k}\Omega.$$

Der Lastwiderstand bei Leistungsanpassung hat den Wert von $R_{ges1} = 2{,}7\,\text{k}\Omega$.
Der Gesamtstrom berechnet sich durch das Verhältnis

$$I_{ges} = \frac{U_a}{R_{ges1}} = \frac{13{,}5\,\text{V}}{2{,}7\,\text{k}\Omega} = 5\,\text{mA}.$$

Die Stromteilerformel lautet dann

$$\frac{I_{R4}}{I_{ges}} = \frac{\frac{1}{R_{ers}}}{\frac{1}{R_{ges1}}} = \frac{R_{ges1}}{R_{ers}} = \frac{2{,}7\,\text{k}\Omega}{17{,}28\,\text{k}\Omega} = 0{,}156 \rightarrow I_{R4} = 0{,}156 \cdot 5\text{mA} = 0{,}78\,\text{mA}.$$

Die umgesetzte Leistung ist dann

$$P_{R4} = U_{R4} \cdot I_{R4} = I_{R4}^2 \cdot R_4 = 9{,}85\,\text{mW}.$$

(b) Spannungsteilerformel:
Die Spannung U_a liegt einerseits über den Widerstand R_1 und auf der anderen Seite über die Widerstände von $R_2 || R_3 + R_4$ (Abb. 3.76).

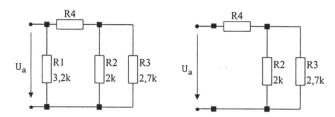

Abb. 3.76 Zusammenfassung der Widerstände

Der Ersatzwiderstand der Parallelschaltung von R_2 *und* R_3 ist zu R_4 in Reihe geschaltet. Damit lässt sich die Spannungsteilerformel wie folgt anwenden:

$$\frac{U_{R4}}{U_a} = \frac{R_4}{R_4 + R_2||R_3} = \frac{16,14\,\mathrm{k}\Omega}{17,28\,\mathrm{k}\Omega} = 0,93 \rightarrow U_{R4} = 12,6\,\mathrm{V}.$$

Die umgesetzte Leistung ist dann

$$P_{R4} = U_{R4} \cdot I_{R4} = \frac{U_{R4}^2}{R_4} = \frac{(12,6\,\mathrm{V})^2}{16,14\,\mathrm{k}\Omega} = 9,85\,\mathrm{mW}.$$

Übung:

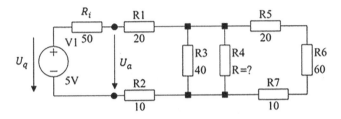

Abb. 3.77 Übungsbeispiel

Gegeben ist das Netzwerk in der Darstellung von Abb. 3.77. Wie groß muss R_4 gewählt werden, damit der Quelle mit dem Innenwiderstand $R_i = 50\,\Omega$ die maximale Leistung entnommen wird (Leistungsanpassung)? Welche Leistung fällt an R_4 ab?

Lösung:
Leistungsanpassung:

$$R_i = R_a = ((R_5 + R_6 + R_7) /\!/ R_4 /\!/ R_3) + R_1 + R_2$$

$$R_i - R_1 - R_2 = (R_5 + R_6 + R_7) /\!/ R_4 /\!/ R_3$$

$$20\,\Omega = 90\,\Omega /\!/ R_4 /\!/ 40\,\Omega$$

$$20\Omega = \underbrace{90\,\Omega /\!/ 40\,\Omega}_{38,29\,\Omega} /\!/ R_4$$

$$20\,\Omega = 38,29\,\Omega /\!/ R_4$$

$$R_4 = 41,87\,\Omega.$$

Für die umgesetzte Leistung am R_4 soll entweder der Strom durch den Widerstand oder die Spannung am Widerstand oder aber beide bekannt sein. Bei Leistungsanpassung sind der Innenwiderstand der Quelle und der Wert des Lastwiderstandes gleich groß. Da die Quellenspannung $U_q = 5V$ beträgt, liegt dann am Lastwiderstand die Hälfte der Versorgungsspannung an, also $U_a = 2,5V$. Die umgesetzte Leistung soll hier nach vielen alternativen Lösungen bestimmt werden.

(a)   Lösung unter Berücksichtigung der Spannungsteilerformel (Abb. 3.78):

Abb. 3.78 Lösungsmethode nach der Spannungsteilerformel

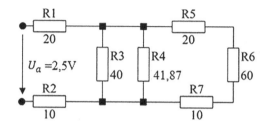

Der Lastwiderstand hat den Wert von 50 Ω. Damit ergibt sich für die Summe der Widerstände $R_{34567} = 50\,\Omega - R_1 - R_2 = 20\,\Omega$
und damit für Spannungsteiler gilt

$$U_{34567} = U_a \frac{R_{34567}}{50\,\Omega} = 1\,V.$$

Das ist die Spannung, die auch am Widerstand R_4 liegt und damit lässt sich die umgesetzte Leistung ermitteln durch

$$P_{R4} = U_{R4} \cdot I_{R4} = U_{R4}^2 \frac{1}{R_4} = 23,88\,\text{mW}$$

(b)   Lösung unter Berücksichtigung der Stromteilerformel:
Der Gesamtstrom berechnet sich zu

$$I_{\text{ges}} = \frac{2,5\,\text{V}}{50\,\Omega} = 0,05\,\text{A}$$

Für die Berechnung des Teilstromes I_4 sollen nur folgende Widerstände in Betracht gezogen werden (Abb. 3.79):

Abb. 3.79 Berechnung des Teilstromes

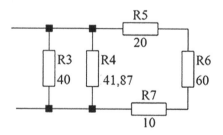

$$I_{R4} = I_{\text{ges}} \frac{G_{R4}}{G_{\text{ges}}} = I_{\text{ges}} \frac{\frac{1}{R_{R4}}}{\frac{1}{R_{\text{ges}}}} = 23,88\,\text{mA}$$

$$P_{R4} = U_{R4} \cdot I_{R4} = I_{R4}^2 \cdot R_4 = 23,88\,\text{mW}$$

(c) Lösung unter Berücksichtigung der Spannungsabfälle:
Da der Gesamtstrom

$$I_{\text{ges}} = 0,05\,\text{A}$$

bekannt ist, lassen sich dadurch die Spannungsabfälle an den Widerständen

$$U_{R1} = I_{\text{ges}} \cdot R_1 = 1\,\text{V} \quad \text{und}$$

$$U_{R2} = I_{\text{ges}} \cdot R_2 = 0,5\,\text{Vd}$$

bestimmen. Der Spannungsabfall am Widerstand ist dann

$$U_{R4} = 2,5\,\text{V} - 1\,\text{V} - 0,5\,\text{V} = 1\,\text{V}.$$

Damit wird

$$P_{R4} = U_{R4} \cdot I_{R4} = U_{R4}^2 \frac{1}{R_4} = 23,88\,\text{mW}$$

3.9.4   Ermittlung der Kenngrößen einer Spannungsquelle

Spannungsquelle mit Innenwiderstand R_i wird als reale Spannungsquelle bezeichnet. Eine ideale Spannungsquelle verfügt über keinen Innenwiderstand. (Theoretisch existiert so eine Spannungsquelle nicht. Es geht hierbei rein um Definitionsbegriffe.) Der Innenwiderstand einer realen Spannungsquelle ist der idealen Spannungsquelle in Serie geschaltet. (Der Innenwiderstand einer realen Stromquelle ist der idealen Stromquelle parallelgeschaltet.) Die Abb. 3.80 verdeutlicht die Darstellung beider Spannungsquellen. Die Berücksichtigung des Innenwiderstandes einer Spannungsquelle bei der Analyse von Netzwerken ist unvermeidbar.

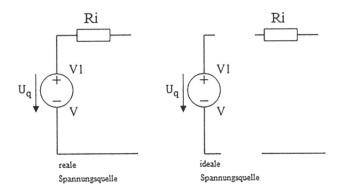

Abb. 3.80 Kenngrößen einer Spannungsquelle

Die Leerlaufspannung U_L, der Kurzschlussstrom I_K und der Innenwiderstand R_i beschreiben die charakteristischen Größen einer Spannungsquelle. Ist die Spannungsquelle unbekannt, so können die erwähnten charakteristischen Größen aus zwei beliebigen Messwertepaaren von U und I ermittelt werden. Dazu wird ein Potentiometer (Last ist ein verstellbarer Widerstand) an der unbekannten Spannungsquelle angeschlossen und Strom und Spannung bei zwei beliebigen Werten des Potentiometers gemessen (Abb. 3.81).

Abb. 3.81 Messschaltung

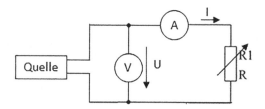

Gemessene Wertepaare als Beispiel:
Fall 1: $U_1 = 4\,\text{V}$ *und* $I_1 = 6\,\text{A}$
Fall 2: $U_2 = 3\,\text{V}$ *und* $I_2 = 9,\text{A}$
Aus diesen Wertepaaren sind die erwähnten charakteristischen Größen zu bestimmen.

(a) Grafische Bestimmung (Abb. 3.82):

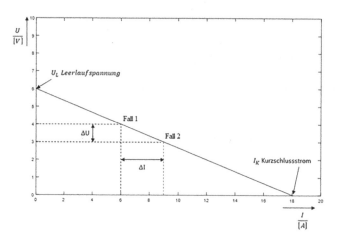

Abb. 3.82 Grafische Bestimmung der Kenngrößen

Durch schrittweise Veränderung von R ergeben sich die Wertepaare U *und* I. Die Vergrößerung des Stromes I erniedrigt die Spannung U (lineare Beziehung). Dort, wo die Gerade die U-Achse schneidet, ist $I=0$ (Abklemmen des Widerstandes R). Dies ergibt die Bedingung für den Leerlauf $U_L = 6V$. Aus dem Schnittpunkt der Geraden mit der I-Achse $(U = 0)$ ergibt sich der Kurzschlussstrom $I_K = 18A$.

Leerlauf (unbelasteter Zustand des Vierpols) (Abb. 3.83):

Abb. 3.83 Leerlauf

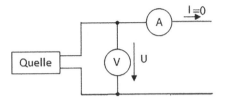

Man nennt diesen Betriebsfall „Leerlauf" und die zugehörige Spannung heißt Leerlaufspannung U_L. Mit anderen Worten, eine elektrische Schaltung wird im Leerlauf betrieben, wenn an den betrachteten Klemmen kein Widerstand angeschlossen ist. Der Abschlussleitwert und der Klemmenstrom sind null.

Kurzschluss (Abb. 3.84):

Abb. 3.84 Kurzschluß

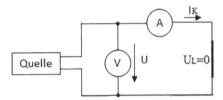

Damit das Anwachsen des Stromes I erreicht werden kann, muss der Widerstand R immer kleiner gemacht werden. Ist der Widerstand ganz null, so erreicht in diesem Fall der Strom I den höchsten Wert. Er wird als Kurzschlussstrom I_K bezeichnet. Mit anderen Worten, da die Klemmen miteinander verbunden (kurzgeschlossen) sind, ist die Klemmenspannung $U_L = 0$ und es fließt der maximale Strom. Möchte man den Kurzschlussstrom I_K bestimmen, dann lautet die Beziehung

$$U = 0 = U_L - R_i \cdot I_K$$

$$I_K = \frac{U_L}{R_i}.$$

Leerlaufspannung U_L, Innenwiderstand R_i und Kurzschlussstrom I_K einer Quelle sind durch die obere Beziehung miteinander verknüpft. Sind zwei der drei Größen U_L, R_i und I_K einer Quelle bekannt, so kann die dritte nach obiger Beziehung bestimmt werden.obiger Beziehung bestimmt werden.

(b) Theoretische Bestimmung:

Der Innenwiderstand $R_i = \frac{\Delta U}{\Delta I}$ kann direkt aus den beiden Messpaaren Fall 1 und Fall 2 ermittelt werden. Unter Berücksichtigung des endlichen Innenwiderstandes der Quelle ergibt sich:

$$U_1 = U_L - R_i \cdot I_1$$

$$U_2 = U_L - R_i \cdot I_2$$

Die obigen Beziehungen besagen, dass Klemmenspannung U, Leerlaufspannung U_L, Klemmenstrom I und Innenwiderstand R_i einer Quelle durch die Beziehung

$$U = U_L - R_i \cdot I$$

miteinander verknüpft sind.

Durch die Differenzbildung erhalten wir

$$U_1 - U_2 = -R_i \cdot I_1 + R_i \cdot I_2 = R_i(I_2 - I_1)$$

$$R_i = \frac{U_1 - U_2}{I_2 - I_1} = \frac{\Delta U}{\Delta I} = \frac{U_L}{I_K} = \frac{Leerlaufspannung}{Kurzschlussstrom}.$$

(Beispiel oben: $R_i = \frac{1V}{3A} = 0{,}33$ A)

$$R_i = \frac{1V}{3A} = 0{,}33 \text{ A}$$

Mit den oberen Beziehungen erhält man dann:

$$U_1 = U_L - R_i \cdot I_1$$

$$U_L = U_1 + R_i \cdot I_1 = U_1 + \frac{U_1 - U_2}{I_2 - I_1} I_1 = \frac{U_1 \cdot I_2 - U_2 \cdot I_1}{I_2 - I_1}$$

(Beispiel oben: $U_L = 6V$).

Auch I_K kann direkt aus dem Wertepaaren berechnet werden:

$$I_K = \frac{U_L}{R_i} = \frac{\frac{U_1 \cdot I_2 - U_2 \cdot I_1}{I_2 - I_1}}{\frac{U_1 - U_2}{I_2 - I_1}} = \frac{U_1 \cdot I_2 - U_2 \cdot I_1}{U_1 - U_2}.$$

(Beispiel oben: $I_K = 18A$)

Damit lassen sich aus zwei unterschiedlichen Wertepaaren U_1, I_1 und U_2, I_2 die charakteristischen Kenngrößen einer unbekannten Quelle grafisch und rechnerisch ermitteln.

Wie vorher angedeutet, bestimmen die Leerlaufspannung U_L, der Innenwiderstand R_i und der Kurzschlussstrom I_K die charakteristischen Gleichungen einer Quelle. Sind diese Größen einer Quelle nicht bekannt, so kann die Quelle nach dem behandelten Anpassungs-verfahren nicht belastet werden. Ist die Quelle wegen dieser unbekannten Größen über-lastet, dann kann die Verlustenergie der Quelle in Wärme umgewandelt werden, sodass bei länger dauerndem Betriebszustand dies zur Zerstörung der Quelle führen könnte.

3.9.5   Fehlerbetrachtung unter Berücksichtigung/ Vernachlässigung des Innenwiderstandes

Für die Messung von Widerständen ist in der Regel stets eine Strom-Spannung-Messung erforderlich (Ohmsches Gesetz). Infolge der endlichen Messgeräteinnenwiderstände kommt es daher zu systematischen Messfehlern. In der untenstehenden Schaltung soll der Strom I mit einem Strommessgerät (Innenwiderstand $R_i = 2\,\Omega$) gemessen werden. Gegeben sind $U_0 = 10\,\mathrm{V}$ *und* $R_1 = 10\,\Omega$ (Abb. 3.85).

Abb. 3.85 Messschaltung

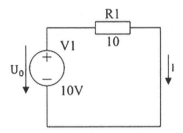

(a) Berechnen Sie den Strom $I = I_1$ ohne Messgerät.

$$I_1 = \frac{U_0}{R_1} = 1\,\mathrm{A}$$

(b) Berechnen Sie den vom Strommessgerät angezeigten Strom $I = I_2$.

$$I_2 = \frac{U_0}{R_1 + R_i} = \frac{10}{12}\,\mathrm{A}$$

(c) Berechnen Sie den Fehler

$$F = \frac{I_2 - I_1}{I_1} = -0{,}166 = -16{,}6\%$$

Der Messfehler wird wesentlich davon abhängen, welcher Strom durch das Strommessgerät fließt bzw. welche Spannung am Strommessgerät abfällt. Bei idealen Messinstrumenten (praktisch gibt es nicht) ist der Messfehler null, da keine Energien umgesetzt werden. Je größer die Abweichungen vom Idealzustand werden, desto mehr wachsen auch die Messfehler an. Man kann also aus physikalischen Überlegungen schon jetzt sagen: Je größer der Innenwiderstand des Spannungsmessgerätes, desto kleiner ist der Messfehler und je kleiner der Innenwiderstand des Strommessgerätes, desto kleiner ist der Messfehler. Diese Behauptung soll jetzt quantitativ untersucht werden.

Beispiel (a)

An einem Spannungsteiler soll die Spannung U_2 gemessen werden (Abb. 3.86).

Abb. 3.86 Messung ohne
Betrachtung des Innenwiderstandes

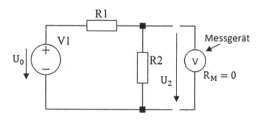

Aufgrund des Innenwiderstandes R_M des Messgerätes wird jedoch nicht die Spannung
(Spannungsteiler)

$$U_2 = U_0 \frac{R_2}{R_1 + R_2}$$

gemessen, sondern eine geringere. Ersetzt man das Messinstrument durch den Innenwiderstand R_M (Abb. 3.87),

Abb. 3.87 Messung unter
Betrachtung des Innenwiderstandes

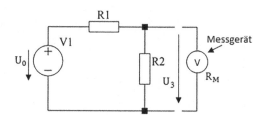

so liegt ein belasteter Spannungsteiler vor.

$$\frac{U_3}{U_0} = \frac{R_M\|R_2}{R_M\|R_2 + R_1} = \frac{\frac{R_M \cdot R_2}{R_M + R_2}}{\frac{R_M \cdot R_2}{R_M + R_2} + R_1} = \frac{R_M \cdot R_2}{R_M \cdot R_2 + R_1(R_M + R_2)} = \frac{1}{1 + R_1\left(\frac{R_M + R_2}{R_M \cdot R_2}\right)} = \frac{1}{1 + \frac{R_1}{R_2} + \frac{R_1}{R_M}}$$

Da U_2 die richtige Messgröße (Sollwert) und U_3 die durch das Messgerät verfälschte
Größe (Istwert) ist, so ergibt sich für den relativen Fehler:

$$F = \frac{U_3 - U_2}{U_2} = \frac{U_3}{U_2} - 1$$

$$= \frac{U_0 \frac{R_M \cdot R_2}{R_M \cdot R_2 + R_1 \cdot R_M + R_2 \cdot R_1}}{U_0 \frac{R_2}{R_1 + R_2}} - 1$$

$$= \frac{R_M \cdot R_2}{R_M \cdot R_2 + R_1 \cdot R_M + R_2 \cdot R_1} \cdot \frac{R_1 + R_2}{R_2} - 1$$

$$= \frac{R_1 + R_2}{R_2 + R_1 + \frac{R_2 \cdot R_1}{R_M}} - 1$$

$$= \frac{1}{1 + \underbrace{\frac{1}{R_M} \cdot \frac{R_2 \cdot R_1}{R_1 + R_2}}_{k = Konst.}} - 1 = \frac{1}{1 + \frac{k}{R_M}} - 1 = \frac{1 - 1 - \frac{k}{R_M}}{1 + \frac{k}{R_M}} = -\frac{1}{1 + \frac{R_M}{k}} = -\frac{1}{1 + R_M \cdot \underbrace{\frac{1}{k}}_{Konst}}$$

Der Fehler $|F|$ wird klein, wenn der Nenner groß wird, da R_1 *und* R_2 vorgegeben sind. Wenn F negativ ist, dann heißt es, dass die gemessene Spannung U_3 (Istwert) kleiner als die zu messende Spannung U_2 (Sollwert) ist, d. h., wenn R_M sehr groß gewählt wird, ist dann $F = 0$. Daher soll die „spannungsrichtige" Messschaltung wie in Abb. 3.88 dargestellt aufgebaut werden.

Spannungsrichtige Messschaltung (U wird richtig gemessen, wenn das Messgerät direkt am Verbraucher parallelgeschaltet wird):

Abb. 3.88 Messschaltung

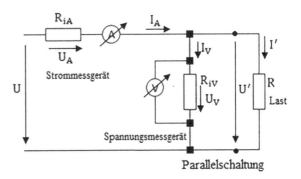

Parallelschaltung

Aus der Abb. 3.88 ist zu entnehmen:

$$U' = U_V$$

$$I' = I_A - I_V = I_A - \frac{U'}{R_{iV}}$$

Für $R_{iV} \approx \infty$ ist dann $I' = I_A$, d. h. kein Spannungsabfall am Messinstrument und damit wird Spannung richtig gemessen.

Beispiel (b).

Zunächst soll die Fehlerbetrachtung bezüglich des Innenwiderstandes behandelt warden (Abb. 3.89).

Abb. 3.89 Fehlerbetrachtung

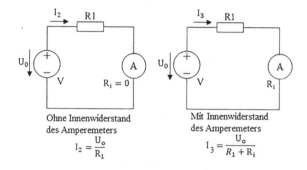

Ohne Innenwiderstand
des Amperemeters

$$I_2 = \frac{U_o}{R_1}$$

Mit Innenwiderstand
des Amperemeters

$$I_3 = \frac{U_o}{R_1 + R_i}$$

$$F = \frac{I_3 - I_2}{I_2} = \frac{I_3}{I_2} - 1$$

$$= \frac{\frac{U_0}{R_1 + R_i}}{\frac{U_0}{R_1}} - 1 = \frac{U_0}{R_1 + R_i} \cdot \frac{R_1}{U_0} - 1 = \frac{R_1 - R_1 - R_i}{R_1 + R_i} = -\frac{1}{1 + R_1 \frac{1}{R_i}}$$

Aus der obigen Beziehung ist zu entnehmen, dass je kleiner R_i gewählt wird, umso größer der Nenner wird und folgerichtig umso kleiner der Fehler wird. Daher folgt die „stromrichtige" Messschaltung, wie Abb. 3.90 zeigt, in der I richtig gemessen wird, wenn das Messinstrument in Reihe mit der Last geschaltet wird.

Abb. 3.90 Messschaltung

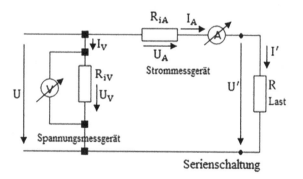

Serienschaltung

$$I' = I_A$$

Dabei wird wie vorher abgeleitet der Zustand für R_{iV} sehr groß und damit I_V sehr klein berücksichtigt. Daraus folgt

$$U^{'} = U_V - U_A = U_V - R_{iA} \cdot I^{'}$$

bzw.

$$U^{'} = U - U_A = U - R_{iA} \cdot I^{'}$$

Für $R_{iA} \ll \rightarrow U^{'} = U$.

Bemerkung: In der oberen Innenwiderstandsschaltung der Strom- und Spannungsmessgeräte sind die Innenwiderstände generell wie zuvor dargestellt geschaltet.

3.9.6 Ersatzstrom- und -spannungsquellen, klemmenäquivalente Beziehungen

3.9.6.1 Spannungsquelle

Als Spannungsquelle bezeichnet man in der Elektrotechnik einen aktiven Zweipol, der zwischen seinen Anschlusspunkten eine elektrische Spannung liefert. Die gelieferte Spannung hängt im Idealfall von dem elektrischen Strom bzw. vom angeschlossenen Verbraucher ab (Abb. 3.91).

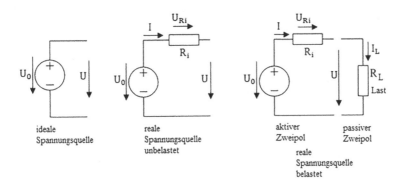

Abb. 3.91 Reale und ideale Spannungsquelle, reale Spannungsquelle belastet

Bemerkung: Der Innenwiderstand R_i ist in Reihe der idealen Spannungsquelle geschaltet.

3.9.6.2 Stromquelle

Als Stromquelle bezeichnet man in der Elektrotechnik einen aktiven Zweipol, der an seinen Anschlusspunkten einen elektrischen Strom liefert. Dieser Strom hängt im Idealfall nicht von der elektrischen Spannung an seinen Anschlusspunkten ab (Abb. 3.92).

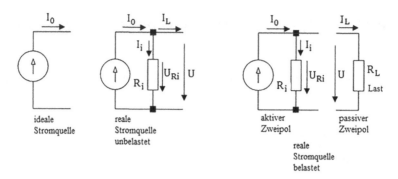

Abb. 3.92 Reale und ideale Spannungsquelle, reale Stromquelle belastet

Bemerkung: Der Innenwiderstand R_i ist der idealen Stromquelle parallelgeschaltet.

Für den Elektriker wird die Frage gestellt, ob reale Spannungsquelle und reale Stromquelle klemmenäquivalent sind. Sind die beiden Quellen klemmenäquivalent, dann kann eine Spannungsquelle in eine Stromquelle, und umgekehrt, umgewandelt werden. Für die Umwandlung müssen zuerst die Umwandlungsbedingungen geschaffen werden. Dazu werden beide Quellen in Leerlauf-, Kurzschlussbetrieb sowie im belasteten Zustand untersucht.

3.9.6.3 Umwandlungsvorschriften
Spannungsquelle:

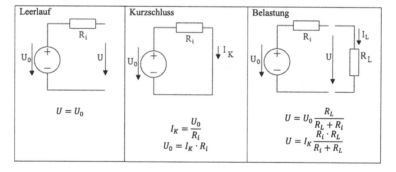

Abb. 3.93 Umwandlungsmethode

Daraus folgt (Abb. 3.93):

$$U = U_0 - I_L \cdot R_i$$

$$I_L = \frac{U_0 - U}{R_i}$$

Stromquelle:

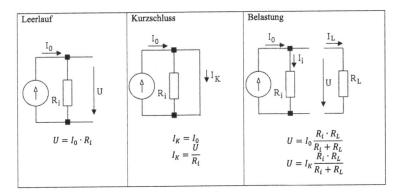

Abb. 3.94 Umwandlungsvorschriften

Daraus folgt (Abb. 3.94):

$$I_L = I_K - I_i = I_K - \frac{U}{R_i}$$

$$U = (I_K - I_L)R_i = I_K \cdot R_i - I_L \cdot R_i = U_0 - I_L \cdot R_i$$

$$U = U_0 - I_L \cdot R_i$$

$$I_L = \frac{U_0 - U}{R_i}.$$

Fazit: Die letzten Beziehungen der Spannungs- und Stromquellen sind identisch. Damit kann behauptet werden, dass die Strom- und Spannungsquellen klemmenäquivalent sind, d. h., die Strom- und Spannungsverhältnisse an den Anschlussklemmen sind identisch.

3.9.6.4 Umwandlungsvorschriften

Abb. 3.95 Ersatzspannungs- und stormquelle

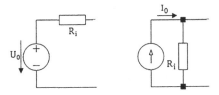

$$U_0 = U = I_K \cdot R_i \quad I_K = I_0 = \frac{U_0}{R_i}$$

Bemerkung: Der Innenwiderstand R_i bleibt bei der Umwandlung erhalten. Klemmenstrom- und -spannung der Spannungs- und Stromquellen sind identisch. Spannungs- und Stromquellen sind klemmenäquivalent, d. h., die eine Quelle kann durch die andere ersetzt werden, wenn die obige letzte Beziehung gilt (Abb. 3.95).

Ist die Spannung $U_0 = 11{,}2$ V und der Innenwiderstand $R_i = 0{,}8\,\Omega$ der Spannungsquelle z. B. als gegeben angenommen, so gilt für die Stromquelle

$$I_0 = \frac{U_0}{R_i} = 14\,\text{A}.$$

Übung:

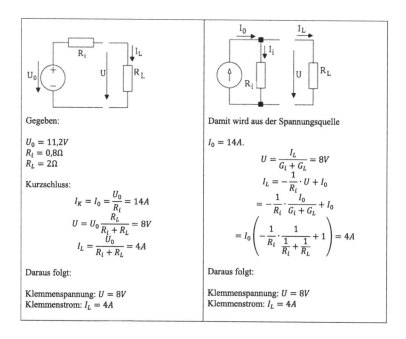

Gegeben:

$U_0 = 11{,}2V$
$R_i = 0{,}8\Omega$
$R_L = 2\Omega$

Kurzschluss:

$$I_K = I_0 = \frac{U_0}{R_i} = 14A$$

$$U = U_0 \frac{R_L}{R_i + R_L} = 8V$$

$$I_L = \frac{U_0}{R_i + R_L} = 4A$$

Daraus folgt:

Klemmenspannung: $U = 8V$
Klemmenstrom: $I_L = 4A$

Damit wird aus der Spannungsquelle

$I_0 = 14A$.

$$U = \frac{I_L}{G_i + G_L} = 8V$$

$$I_L = -\frac{1}{R_i} \cdot U + I_0$$

$$= -\frac{1}{R_i} \cdot \frac{I_0}{G_i + G_L} + I_0$$

$$= I_0 \left(-\frac{1}{R_i} \cdot \frac{1}{\frac{1}{R_i} + \frac{1}{R_L}} + 1 \right) = 4A$$

Daraus folgt:

Klemmenspannung: $U = 8V$
Klemmenstrom: $I_L = 4A$

3.9.6.5 Ersatzspannungs- und Stromquellen

Für die folgenden Betrachtungen wird ein lineares Netzwerk mit unabhängigen Quellen und konstanten Betriebswerten vorausgesetzt. Charakteristisch für das Netzwerk ist dessen Verhalten, wenn an seinen Anschlussklemmen unterschiedliche Belastungen auftreten. Bei umfangreich aufgebauten Netzwerken ist es mühsam, jedes Mal die Berechnung mit der gesamten Schaltung durchzuführen. Bezogen auf zwei Anschlussklemmen kann jedes lineare Netzwerk in eine klemmenäquivalente Spannungsquelle mit ihrem Innenwiderstand umgewandelt werden. Die somit gesuchte Ersatzschaltung wird als „Ersatzspannungsquelle oder Thévenin-Äquivalent" bezeichnet. Somit kann behauptet werden, dass die Ersatzspannungsquelle ein Werkzeug in der Netzwerkanalyse darstellt und der Vereinfachung eines komplizierten Netzwerkes dient, mit dem Ziel, es in eine ideale Spannungsquelle mit einem Innenwiderstand umzuwandeln, die sich an den Klemmen genauso verhält wie das Netzwerk.

In der unteren Schaltung als Übung wird ein lineares Netzwerk mit unterschiedlichen Quellen und mit gemeinsamen Anschlussklemmen gezeigt. Die nebenstehende Schaltung stellt die gesuchte Ersatzspannungsquelle mit Innenwiderstand dar, die sich an den Klemmen elektrisch ebenso verhalten soll [1].

Übung:

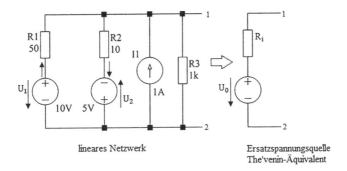

Abb. 3.96 Erläuterung zur Umwandlung

Erläuterungen zur Umwandlung:
Allgemein gilt, dass sich nur zueinander in Serie geschaltete Spannungsquellen zu einer Gesamtspannungsquelle und sich zueinander parallel geschaltete Stromquellen zu einer Gesamtstromquelle addieren können. In Abb. 3.96 sind zwei Spannungsquellen parallelgeschaltet und lassen sich nicht ohne Weiteres zu einer Quelle zusammenfassen. Daher werden diese beiden Spannungsquellen zuerst in Ersatzstromquellen umgewandelt. Danach ergeben sich drei zueinander parallel geschaltete Stromquellen, die zu einer Ersatzstromquelle zu addieren sind. Als Letztes wird die sich ergebende Ersatzstromquelle in die Ersatzspannungsquelle umgewandelt (Abb. 3.97 und 3.98).

Abb. 3.97 Übungsbeispiel

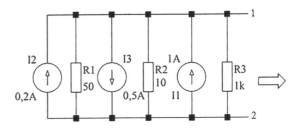

Abb. 3.98 Umwandlung
Ersatzstrom- in
Ersatzspannungsquelle

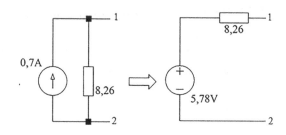

Die erste Spannungsquelle charakterisiert sich mit den Größen $U_1 = 10\,\text{V}$ *und* $R_1 = 50\,\Omega$, Letzteres als Innenwiderstand. Wird die Spannungsquelle nach den Vorschriften umgewandelt, so gilt für die äquivalente Stromquelle

$$I_2 = \frac{U_1}{R_1} = 0{,}2\,\text{A}$$

und der Innenwiderstand bleibt mit der Größe $50\,\Omega$. Der ist gleichzeitig der Innenwiderstand der äquivalenten Ersatzstromquelle geworden. Mit der zweiten Spannungsquelle wird genauso verfahren. Hierfür gilt:

$$I_3 = \frac{U_2}{R_2} = 0{,}5\,\text{A}.$$

Unter Berücksichtigung der Pfeilrichtungen der gebildeten Stromquellen ergibt sich für den Gesamtstrom:

$$I = I_2 - I_3 + I_1 = 0{,}7\,\text{A}.$$

Der Innenwiderstand der Gesamtstromquelle wird bestimmt durch die Parallelschaltung

$$\frac{1}{R_{\text{ges}}} = \frac{1}{50\,\Omega} + \frac{1}{10\,\Omega} + \frac{1}{1\,\text{k}\Omega} \rightarrow R_{\text{ges}} = 8{,}26\,\Omega.$$

Die daraus abgeleitete Ersatzspannungsquelle verfügt über diesen Widerstand als Innenwiderstand

$$R_i = 8{,}26\,\Omega$$

Und die umgewandelte Spannung beträgt

$$U = 0{,}7\,\text{A} \cdot 8{,}26\,\Omega = 5{,}78\,\text{V}.$$

Übung:

Gegeben ist ein elektrisches Netzwerk mit mehreren Strom- und Spannungsquellen. Gesucht ist die Ausgangsspannung, U_x wenn das Netzwerk mit dem Widerstand $R_4 = 3\,\Omega$ belastet wird (Abb. 3.99).

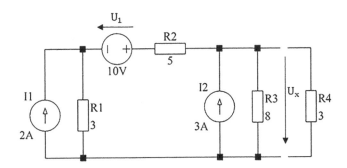

Abb. 3.99 Übungsbeispiel

Die Stromquelle I_1 wird in die äquivalente Spannungsquelle umgewandelt (Abb. 3.100).

Abb. 3.100 Umwandlung Strom- in Spannungsquelle

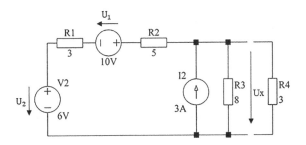

Die zwei in Reihe zueinander geschalteten Spannungsquellen lassen sich zu einer Spannungsquelle addieren (Abb. 3.101).

Abb. 3.101 Zusammenfassungsnetzwerk nach der Umwandlung

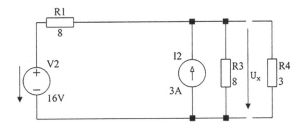

Die neue Spannungsquelle wird in eine äquivalente Stromquelle umgewandelt und mit der nachfolgenden Stromquelle addiert (Abb. 3.102).

Abb. 3.102 Addition von Stromquellen

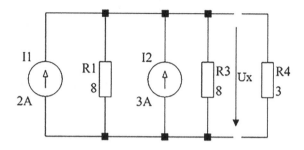

Damit ergibt sich eine Ersatzstromquelle mit dem Innenwiderstand (Abb. 3.103).

Abb. 3.103 Netzwerk nach der Addition von Stromquellen

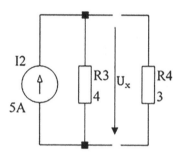

Diese Stromquelle wird dann in eine äquivalente Spannungsquelle umgewandelt (Abb. 3.104).

Abb. 3.104 Umwandlung in Ersatzspannungsquelle

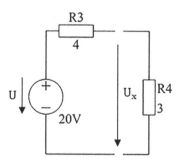

$$U_x = U \frac{R_4}{R_4 + R_3} = 8{,}57\,\text{V}.$$

Übung:

Das folgende Netzwerk soll in eine äquivalente Ersatzspannungsquelle nach den entsprechenden Vorschriften umgewandelt werden (Abb. 3.105, 3.106, 3.107 und 3.108).

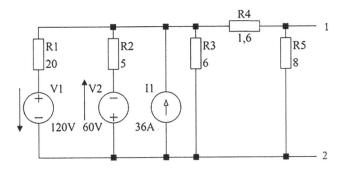

Abb. 3.105   Übungsbeispiel

$$I_2 = \frac{120\,\text{V}}{20\,\Omega} = 6\,\text{A}$$

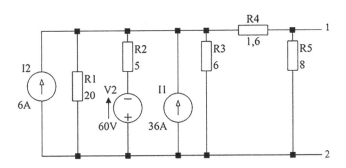

Abb. 3.106   Umwandlung nach Vorschriften

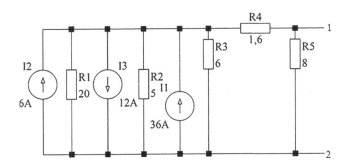

Abb. 3.107   Umwandlung in einer Ersatzstromquelle

$$I_3 = \frac{60\,\text{V}}{5\,\Omega} = 12\,\text{A}$$

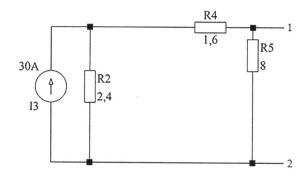

Abb. 3.108 Netzwerk mit einer Ersatzstromquelle

$$I = I_2 - I_3 + I_1 = 30\,\text{A}$$

$$R_2 = 20\,\Omega || 5\,\Omega || 6\,\Omega || = 2{,}4\,\Omega$$

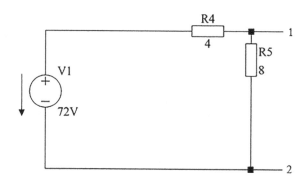

Abb. 3.109 Umwandlung in Ersatzspannungsquelle

$$U = 30\,\text{A} \cdot 2{,}4\,\Omega = 72\,\text{V}$$

$$R_4 = 2{,}4\,\Omega + 1{,}6\,\Omega = 4\,\Omega.$$

Übung:

Gegeben ist die Schaltung in Abb. 3.109 mit zwei Spannungsquellen. Durch Anwendung des Thévenin-Norton-Verfahrens soll in Schritten die äquivalente Schaltung durch eine Spannungsquelle ermittelt werden (Abb. 3.110).

Abb. 3.110 Übungsbeispiel

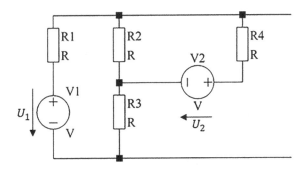

Lösung:

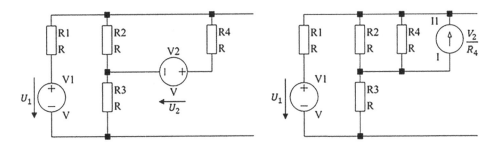

Abb. 3.111 Umwandlung nach Vorschriften

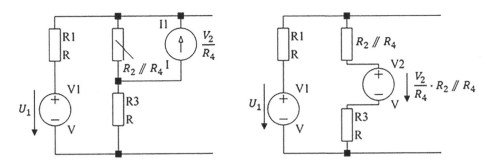

Abb. 3.112 Zusammenfassung der Widerstände

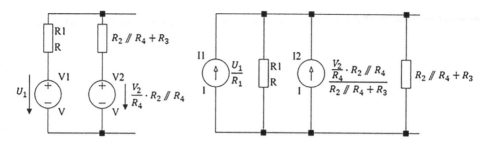

Abb. 3.113 Umwandlung der Ersatzspannungsquellen in Ersatzstromquellen

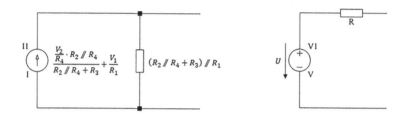

Abb. 3.114 Ersatzstromquelle in Ersatzspannungsquelle umgewandelt

Siehe (Abb. 3.111, 3.112 und 3.113)

   mit

$$U = \left[\frac{\frac{V_2}{R_4} \cdot R_2 /\!/ R_4}{R_2 /\!/ R_4 + R_3} + \frac{V_1}{R_1} \right] \cdot ((R_2 /\!/ R_4 + R_3) /\!/ R_1)$$

$$R = (R_2 /\!/ R_4 + R_3) /\!/ R_1$$

Übung:

Anwendung des Thévenin-Norton-Verfahrens für die Schaltung in Abb. 3.114 mit zwei Spannungsquellen in Entwicklungsschritten zur Bildung der äquivalenten Schaltung mit einer Spannungsquelle (Abb. 3.115, 3.116, 3.117, 3.118, 3.119, 3.120, 3.121 und 3.122).

Abb. 3.115 Übungsbeispiel

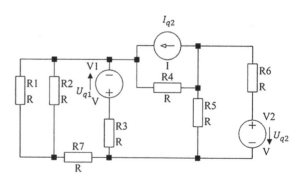

Abb. 3.116 Umwandlung und
Zusammenfassung der Größen
nach Vorschriften

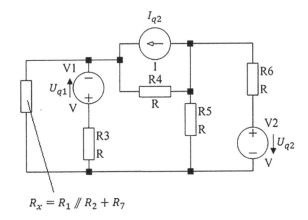

$$R_x = R_1 \mathbin{/\mkern-5mu/} R_2 + R_7$$

Abb. 3.117 Zusammenfassung
nach Vorschriften

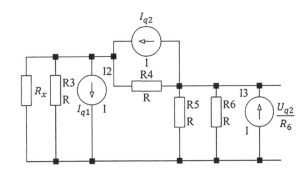

Abb. 3.118 Äquivalente
Schaltung aus
Ersatzspannungsquellen

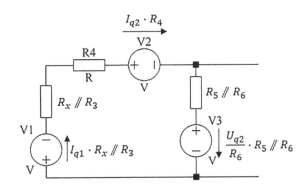

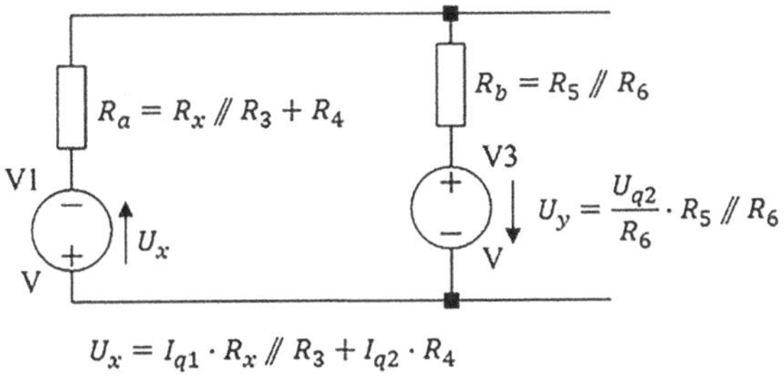

Abb. 3.119 Zusammenfasung
der Ersatzspannungsquellen

$$U_x = I_{q1} \cdot R_x \mathbin{/\mkern-5mu/} R_3 + I_{q2} \cdot R_4$$

Abb. 3.120 Umwandlung in
Ersatzstromquellen

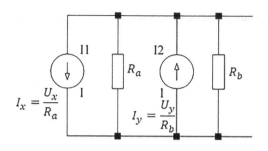

Abb. 3.121 Zusammenfassung der
Ersatzstromquellen

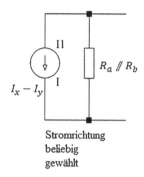

Stromrichtung
beliebig
gewählt

Abb. 3.122 Umwandlung in
Ersatzspannungsquelle

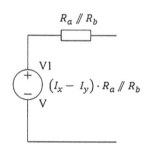

Übung:

Es soll der Strom I durch den $R_6 = 38\,\text{k}\Omega$ Widerstand der Schaltung in Abb. 3.123 nach
Thévenin-Norton-Verfahren ermittelt werden (Abb. 3.124, 3.125, 3.126, 3.127, 3.128
und 3.129).

Abb. 3.123 Übungsbeispiel

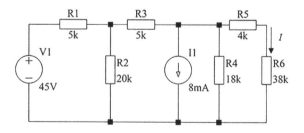

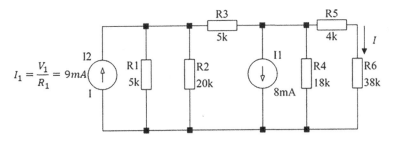

$$I_1 = \frac{V_1}{R_1} = 9mA$$

Abb. 3.124   Umwandlung nach Vorschriften

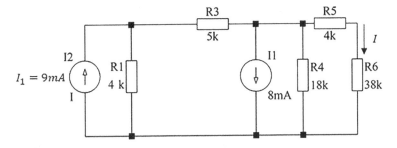

$$I_1 = 9mA$$

Abb. 3.125   Netzwerk mit Ersatzstromquellen

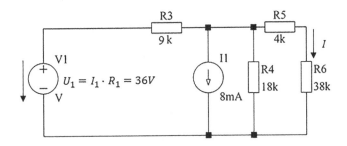

$$U_1 = I_1 \cdot R_1 = 36V$$

Abb. 3.126   Errsatzstromquelle in Ersatzspannungsquelle umgewandelt

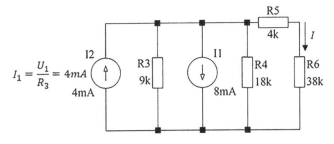

$$I_1 = \frac{U_1}{R_3} = 4mA$$

Abb. 3.127   Äquivalente Schaltung aus Ersatzstromquellen

Abb. 3.128 Zusammenfassung der
Ersatzstromquellen

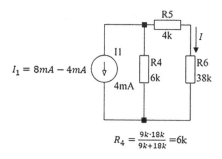

$$R_4 = \frac{9k \cdot 18k}{9k+18k} = 6k$$

Abb. 3.129 Umwandlung in
Ersatzspannungsquelle

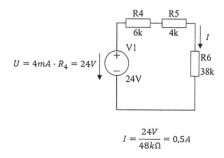

$$I = \frac{24V}{48k\Omega} = 0{,}5A$$

3.9.7   Messbereichserweiterung

(a) Spannungsmesser (Voltmeter)

Anzeigemessinstrumente sind sehr empfindliche Geräte, die bei ihrer Anwendung gewisse Behutsamkeit erfordern. Man spricht in der Elektrotechnik von Drehspul- und Dreheisen-Anzeige-Messinstrumente für Strom- und Spannungsmessung. Soll ein Drehspulmessinstrument für Spannungsmessungen eingesetzt werden (die zu messende Einheit erfolgt parallel zum Spannungsmessgerät), sind Vorkehrungen zu treffen, die das Drehspulmessinstrument vor zu hohen Spannungen schützt. Ein Widerstand in Reihe zum Messwerk (Vorwiderstand) muss die zu hohe Spannungen aufnehmen.

Schilderung:

Ein Spannungsmessgerät mit dem Innenwiderstand R_{iD} ist für eine maximale Spannung $U_D = U_{max}$ ausgelegt. In einer Schaltung soll eine Spannung U_M gemessen werden, die größer ist als $U_D = U_{max}$.

Wie kann die Messung durchgeführt werden, ohne dass das Spannungsmessgerät zerstört wird?

Lösung:

Da am Messinstrument nur die Spannung $U_D = U_{max}$ anliegen darf, muss man dafür sorgen, dass nur ein Teil von U_M am Gerät abfällt → Spannungsteiler. Schaltet man in Serie zum Messgerät mit dem Innenwiderstand R_{iD}, einen Vorwiderstand R_V, so fällt am Messgerät nicht mehr die volle Spannung U_M ab, sondern nur noch (Abb. 3.130)

Abb. 3.130 Messschaltung

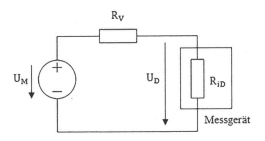

U_D: empfindlichster Spannungsmessbereich $U_D = U_{max}$
U_M: gewünschte, zu messende Spannung (gewünschter Spannungsmessbereich).
R_{iD}: Innenwiderstand des Messgerätes
R_V: benötigter Vorwiderstand

$$\frac{U_D}{U_M} = \frac{R_{iD}}{R_{iD} + R_V} bzw. U_D = U_M \frac{R_{iD}}{R_{iD} + R_V}$$

$$\rightarrow R_V = \frac{R_{iD}(U_M - U_D)}{U_D} = R_{iD}\left(\frac{U_M}{U_D} - 1\right).$$

Beispiel:

Ein Spannungsmessgerät mit dem Innenwiderstand $R_{iD} = 50\,k\Omega$ hat einen Messbereich von 0 V bis 60 V. Welchen Wert muss der Vorwiderstand R_V haben, damit für $U_M = 300V$ genau der Zeigervollausschlag des Messgerätes erreicht wird?

$$R_V = 50\,k\Omega\left(\frac{300V}{60V} - 1\right) = 200\,\Omega.$$

(b) Strommesser (Amperemeter)

Soll ein Drehspulmessinstrument für Strommessungen eingesetzt werden (die zu messende Einheit erfolgt in Reihe zum Spannungsmessgerät), sind Vorkehrungen zu treffen, die das Drehspulmessinstrument vor zu hohen Strömen schützt. Ein Widerstand parallel zum Messwerk (Shunt-Widerstand) muss den zu hohen Strom am Messwerk vorbereiten.

Schilderung:

Ein Strommessgerät mit dem Innenwiderstand $R_{iD} = \frac{1}{G_{iD}}$ ist für einen maximalen Strom $I_D = I_{max}$ ausgelegt. In einer Schaltung soll ein Strom I_M gemessen werden, der größer ist als $I_D = I_{max}$.

Lösung:

Nur ein Teil des zu messenden Stromes darf durch das Messgerät fließen, der andere Teil muss über einen Leitwert (Leitwiderstand) abgezweigt werden. Die Lösung des Problems liefert den Stromteiler (Abb. 3.131).

Abb. 3.131 Übungsbeispiel

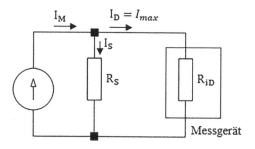

$I_D = I_{max}$: empfindlichster Strommessbereich
I_M: gewünschter Messbereich
R_{iD}: Innenwiderstand des Messgerätes
R_S: benötigter Parallelwiderstand

$$\frac{I_D}{I_M} = \frac{G_{iD}}{G_{iD} + G_S} = \frac{\frac{1}{R_{iD}}}{\frac{1}{R_{iD}} + \frac{1}{R_S}} = \frac{R_S}{R_S + R_{iD}} \, bzw. \, I_D = I_M \frac{R_S}{R_S + R_{iD}}$$

$$\rightarrow R_S = \frac{R_{iD} \cdot I_D}{I_M - I_D} = R_{iD} \left(\frac{1}{\frac{I_M}{I_D} - 1} \right).$$

Beispiel:

Ein Strommessgerät hat einen Innenleitwert von $G_{iD} = 0{,}4\,S$ und einen Messbereich von 0 A bis 30 A. Es soll ein Strom von $I_M = 400A$ gemessen werden. Berechnen Sie den dafür erforderlichen Parallelwiderstand so, dass der Gerätezeiger voll ausschlägt.

$$R_S = \frac{1}{0{,}4\,S} \left(\frac{1}{\frac{400A}{30A} - 1} \right) = 0{,}2\,\Omega.$$

Fazit:

Ideale Voltmeter verfügen über einen unendlich großen Innenwiderstand (technisch nicht realisierbar).

   Ideale Strommeter verfügen über einen unendlich kleinen Innenwiderstand (technisch nicht realisierbar).

3.10   Der Kondensator im Gleichstromkreis

Man bezeichnet einen Kondensator als elektrisches Bauelement mit der Eigenschaft, elektrische Ladung, d. h. Energie zu speichern. Der technologische Aufbau eines Kondensators besteht aus zwei elektrisch leitenden Platten (Flächen, Elektroden), die sich in einem bestimmten Abstand voneinander befinden. Zwischen diesen beiden Elektroden herrscht ein Dielektrikum. Die Elektroden sind nach außen mit Kontaktanschlüssen vorgesehen. Liegt eine konstante Spannung an diesen Kontaktanschlüssen an, so fließt kurzzeitig ein elektrischer Strom, der eine Elektrode positiv und die andere negativ auflädt. Wird danach die Spannung an den Kontaktanschlüssen unterbrochen, so bleibt die elektrische Ladung des Kondensators erhalten. Der Kondensator behält seine Spannung bei.

Technologisch gibt es aber keine vollkommen verlustfreien Kondensatoren. Die Verluste entstehen u. a. durch eine gewisse Leitfähigkeit des Dielektrikums, durch Widerstände des umhüllten Materials bei der Herstellung des Bauteils und durch Widerstände der Zuleitungswiderstände. Man spricht von Isolationsverluste, Erwärmungsverluste, … des Kondensators, deren Größe von der angelegten Spannung an den Kontaktanschlüssen des Kondensators abhängig sind.

Die Verluste lassen sich im Ersatzschaltbild eines Kondensators als Parallelwiderstand R_{pC} (ohmscher Dielektrikumswiderstand bzw. Isolationswiderstand) zur Kapazität darstellen. Damit bildet er eine interne Masche, in der der Kondensator abhängig vom Widerstandswert über diesen Parallelwiderstand entlädt. Wie in der Abb. 3.132 gezeigt, werden der Zuleitungs- und der Umhüllungswiderstand zusammen R_{sC} im Ersatzschaltbild des Kondensators als in Serie geschalteter Verlustwiderstand zusammengefasst.

Abb. 3.132 Ersatzschaltbild
des Kondensators

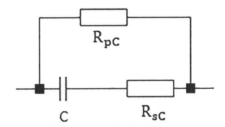

Ist die angelegte Spannung am Kondensator konstant, so herrscht zwischen dessen zwei leitenden Platten ein homogenes Feld. Im Inneren des Kondensators verlaufen also die elektrischen Feldlinien, E-Feldlinien parallel und in gleichen konstanten Abständen. Sie beginnen auf der Platte mit der positiven Ladung und enden auf der negativ geladenen Platte und stehen überall senkrecht auf den Metalloberflächen (Abb. 3.133).

Abb. 3.133 Elektrische
Feldstärke im Kondensator

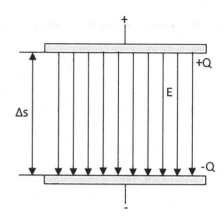

In der herrschenden elektrischen Feldstärke wird aufgrund der ausgeübten Feldkraft
auf die Ladungen im Dielektrikum

$$F = Q \cdot E$$

sich die Ladungen verschieben (Polarisation). Die Ladungen $+Q$ und $-Q$ befinden sich
dann jeweils nur auf der inneren Elektrodenoberfläche.

3.10.1 Die Kapazität

Die Laborergebnisse zeigen, dass an einem Kondensator die Ladung Q proportional zur
Spannung U ist.

$$Q \sim U.$$

Das Verhältnis von Ladung Q auf einer Kondensatorelektrode zur Spannung U am
Kondensator wird als Kapazität C bezeichnet

$$C = \frac{Q}{U} \rightarrow Kapazität = \frac{Ladung}{Spannung}$$

$$[C] = \frac{As}{V} = Farad = F.$$

3.10.2 Entladung eines Kondensators

Auf eine Spannung von $U_1 = 1\,\text{V}$ aufgeladener Kondensator $C = 10\,\text{nF}$ wird in Reihe
zu einem Widerstand von $R = 10\,\text{k}\Omega$ geschaltet. Wird zu einem Zeitpunkt $t = 0$ der

Schalter S geschlossen, so wird sich der Kondensator über diesen Widerstand entladen. Der Schaltungsaufbau und die Entladungskennlinien für Strom und Spannung am Kondensator sind in der Abb. 3.134 dargestellt (Abb. 3.135).

Abb. 3.134 Aufladung eines Kondensators

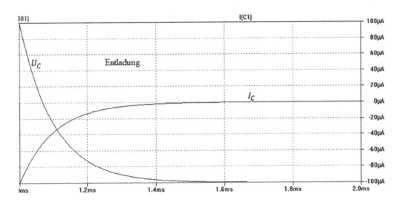

Abb. 3.135 Kennlinien

Zu dem Zeitpunkt $t = 0$ befinden sich auf der positiven Kondensatorplatte die Ladung

$$Q_0 = C \cdot U_1 = 10\,\text{nF} \cdot 1V = 10^{-9} \text{ As}.$$

Aufgrund des vorhandenen Widerstandes R_1 kann sich die Ladung am Kondensator nicht sprunghaft ändern, sodass dann zu dem Zeitpunkt $t = 0$ am Widerstand die Spannung $U_R = U_1 = 1$ V liegt. Damit lässt sich die Stromstärke des Netzwerkes nach der Beziehung

$$i(0) = \frac{U_1}{R} = \frac{1V}{10\,\text{k}\Omega} = 0,1\,\text{mA}$$

bestimmen. Der Kondensator entlädt sich weiter. Durch den Stromfluss verändert sich auch die Ladung auf dem Kondensator in bestimmten Zeitintervallen Δt zu

$$\Delta Q = -i \cdot \Delta t.$$

Das Minuszeichen verdeutlicht die abnehmende Ladung. Für die Beziehung zwischen Spannung und Ladung am Kondensator wurde vorher die Gleichung

$$Q = C \cdot U.$$

abgeleitet. Die Spannungs- und Ladungsänderungen stimmen auch der obigen Beziehung zu

$$\Delta Q = C \cdot \Delta U$$

$$\Delta U = R \cdot \Delta i.$$

Daraus folgt:

$$\Delta Q = C \cdot R \cdot \Delta i$$

Wird diese Beziehung mit der vorher abgeleiteten Formel

$$\Delta Q = -i \cdot \Delta t$$

verglichen, so gilt dann:

$$\Delta Q = C \cdot R \cdot \Delta i = -i \cdot \Delta t = \tau \cdot \Delta i$$

mit

$$\tau = R \cdot C$$

als Zeitkonstante.

3.10.2.1 Zeitkonstante:

Die Zeitkonstante $\tau = R \cdot C$ gibt an, wie schnell der Entladestrom $i(t)$ oder Spannung $u(t)$ abnimmt bzw. ansteigt. Ist τ klein, so fällt $i(t)$ rasch ab (oder steigt rasch an); beim großen τ nimmt $i(t)$ langsam ab (oder steigt langsam an). Für die schematische Erläuterung der Zeitkonstante anhand der Abb. 3.136 wird die Kondensatorspannung eines Netzwerkes mit zwei unterschiedlichen Netzbauvarianten (unterschiedlichen Zeitkonstanten) herangezogen (Abb. 3.137).

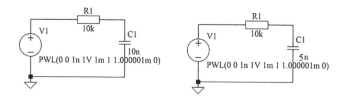

Abb. 3.136 Schaltungsaufbau zur Ermittlung der Kenngrößen

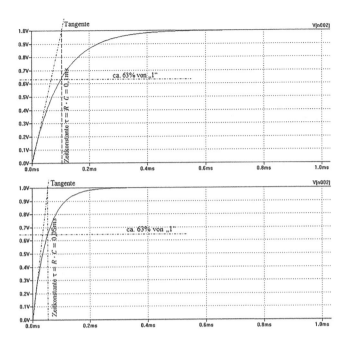

Abb. 3.137 Aufladekennlinien zur Bestimmung der Zeitkonstanten

Die Verbindungsgerade zwischen τ und $u(\infty)$ ist die Tangente an die e-Funktion für $t = 0$ s. Der Schnittpunkt der Tangente mit der t-Achse ergibt die Zeitkonstante τ. Eine alternative Bestimmung der Zeitkonstante ermittelt sich dadurch, dass gesagt wird, „Die Zeitkonstante τ einer RC-Schaltung ist die Zeit, in der der Entladestrom oder die Aufladespannung um ungefähr 63 % bzw. auf 37 % des Ausgangswertes abgesunken ist".

Die Steigung der Kennlinie lässt sich durch die Änderung der Größen von R, C oder von beiden variieren. Abb. 3.138 zeigt als weiterführende Erläuterung des Sachverhaltes anhand von zwei Netzwerken mit unterschiedlichen Kondensatorgrößen. Aus praktischer Sicht ist der Kondensator nach

$$t > 5\tau$$

entladen, obwohl die e-Funktion $e^{-\frac{t}{\tau}}$ theoretisch erst für unendlich große Zeiten null wird (Abb. 3.139).

Abb. 3.138 Entladung eines Kondensators

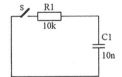

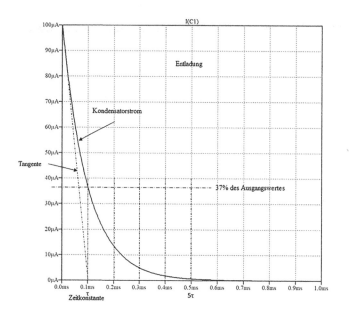

Abb. 3.139 Entladekennlinien zur Bestimmung der Zeitkonstanten

Zeitkonstante (Abb. 3.140 und 3.141):

$$\tau = R \cdot C = 10000\,\Omega \cdot 10 * 10^{-9}F = 0,1\,\mathrm{ms}$$

$$5 \cdot \tau = 0,5\,\mathrm{ms}$$

Abb. 3.140 Messchaltung zur
Entladung eines Kondensators

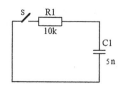

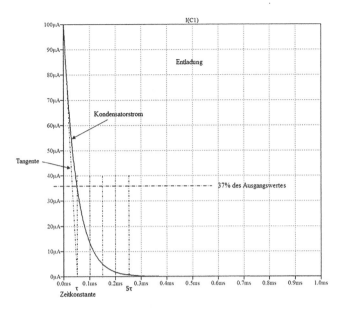

Abb. 3.141 Entladungsstrom

Zeitkonstante:

$$\tau = R \cdot C = 10000\,\Omega \cdot 5 * 10^{-9} F = 0{,}05\,\text{ms}$$

$$5 \cdot \tau = 0{,}25\,\text{ms}$$

Der Entladungsstrom einer RC-Schaltung berechnet sich mit der Gleichung

$$i(t) = i(0) \cdot e^{-\frac{t}{\tau}}.$$

Die Kondensatorspannung $u_C(t)$ bei Entladung eines Kondensators über einen Widerstand ergibt sich mit der Gleichung

$$u_C(t) = u(0) \cdot e^{-\frac{t}{\tau}} = U_1 \cdot e^{-\frac{t}{RC}}.$$

3.10.2.2 Relative Stromänderung:

Die Abb. 3.142 zeigt den Strom- und Spannungsverlauf am Kondensator C mit tabellarisch angegebenen Größen der Kennlinien.

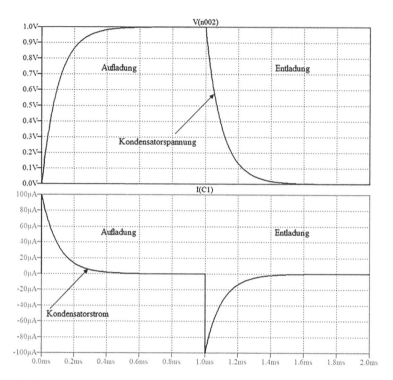

Abb. 3.142 Strom- und Spannungsverlauf

Aufladung:

t/ms	0	0,055	0,08	0,1	0,179	0,2	0,25	0,28	0,3	0,35	0,5	0,822
$I_C/\mu A$	100	57,87	44,58	37,19	16,85	13,79	8	5,79	4,68	2,97	0,62	0

Wichtig ist der Verlauf des Stromes $i(t)$ in Abhängigkeit von der Zeit t. Die Änderung des Stromes innerhalb einer Zeitspanne ergibt sich durch die Beziehung

$$\Delta i = -\frac{\Delta t}{\tau} \cdot i.$$

Aus der obigen Gleichung entnehmen wir, dass die Stromänderung negativ ist und dem Strom i direkt proportional sowie der Zeitkonstante τ umgekehrt proportional ist. Der Quotient

$$\frac{\Delta i}{i} = -\frac{\Delta t}{\tau}$$

ist die relative Stromänderung. Bei konstantem Zeitintervall ist die relative Stromänderung, d. h. der prozentualen Abnahme des Stromes konstant.

Ist z. B. bei Entladung eines Kondensators über einen Widerstand der Strom in der Zeit von $\Delta t = 10\,\text{s}$ von $5\,\mu\text{A}$ auf $1{,}84\,\mu\text{A}$ gesunken, so berechnet sich die prozentuale Stromabnahme zu

$$\Delta i = 1{,}84\,\mu\text{A} - 5\,\mu\text{A} = -3{,}16\,\mu\text{A}$$

$$\frac{\Delta i}{i} = -\frac{3{,}16\,\mu\text{A}}{5\,\mu\text{A}} = -0{,}632 = -63{,}2\%.$$

Weitere Erläuterungen zur relativen Stromänderung:

Wie oben angedeutet ist die Stromänderung Δi negativ und dem Strom i direkt und der Zeitkonstante τ umgekehrt proportional

$$\Delta i = -\frac{\Delta t}{\tau} \cdot i.$$

Die Proportionalität zwischen Δi und i soll anhand der obigen Aufladungstabelle erläutert werden:

Bei konstanter Intervalllänge $\Delta t = 0{,}1\,\text{ms}$ ergibt sich aus der Tabelle

(a) Für $i = 37{,}19\,\mu\text{A}$ eine Stromänderung: $\Delta i = 13{,}79\,\mu\text{A} - 37{,}19\,\mu\text{A} = -23{,}4\,\mu\text{A}$
(b) Für $i = 8\,\mu\text{A}$ eine Stromänderung: $\Delta i = 2{,}97\,\mu\text{A} - 8\,\mu\text{A} = -5{,}03\,\mu\text{A}$

Der Quotient

$$\frac{\Delta i}{i}$$

ist die relative Stromänderung. Er ist für Fall (a) und (b) konstant:

zu (a)

$$\frac{\Delta i}{i} = \frac{-23{,}4\,\mu\text{A}}{37{,}19\,\mu\text{A}} = -0{,}629$$

zu (b)

$$\frac{\Delta i}{i} = \frac{-5{,}03\,\mu\text{A}}{8\,\mu\text{A}} = -0{,}629$$

Daraus folgt die Proportionalitätskonstante $\Delta i = -0{,}629 \cdot i$ zwischen Δi und i.

Bemerkenswert für die untersuchte Funktion nach der obigen Tabelle ist, dass der Quotient

$$\frac{\Delta i}{i}$$

nicht nur für den einen Zeitintervall konstant ist. Bei konstanter Intervalllänge $\Delta t = 0{,}2\,\text{ms}$ ergibt sich beispielsweise

(a) Für $i = 44{,}58\,\mu\text{A}$ eine Stromänderung: $\Delta i = 5{,}79\,\mu\text{A} - 44{,}58\,\mu\text{A} = -38{,}79\,\mu\text{A}$

(b) Für $i = 4{,}68\,\mu\text{A}$ eine Stromänderung: $\Delta i = 0{,}62\,\mu\text{A} - 4{,}68\,\mu\text{A} = -4{,}06\,\mu\text{A}$

Die relative Stromänderung:

zu (a)

$$\frac{\Delta i}{i} = \frac{-38{,}79\,\mu\text{A}}{44{,}58\,\mu\text{A}} = -0{,}87$$

zu (b)

$$\frac{\Delta i}{i} = \frac{-4{,}06\,\mu\text{A}}{4{,}68\,\mu\text{A}} = -0{,}87$$

Daraus folgt die Proportionalitätskonstante $\Delta i = -0{,}87 \cdot i$ zwischen Δi und i.

3.10.3 Aufladung eines Kondensators

Ein Kondensator $C_1 = 10\,\text{nF}$ wird zu dem Zeitpunkt t $= 0$ über einen Widerstand von $R_1 = 10\,\text{k}\Omega$ aufgeladen (Abb. 3.143).

Abb. 3.143 Aufladung eines Kondensators

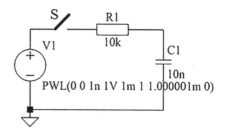

Die Aufladekurve der Spannung am Kondensator stellt eine e-Funktion mit einem bestimmten Steigungswert dar, da sich die Ladung am Kondensator nicht sprunghaft ändern kann.

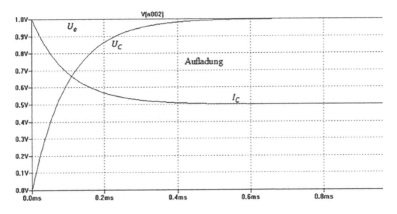

Abb. 3.144 Kennlinien

Die Maschengleichung zum Zeitpunkt $t = 0$ liefert

$$u_1 = u_R(0) + u_C(0) = R \cdot i(0) + u_C(0)$$

Betrachtet man die Darstellung in Abb. 3.144, entnimmt man daraus, dass zum Zeitpunkt $t = 0$ der maximale Strom durch den Kondensator fließt

$$i(0) = \frac{u_1 - u_c(t)}{R}.$$

Nach einer bestimmten Zeit (theoretisch nach $t > 5 \cdot \tau$) ist der Kondensator voll aufgeladen und es fließt kein Strom mehr

$$i(\infty) = 0.$$

Die Kennlinie des Aufladestromes lässt sich durch die mathematische Beziehung

$$i(t) = i(0) \cdot e^{-\frac{t}{\tau}} = \frac{u_1 - u_c(t)}{R} \cdot e^{-\frac{t}{\tau}}$$

beschreiben. Am Widerstand R fällt die Spannung

$$u_R(t) = R \cdot i(t) = u_1 \cdot e^{-\frac{t}{\tau}}$$

ab. Für die Spannung am Kondensator $u_C(t)$ ergibt sich deshalb mit der Maschengleichung die Beziehung

$$u_1 = u_R(t) + u_C(t)$$

$$u_C(t) = u_1 - u_R(t) = u_1\left(1 - e^{-\frac{t}{\tau}}\right).$$

$$u_C(t = 0) = 0$$

$$u_C(t \to \infty) = u_1.$$

Ist der Kondensator C zu dem Zeitpunkt $t = 0$ bereits auf die Spannung U_2 aufgeladen, dann lauten die oben abgeleiteten Gleichungen wie folgt:

$$u_1 = u_R(0) + u_C(0) = R \cdot i(0) + U_2$$

$$\cdot \; i(0) = \frac{u_1 - U_2}{R}$$

$$i(\infty) = 0$$

$$i(t) = i(0) \cdot e^{-\frac{t}{\tau}} = \frac{u_1 - U_2}{R} \cdot e^{-\frac{t}{\tau}}$$

$$u_R(t) = R \cdot i(t) = (u_1 - U_2) \cdot e^{-\frac{t}{\tau}}$$

$$u_1 = u_R(t) + u_C(t)$$

$$u_C(t) = u_1 - u_R(t) = u_1 \left(1 - e^{-\frac{t}{\tau}}\right) + U_2 \cdot e^{-\frac{t}{\tau}}$$

$$u_C(t = 0) = U_2$$

$$u_C(t \to \infty) = u_1.$$

Bei der Aufladung eines Kondensators (auch beim Entladen) über einen Widerstand ändert sich die Kondensatorspannung nicht sprunghaft. Nach Beendigung aller Ausgleichsvorgänge (theoretisch für $t \to \infty$, in der Praxis für $t > 5\tau$) ist der Kondensatorstrom $i_C(t \to \infty) = 0$ gleich null.

Übung:
Gegeben ist das folgende Netzwerk (Abb. 3.145).

Abb. 3.145 Übungsbeispiel

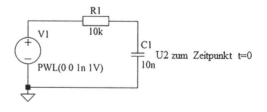

Der Kondensator C_1 ist bereits zum Zeitpunkt $t = 0$ auf die Spannung $U_2 = 0{,}3$ V aufgeladen. Berechnen Sie:

(a) $u_C(0)$ und $i_C(0)$ sowie $u_C(\infty)$ und $i_C(\infty)$

(b) $u_C(t)$ und $i_C(t)$

(c) $u_C(t)$ und $i_C(t)$ für den Fall, dass der Kondensator vor Ladebeginn ungeladen war.

Lösung:

zu (a)

$$u_C(0) = U_2 = 0{,}3\,\text{V}$$

$$i(0) = \frac{U_1 - U_2}{R} = 0{,}07\,\text{mA}$$

$$u_C(\infty) = 1V$$

$$i(\infty) = 0$$

zu (b)

$$\tau = R \cdot C = 10\,\text{k}\Omega \cdot 10\,\text{nF} = 0{,}1\,\text{ms}$$

$$u_C(t) = u_1\left(1 - e^{-\frac{t}{\tau}}\right) + U_2 \cdot e^{-\frac{t}{\tau}} = 1V\left(1 - e^{-\frac{t}{0{,}1\,\text{ms}}}\right) + 0{,}3\,\text{V} \cdot e^{-\frac{t}{0{,}1\,\text{ms}}}$$

$$i(t) = i(0) \cdot e^{-\frac{t}{\tau}} = 0{,}07\,\text{mA} \cdot e^{-\frac{t}{0{,}1\,\text{ms}}}$$

zu (c)

$$u_C(t) = u_1\left(1 - e^{-\frac{t}{\tau}}\right) = 1V\left(1 - e^{-\frac{t}{0{,}1\,\text{ms}}}\right)$$

$$i(t) = i(0) \cdot e^{-\frac{t}{\tau}} = \frac{1V}{10\,\text{k}\Omega} \cdot e^{-\frac{t}{0{,}1\,\text{ms}}}$$

Übung:

Ein Kondensator mit dem Kapazitätswert von $C1 = 1000\,\mu\text{F}$ wird über einen Widerstand
$R1$ aufgeladen. Vor der Untersuchung ist der Kondensator ungeladen. Nach einer Zeitspanne von $t = 86\,\text{s}$ beträgt die Kondensatorspannung $u_{C1} = 6{,}7$ V. Wie groß ist der Vorwiderstand $R1$? (Abb. 3.146)

Abb. 3.146 Übungsbeispiel

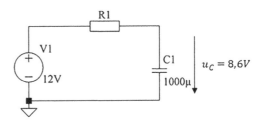

Lösung:

$$u_C = u_1 \cdot e^{-\frac{t}{\tau}}$$

$$e^{-\frac{t}{\tau}} = \frac{u_{C1}}{U_1} = \frac{8,6\,\text{V}}{12\,\text{V}} = 0,716$$

$$-\frac{t}{\tau} \cdot \underbrace{\ln(e)}_{1} = \ln(0,716)$$

$$\tau = -\frac{t}{\ln(0,716)} = R1 \cdot C1$$

$$R1 = -\frac{t}{C1 \cdot \ln(0,716)} = 257,42\,\text{k}\Omega.$$

3.10.4 Parallelschaltung von Kondensatoren

In Abb. 3.147 sind zwei Kondensatoren C_1 *und* C_2 parallel zueinander geschaltet.

Abb. 3.147 Übungsbeispiel

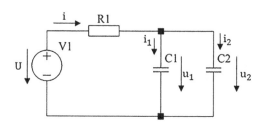

Zum Zeitpunkt $t = 0$ seien die Kondensatoren ungeladen und es gilt nach den Kirchhoffschen Knotengleichungen

$$i = i_1 + i_2$$

oder mit der Definition des elektrischen Stromes

$$\frac{\Delta Q}{\Delta t} = \frac{\Delta Q_1}{\Delta t} + \frac{\Delta Q_2}{\Delta t}$$

$$\Delta Q = \Delta Q_1 + \Delta Q_2$$

mit $\Delta Q = Q(t) - Q(0)$ als Different einer Zeitspanne Δt. Aufgrund einer konstanten Beobachtungsintervall und der Anfangsbedingung $Q(0) = 0$ lässt sich die obige Beziehung gleich einsetzen durch

$$Q(t) = Q_1(t) + Q_2(t).$$

Nach hinreichender Zeit sind die beiden Kondensatoren voll aufgeladen. Es fließt kein Strom mehr! Der Spannungsabfall am Vorwiderstand ist gleich null! Damit gilt für die Endwerte der Ladungen die Beziehung

$$Q = Q_1 + Q_2.$$

Entsprechend der parallel zueinander geschalteten Kondensatoren liegt an beiden die gleiche Spannung

$$u_1 = u_2.$$

Der Spannungsendwert an den Kondensatoren ergibt sich aus der Maschengleichung

$$U = u_1 + \underbrace{R \cdot i}_{=0} = u_1 = u_2.$$

Für die Ladung wurde die Beziehung abgeleitet

$$Q = C \cdot U \ bzw. \ Q_1 = C_1 \cdot u_1 = C_1 \cdot U \ und \ Q_2 = C_2 \cdot u_2 = C_2 \cdot U.$$

Die Summe der Ladungen an den Kondensatoren ergibt die Gesamtladung

$$C \cdot U = C_1 \cdot U + C_2 \cdot U \rightarrow C = C_1 + C_2.$$

Die letzte Beziehung gilt für die Gesamtkapazität der parallelgeschalteten zwei Kondensatoren. Allgemein gilt für mehrere Kondensatoren, die parallel zueinander geschaltet sind

$$C_{\text{ges}} = C_1 + C_2 + C_3 + \ldots + C_n.$$

3.10.5 Reihenschaltung von Kondensatoren

Zwei in Serie geschalteten Kondensatoren C_1 *und* C_2 sind über einen Vorwiderstand mit der Spannungsquelle verbunden, wie Abb. 3.148 zeigt.

Abb. 3.148 Kondensatoren in Serienschaltung

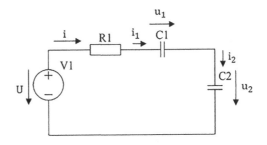

Zum Zeitpunkt $t = 0$ seien die Kondensatoren ungeladen und werden aufgeladen. Wegen der Serienschaltung ist die Stromstärke gleich

$$i = i_1 = i_2.$$

Mit der Definition des elektrischen Stromes gilt

$$\frac{\Delta Q}{\Delta t} = \frac{\Delta Q_1}{\Delta t} = \frac{\Delta Q_2}{\Delta t}$$

$$\Delta Q = \Delta Q_1 = \Delta Q_2$$

mit $\Delta Q = Q(t) - Q(0)$ als Different einer Zeitspanne Δt.

Nach hinreichender Zeit sind die beiden Kondensatoren voll aufgeladen. Es fließt kein Strom mehr! Der Spannungsabfall am Vorwiderstand ist gleich null! Damit gilt für die Endwerte der Ladungen die Beziehung

$$Q = Q_1 = Q_2$$

$$i = i_1 = i_2 = 0.$$

Die Maschengleichung lautet

$$U = U_1 + U_2$$

$$\frac{Q}{C} = \frac{Q}{C_1} + \frac{Q}{C_2} \rightarrow \frac{1}{C} = \frac{1}{C_1} + \frac{1}{C_2}.$$

Die letzte Beziehung gilt für die Gesamtkapazität der in Reihe geschalteten zwei Kondensatoren. Allgemein gilt für mehrere Kondensatoren, die in Serie zueinander geschaltet sind

$$\frac{1}{C_{\text{ges}}} = \frac{1}{C_1} + \frac{1}{C_2} + \cdots + \frac{1}{C_n}.$$

Bemerkung: Bei der Reihenschaltung von Kondensatoren ist die Gesamtkapazität C_{ges} immer kleiner als jede der Einzelkapazitäten der Reihenschaltung.

Übung:
Für die Schaltung in Abb. 3.149 soll die Gesamtkapazität berechnet werden.

Abb. 3.149 Bestimmung der
Gesamtkapazität

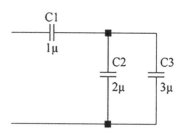

Lösung:

Die Zusammenfassung der parallel zueinander geschalteten Kondensatoren C_2 *und* C_3 ergibt

$$C_{23} = C_2 + C_3 = 5\,\mu\text{F}.$$

Nach der abgeleiteten Regel der Parallelschaltung von Kondensatoren gilt:

$$\frac{1}{C_{\text{ges}}} = \frac{1}{C_1} + \frac{1}{C_{23}} \rightarrow C_{\text{ges}} = \frac{C_1 \cdot C_{23}}{C_1 + C_{23}} = 0{,}83\,\mu\text{F}.$$

Übung:

Gesucht ist die Gesamtkapazität des folgenden Netzwerkes (Abb. 3.150).

Abb. 3.150 Übungsbeispiel

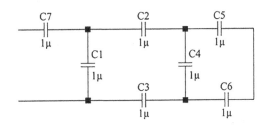

$$\frac{1}{C_{56}} = \frac{1}{C_5} + \frac{1}{C_6} \rightarrow C_{56} = 2\,\mu\text{F}$$

$$C_{456} = C_{56} + C_4 = 3\,\mu\text{F}$$

$$\frac{1}{C_{23456}} = \frac{1}{C_2} + \frac{1}{C_{456}} + \frac{1}{C_3} \rightarrow C_{23456} = \frac{3}{7}\,\mu\text{F}$$

$$C_{123456} = C_{23456} + C_1 = \frac{10}{7}\,\mu\text{F}$$

$$\frac{1}{C_{\text{ges}}} = \frac{1}{C_7} + \frac{1}{C_{123456}} \rightarrow C_{\text{ges}} = \frac{10}{17}\,\mu\text{F}$$

Übung:

Gesucht ist die Gesamtkapazität zwischen den Knotenpunkten a und b des nachfolgenden Netzwerkes (Abb. 3.151).

Abb. 3.151 Anwendung der
Berechnungsmethode

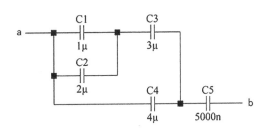

Lösung:

$$C_{12} = C_1 + C_2 = 3\,\mu\text{F}$$

$$\frac{1}{C_{123}} = \frac{1}{C_{12}} + \frac{1}{C_3} \rightarrow C_{123} = \frac{3}{2}\,\mu\text{F}$$

$$C_{1234} = C_{123} + C_4 = \frac{11}{2}\,\mu\text{F}$$

$$\frac{1}{C_{ges}} = \frac{1}{C_{1234}} + \frac{1}{C_5} \rightarrow C_{ges} = \frac{55}{21}\,\mu\text{F}$$

3.10.6 Kapazitiver Spannungsteiler

Das Netzwerk in Abb. 3.152 verfügt über zwei in Reihe geschalteten Kondensatoren, die an eine Spannungsquelle mit der Spannung U angeschlossen sind.

Abb. 3.152 Kapazitiver Spannungsteiler

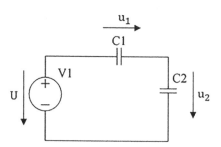

Es soll die Teilspannung u_2 am Kondensator C_2 ermittelt werden. Die Gesamtkapazität ergibt sich nach der schon bekannten Beziehung

$$\frac{1}{C_{ges}} = \frac{1}{C_1} + \frac{1}{C_2} \rightarrow C_{ges} = \frac{C_1 \cdot C_2}{C_1 + C_2}.$$

Bei der Reihenschaltung von Kondensatoren verfügt jeder Kondensator über die gleiche Ladung:

$$Q = C \cdot U = C_1 \cdot u_1 = C_2 \cdot u_2.$$

$$Q = \frac{C_1 \cdot C_2}{C_1 + C_2} \cdot U = C_1 \cdot u_1 = C_2 \cdot u_2.$$

Für die Bestimmung der Teilspannung u_2 am Kondensator C_2 leiten wir die obige Beziehung ab zu

$$u_2 = U \frac{C_1}{C_1 + C_2}.$$

Genauso lässt sich die Teilspannung

$$u_1 = U \frac{C_2}{C_1 + C_2}$$

bestimmen. Es handelt sich dabei um den kapazitiven Spannungsteiler.

Übung:
Bei der obigen Schaltung soll der kapazitive Spannungsteiler so dimensioniert werden, dass die Teilspannung u_2 am Kondensator C_2 genau $\frac{7}{12}$ der Nennspannung $U_n = 760\,\text{V}$ beträgt. Es soll die Größe von C_1 für $U = 1200\,\text{V}$ und $C_2 = 56\,\mu\text{F}$ ermittelt werden.

Lösung:

$$\frac{7}{12} \cdot U_n = \frac{5320}{12} V$$

$$u_2 = U \frac{C_1}{C_1 + C_2} = 1200\,\text{V} \frac{C_1}{C_1 + 56\,\mu\text{F}} = \frac{5320}{12} V \rightarrow C_1 = 20{,}68\ \mu\text{F}.$$

Übung:

Abb. 3.153 Übungsbeispiel

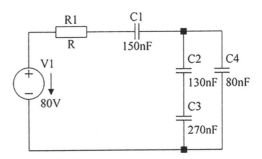

In der obigen Schaltung sind alle Kondensatoren zu dem Zeitpunkt t = 0 ungeladen. Es sollen alle Teilspannungen, die sich zu diesem Zeitpunkt an allen Kondensatoren stellen ermittelt werden (Abb. 3.153).

Lösung:
Nachdem die Kondensatoren an die Spannungsquelle angeschlossen sind, fließt zuerst der maximale Strom der Quelle. Sind die Kondensatoren aufgeladen, so fließt kein Strom mehr. Der Spannungsabfall am Widerstand R ist dann gleich null.

Bestimmung der Gesamtkapazität:

$$\frac{1}{C_{23}} = \frac{1}{C_2} + \frac{1}{C_3} \rightarrow C_{23} = 87{,}75\,\text{nF}$$

$$C_{234} = C_{23} + C_4 = 167{,}75\,\text{nF}$$

$$\frac{1}{C_{ges}} = \frac{1}{C_{234}} + \frac{1}{C_1} \rightarrow C_{ges} = 79{,}19\,\text{nF}$$

Die Spannungsquelle liefert die Ladung

$$Q = C \cdot U = 6{,}33 \cdot 10^{-6}\,\text{As}$$

Q ist sowohl in C_1 *als auch in* C_{234} enthalten.

$$U_1 = \frac{Q}{C_1} = 42{,}2\,\text{V}$$

$$U_4 = \frac{Q}{C_{234}} = 37{,}73\,\text{V}$$

$$Q_{23} = U_4 \cdot C_{23} = 3{,}31 \cdot 10^{-6}\,\text{As}$$

$$U_2 = \frac{Q_{23}}{C_2} = 25{,}46\,\text{V}$$

$$U_3 = \frac{Q_{23}}{C_3} = 12{,}25\,\text{V}$$

3.11 Die Spule im Gleichstromkreis

Eine Spule besteht aus einem elektrisch leitenden Draht, der in vielen Windungen gewickelt ist. Der elektrische Draht wirkt wie ein ohmscher Wicklungswiderstand

$$R_w = \frac{l}{\gamma \cdot A}$$

mit l: Länge des Drahtes, γ: Leitfähigkeit des Drahtes und A: Querschnitt. Ein elektrischer Strom durch die Spule erzeugt ein magnetisches Feld in ihr und die in Wicklungen geformte Spule charakterisiert eine Selbstinduktivität L. Der Wicklungswiderstand R_w ist in dem Ersatzschaltbild einer realen Spule in Reihe zur idealen Spule geschaltet. Ist eine Spule an eine Gleichspannungsquelle geschaltet, ist die Änderung des fließenden Stromes mit der Zeit

$$\frac{di}{dt} = 0.$$

Der Wicklungswiderstand R_w berechnet sich dann nach der Beziehung

$$R_w = \frac{u_L}{i_L}.$$

Die verlustbehaftete Spule verfügt auch über einen Widerstand für die Eisenverluste R_E, der im Ersatzschaltbild als einen parallel geschalteten Widerstand zu berücksichtigen ist. Das Ersatzschaltbild ist aus Abb. 3.154 zu entnehmen.

Abb. 3.154 Ersatzschaltbild
der Spule

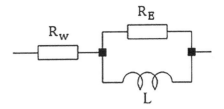

Bei der Spule spricht man von Lade- und Entladevorgängen bezüglich des elektrischen Stromes. Ist eine reale Spule an einer Gleichstromquelle über einen Schalter angeschlossen, so findet beim Öffnen und Schließen des Schalters ein Einschwing-vorgang der Spannung/des Stromes bestimmter Dauer statt. Es handelt sich um einen dynamischen Zustand. Nach Beendigung der Dauer sind Ströme und Spannungen zeit-lich konstant (statischer Zustand) (Abb. 3.155).

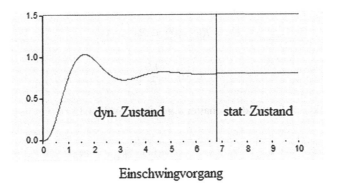

Abb. 3.155 Einschwingvorgang

Der Statische Zustand, d. h. der eingeschwungene Zustand ist dadurch charakterisiert, dass alle Einschwing- oder Ausgleichsvorgänge beendet sind.

3.11.1 Ausschaltvorgang bei einer verlustfreien Spule

Abb. 3.156 zeigt eine Parallelschaltung aus einer verlustfreien Spule L und dem Widerstand R, die an einer Gleichspannungsquelle U_0 mit dem Innenwiderstand R_0 verbunden ist.

Abb. 3.156 Netzwerk mit Spule

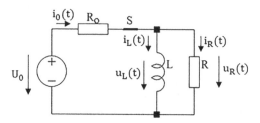

Der Schalter S ist zu negativen Zeiten, d. h. für $t < 0$ geschlossen. Erreicht der Spulenstrom den statischen Zustand, d. h. $i_L(t)$ ändert sich nicht mehr, dann gilt für die Spulenspannung

$$u_L(t) = L\frac{di_L(t)}{dt} = 0.$$

Damit gilt

$$i_R(t) = \frac{u_R(t)}{R} = \frac{u_L(t)}{R} = 0$$

und

$$i_0(t) = i_L(t)$$

sowie

$$U_0 = R_0 \cdot i_0(t) = R_0 \cdot i_L(t)$$

$$i_L(0) = \frac{U_0}{R_0}.$$

Zu dem Zeitpunkt $t = 0$ wird der Schalter S geöffnet (Abb. 3.157):

Abb. 3.157 Messschaltung zur Ermittlung der Kennlinien

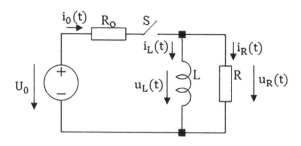

Der Spulenstrom hat zu diesem Zeitpunkt als Anfangswert die Größe

$$i_L(0) = \frac{U_0}{R_0}.$$

Darüber hinaus gilt für $t \geq 0$ die Beziehungen:

$$i_0(t) = 0$$

$$i_R(t) = -i_L(t)$$

$$u_L(t) = L\frac{di_L(t)}{dt} = u_R(t)$$

$$u_R(t) = R \cdot i_R(t)$$

$$di_L(t) = u_L(t)\frac{dt}{L} = \frac{u_R(t) \cdot dt}{L} = \frac{R \cdot i_R(t) \cdot dt}{L} = -\frac{R \cdot i_L(t) \cdot dt}{L} = -\frac{dt}{\tau}i_L(t)$$

mit

$$\tau = \frac{L}{R} = \frac{Selbstinduktivität}{Widerstand} = Zeitkonstante$$

sowie

$$i_L(t) = i_L(0) \cdot e^{-\frac{t}{\tau}}$$

$$u_L(t) = u_R(t) = R \cdot i_R(t) = -R \cdot i_L(t) = -R \cdot i_L(0) \cdot e^{-\frac{t}{\tau}} = u_L(0) \cdot e^{-\frac{t}{\tau}}$$

$$u_L(0) = -R \cdot i_L(0) \cdot e^0 = -R \cdot \frac{U_0}{R_0} = -\frac{R}{R_0}U_0$$

$$u_L(\infty) = 0$$

$$i_L(\infty) = 0$$

$$i_L(0) = \frac{U_0}{R_0}$$

3.11.2 Einschaltvorgang bei einer verlustfreien Spule

Der in der Netzwerk-Abb. 3.158 dargestellte Schalter S wird zum Zeitpunkt $t = 0$ geschlossen.

Abb. 3.158 Messschaltung zur Ermittlung des Einschaltvorganges

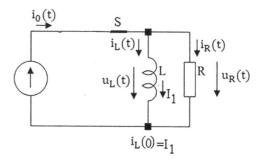

Es wird angenommen, dass der Spulenstrom zum Zeitpunkt $t = 0$ den Wert $i_L(0) = I_1$ hat. Die Knotengleichung des Netzwerkes liefert die Beziehung:

$$i_0 = i_L(0) + i_R(0) = I_1 + \frac{u_L(0)}{R}$$

$$u_L(0) = R(i_0 - I_1).$$

Nach einer gewissen Zeitspanne hat der Spulenstrom $i_L(t)$ seinen stationären Zustand erreicht, d. h. er ändert sich nicht mehr. Die Spulenspannung hat dann die Größe

$$u_L(\infty) = L\frac{di_L(\infty)}{dt} = 0.$$

Damit ergeben sich folgende zusammenfassende physikalische Beziehungen zum Abschnitt Einschaltvorgang bei einer verlustfreien Spule:

$$i_0 = i_L(t) + i_R(t) = i_L(t) + \frac{u_L(t)}{R}$$

$$i_L(t) = i_0 - \frac{u_L(t)}{R}$$

$$u_L(t) = U_L(0) \cdot e^{-\frac{t}{\tau}}$$

$$i_L(t) = I_L(\infty) \cdot \left(1 - e^{-\frac{t}{\tau}}\right) + i_L(0) \cdot e^{-\frac{t}{\tau}}$$

$$u_L(0) = R(i_0 - I_1)$$

$$u_L(\infty) = 0$$

$$i_L(0) = I_1$$

$$i_L(\infty) = i_0$$

$$\tau = \frac{L}{R}$$

Befindet sich zu Beginn des Einschaltvorganges kein Spulenstrom, d. h. $I_1 = 0$, so gilt dann für die obige Beziehung:

$$u_L(t) = R \cdot i_0 \cdot e^{-\frac{t}{\tau}}$$

$$i_L(t) = i_0\left(1 - e^{-\frac{t}{\tau}}\right).$$

Simulationsergebnisse mit LTspice:

Einschaltvorgang

(a) Schaltungsaufbau (Abb. 3.159):

Abb. 3.159 Messschaltung
zur Ermittlung der Kenngrößen

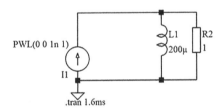

(b) Gemessene Kennlinien für Spulenstrom $i_L(t)$ und -spannung $u_L(t)$ (Abb. 3.160):

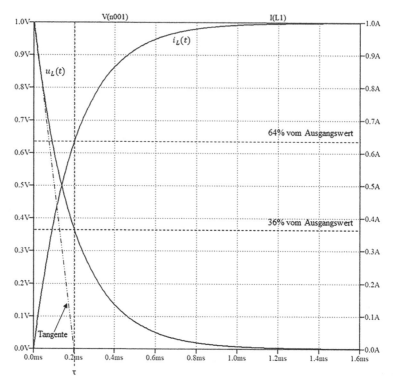

Abb. 3.160 Kennlinien

Ausschaltvorgang

(a) Schaltungsaufbau (Abb. 3.161):

Abb. 3.161 Messschaltung zur
Ermittlung der Größen von Ein- und
Ausschaltvorganges

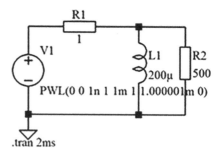

(b) Gemessene Kennlinien für Spulenstrom $i_L(t)$ und -spannung $u_L(t)$ (Abb. 3.162):

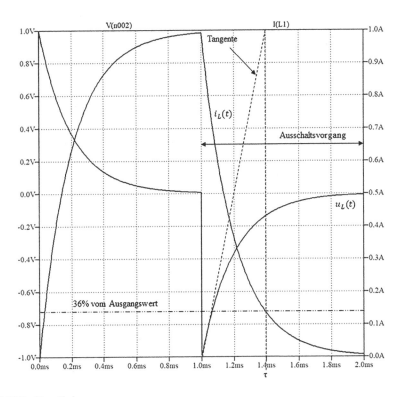

Abb. 3.162 Kennlinien

3.11.3 Serienschaltung von verlustfreien Spulen

Der Zusammenhang zwischen Spannung und Strom an einer verlustfreien Spule wird durch die physikalische Beziehung

$$u_{L1} = L_1 \frac{di_{L1}}{dt}$$

charakterisiert. Schaltet man z. B. zwei Spulen hintereinander in Serie, so ergeben sich die Teilspannungen zu (Abb. 3.163)

Abb. 3.163 Serienschaltung von
Spulen, Gesamtinduktivität

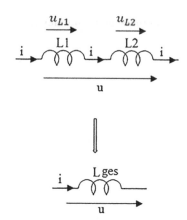

$$u_{L1} = L_1 \frac{di_{L1}}{dt}$$

$$u_{L2} = L_2 \frac{di_{L2}}{dt}$$

$$u = u_{L1} + u_{L2} = L_1 \frac{di_{L1}}{dt} + L_2 \frac{di_{L2}}{dt}$$

$$di_{L1} = di_{L2} = di$$

$$u = L_1 \frac{di}{dt} + L_2 \frac{di}{dt} = \frac{di}{dt}(L_1 + L_2) = L_{\text{ges}} \frac{di}{dt}$$

$$(L_1 + L_2) = L_{\text{ges}}$$

Bei einer Serienschaltung von Spulen kann die Gesamtinduktivität (Ersatzinduktivität)
durch die Summe der einzelnen Induktivitäten dargestellt werden.

3.11.4 Parallelschaltung von verlustfreien Spulen

Genauso wie bei der Serienschaltung von verlustfreien Spulen lassen sich die parallel
zueinander geschalteten Spulen zu einer Gesamtinduktivität zusammenfassen (Abb. 3.164).

Abb. 3.164 Parallelschaltung von
Spulen, Gesamtinduktivität

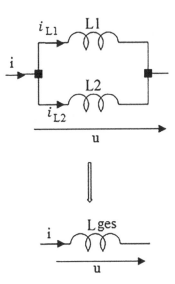

Die Gesamtinduktivität bestimmt sich durch die folgenden Beziehungen:

$$u_{L1} = L_1 \frac{di_{L1}}{dt} \rightarrow \frac{di_{L1}}{dt} = \frac{u_{L1}}{L_1}$$

$$u_{L2} = L_2 \frac{di_{L2}}{dt} \rightarrow \frac{di_{L2}}{dt} = \frac{u_{L2}}{L_2}$$

$$i = i_1 + i_2 \rightarrow \frac{di}{dt} = \frac{di_{L1}}{dt} + \frac{di_{L2}}{dt} = \frac{u_{L1}}{L_1} + \frac{u_{L2}}{L_2}$$

$$u = u_{L1} = u_{L2}$$

$$\frac{u}{L_1} + \frac{u}{L_2} = \frac{u}{L_{\text{ges}}}$$

$$\frac{1}{L_1} + \frac{1}{L_2} = \frac{1}{L_{\text{ges}}}$$

Bei einer Parallelschaltung von Spulen kann der Kehrwert der Gesamtinduktivität
(Ersatzinduktivität) durch die Summe der Kehrwerte der einzelnen Induktivitäten dargestellt werden.

Übung:
Gegeben ist das Netzwerk in Abb. 3.165 mit den Spulen L_1 *bis* L_5.

Abb. 3.165 Übungsbeispiel

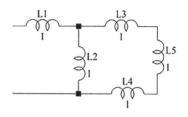

Gesucht ist die Gesamtinduktivität L_{ges}.

Lösung:

$$L_{345} = L_3 + L_4 + L_5 = 3\,\text{H}$$

$$\frac{1}{L_{2345}} = \frac{1}{L_{345}} + \frac{1}{L_2} \to L_{2345} = \frac{4}{3}\,\text{H}$$

$$L_{ges} = L_{2345} + L_1 = \frac{7}{3}\,\text{H}.$$

Übung:
Das Netzwerk im Schaltbild in Abb. 3.166 verfügt über einen Schalter S, der zum Zeitpunkt $t = 0$ geschlossen ist.

Zu diesem Zeitpunkt ist der Spulenstrom $i_L(0) = I_1 = 0$. Darüber hinaus sind die weiteren Größen wie folgt angegeben: $R = 2{,}7\,\text{k}\Omega$, $L = 0{,}4\,\text{mH}$, $i_0 = 2{,}3\,\text{mA}$.

Abb. 3.166 Übungsbeispiel

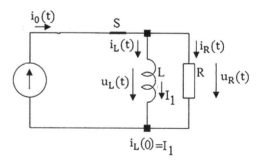

Es sollen die Zeitkonstante τ sowie $u_L(t)$ *und* $i_L(t)$ formelmäßig und grafisch zu bestimmen.

Lösung: (Abb. 3.167)

$$\tau = \frac{L}{R} = \frac{0,4\,\text{mH}}{2,7\,\text{k}\Omega} = 0,148\,\mu\text{s}$$

$$u_L(0) = R(i_0 - I_1) = R \cdot i_0 = 6,21\,\text{V}$$

$$i_L(0) = I_1 = 0$$

$$i_L(\infty) = i_0 = 2,3\,\text{mA}$$

$$u_L(t) = u_L(0) \cdot e^{-\frac{t}{\tau}} = 6,21\,\text{V} \cdot e^{-\frac{t}{0,148\,\mu\text{s}}}$$

$$i_L(t) = i_L(\infty) \cdot \left(1 - e^{-\frac{t}{\tau}}\right) = 2,3\,\text{mA} \cdot \left(1 - e^{-\frac{t}{0,148\,\mu\text{s}}}\right)$$

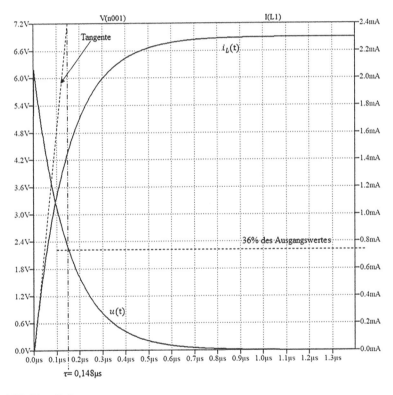

Abb. 3.167 Kennlinien

Übung:

Gegeben ist der Schaltungsaufbau einer LR-Schaltung, wie in Abb. 3.168 abgebildet ist.

Abb. 3.168 Übungsbeispiel

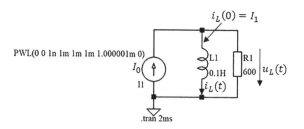

Der Einschaltvorgang bei einer verlustfreien Spule mit einem Einschwingvorgang soll entsprechend der behandelten theoretischen Gleichungen bestätigt werden. Abb. 3.169 zeigt die Kennlinien des Spulenstromes $i_L(t)$ und der Spulenspannung $u_L(t)$. Dabei wird die Schaltung durch einen Schalter mit der Stromquelle verbunden und nach einer bestimmten Zeitspanne wieder getrennt.

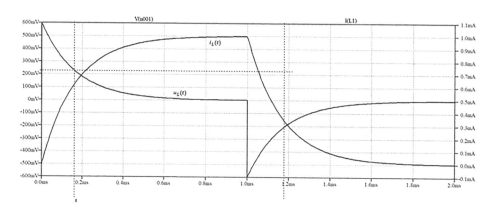

Abb. 3.169 Kennlinien Einschaltvorgang

Um die vorherige theoretische Behandlung hier grafisch nachzuvollziehen, wird, wie in Abb. 3.170 dargestellt, nur eine Phase in Betracht gezogen, anhand deren die mathematischen Behandlungen durchgeführt werden.

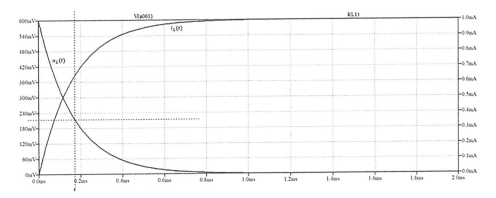

Abb. 3.170 Kennlinien Ausschaltvorgang

Nach dem Einschaltvorgang in der oben angegeben RL-Schaltung findet ein Einschwingvorgang statt.

$$u_L(t) = u_L(0) \cdot e^{-\frac{t}{\tau}}$$

mit

$$\tau = \frac{L}{R_1} = 166,6\,\mu s$$

$$u_L(0{,}2\,\text{ms}) = u_L(0) \cdot e^{-\frac{0{,}2\,\text{ms}}{166{,}6\,\mu s}} = 600\,mV \cdot e^{-\frac{0{,}2\,\text{ms}}{166{,}6\,\mu s}} = 180{,}71\,\text{mV}$$

$$u_L(0{,}4\,\text{ms}) = u_L(0) \cdot e^{-\frac{0{,}4\,\text{ms}}{166{,}6\,\mu s}} = 600\,mV \cdot e^{-\frac{0{,}4\,\text{ms}}{166{,}6\,\mu s}} = 54{,}43\,\text{mV}$$

mit

$$u_L(0) = R_1 \cdot (I_0 - I_1) = R_1 \cdot (1mA - i_L(0)) = 600\,\Omega \cdot 1mA = 600mV$$

$$u_L(\infty) = 0$$

$$i_L(t) = i_L(\infty)\left(1 - e^{-\frac{t}{\tau}}\right) + i_L(0) \cdot e^{-\frac{t}{\tau}}$$

mit

$$i_L(0) = I_1$$

$$i_L(\infty) = I_0$$

$$i_L(0) = 1mA\left(1 - e^{-\frac{t}{\tau}}\right) + i_L(0) \cdot e^{-\frac{t}{\tau}} = 0$$

$$i_L(\infty) = i_L(\infty)\left(1 - e^{-\frac{t}{\tau}}\right) + i_L(0) \cdot e^{-\frac{t}{\tau}} = 1\,\text{mA}$$

$$i_L(0,2\,\text{ms}) = 1mA\left(1 - e^{-\frac{0,2\,\text{ms}}{166,6\,\mu\text{s}}}\right) = 0,689\,\text{mA}$$

$$i_L(0,4\,\text{ms}) = 1mA\left(1 - e^{-\frac{0,4\,\text{ms}}{166,6\,\mu\text{s}}}\right) = 0,90\,\text{mA}$$

Der Wechselstromkreis

4

4.1 Grundlagen

Entsprechend der physikalischen Gesetze wird eine stromdurchflossene Leiter im Magnetfeld analysiert und festgestellt, dass auf den Leiter im Magnetfeld eine Kraft wirkt und er sich aus dem Magnetfeld herausbewegt. Abb. 4.1 zeigt die schematische Darstellung des Versuches.

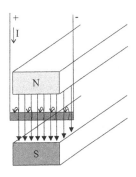
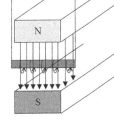

Abb. 4.1 Kraftwirkungen im Magnetfeld

© Springer Fachmedien Wiesbaden GmbH, ein Teil von Springer Nature 2021
C. Karaali, *Grundlagen der Elektrotechnik*, https://doi.org/10.1007/978-3-658-31829-1_4

Die Ablenkkraft ist von der Richtung des Polfeldes und von der Stromrichtung im Leiter abhängig. In der Darstellung in Abb. 4.1 handelt es sich um ein konstantes Polfeld und ein durch den fließenden Strom erzeugtes Leiterfeld. Beide Felder zusammen ergeben ein gemeinsames resultierendes Feld. Die Richtung des fließenden Stromes und des Polfeldes steht senkrecht zueinander. Die Ablenkrichtung des Leiters steht auch senkrecht zur Strom- und Polfeldrichtung. Wird die Polarität des Stromes oder die Pole des Magneten vertauscht, dann bewegt sich der Leiter in entgegengesetzte Richtung.

In Abb. 4.2 sind die Feldlinien des Magneten und den ringförmigen Feldverlauf des Leiters dargestellt. Auf der einen Seite des Leiters haben die Polfeldlinien und Leiterfeldlinien entgegengesetzte Richtungen. Die Felder schwächen einander und die Flussdichte nimmt ab. Auf der anderen Seite des Leiters haben die Feldlinien die gleiche Richtung. Das Feld ist dichter. Die Feldlinien werden dort dichter gestaut. Aufgrund dessen wird der Leiter mit großer Flussdichte abgedrängt. Durch Umpolung wird das gemeinsame Feld auf der entgegengesetzten Stelle des Leiters dichter. Die Bewegungsrichtung ändert sich. Ändert man die Polung des Feldes wird dann das gleiche Phänomen beobachtet.

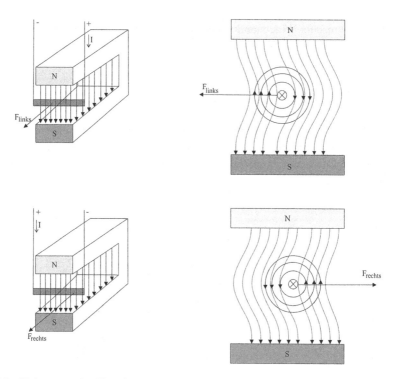

Abb. 4.2 Abdrängung der Flussdichte

Erhöht man den Strom im Leiter oder aber das magnetische Polfeld, so wächst die Kraft auf den Leiter.

In der Elektrotechnik spricht man hierbei vom Motorprinzip, das besagt, dass durch den stromdurchflossenen Leiter im Magnetfeld eine Bewegung erzeugt wird. Hat man anstelle des Leiters eine stromdurchflossene Spule (der Rotor im Motor) im Magnetfeld, so dreht sich die Spule im Magnetfeld. Die Drehrichtung der Spule hängt von der Stromrichtung, von der Richtung des Magnetfeldes und von der Länge der Spule ab. Wird der Leiter im Magnetfeld durch äußere Kraft wie Wasserkraft, Wind, Sonnenenergie so bewegt, dass er die Polfeldlinien schneidet, so wird in ihm während der Bewegung eine Spannung induziert. Man spricht hier vom Generatorprinzip. In Abb. 4.3 sind die beiden Prinzipien zum Verständnis des Sachverhaltes veranschaulicht.

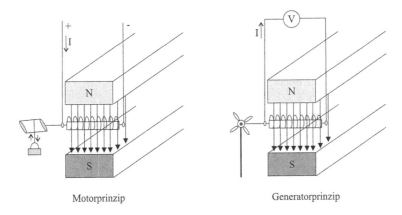

Motorprinzip   Generatorprinzip

Abb. 4.3 Motor- und Generatorprinzip

Bei gleichmäßiger Drehung einer Leiterschleife in einem homogenen Polfeld entsteht in der Leiterschleife eine sinusförmige Induktionsspannung. Bei der Drehung ändert sich der von der Schleife umfasste magnetische Fluss und damit wird die Größe und die Richtung der Induktionsspannung auch geändert.

Betrachtet man eine rechteckig geformte Spule mit der Länge l und der Breite b sowie n Windungen, die in einem homogenen Magnetfeld mit der Flussdichte B in eine bestimmte Richtung um den Punkt d gleichmäßig gedreht wird, so soll die Spule in horizontaler Lage gerade den gesamten maximalen magnetischen Fluss ϕ_m umfassen. Für diesen Fall gilt die Beziehung für den magnetischen Fluss

$$\phi_m = B \cdot A = B \cdot l \cdot b \quad \text{mit} \quad A = l \cdot b.$$

Bei der Drehung der Spule ändert sich mit fortstreitender Zeit der mit ihr verkettete, d. h. von ihr umfasste magnetische Fluss.

Der von der Spule umfasste Fluss ϕ hängt von der Fläche A_n ab.

$$\phi = B \cdot A_n.$$

Damit gilt für A_n unter Berücksichtigung der Spulenlage im magnetischen Feld

$$A_n = l \cdot b \cdot \cos \alpha$$

und folglich

$$\phi = \underbrace{B \cdot l \cdot b}_{\phi_m} \cdot \cos \alpha = \phi_m \cdot \cos \alpha.$$

Die Zeit für eine volle Umdrehung der Spule sei T *oder mit τ bezeichnet und beide Kennzeichnung in diesem Werk eingesetzt!* und der zurückgelegte Drehwinkel betrüge $2 \cdot \pi$. Um den Winkel α zurückzulegen sei die Zeit t erforderlich. Wird α ebenfalls im Bogenmaß gemessen, so lässt sich das Verhältnis zu

$$\frac{\alpha}{2 \cdot \pi} = \frac{t}{\tau} \rightarrow \alpha = 2 \cdot \pi \cdot \frac{t}{\tau}$$

bilden. Setzt man α in die obere Feldgleichung ein, so folgt

$$\phi = \phi_m \cdot \cos \left(2 \cdot \pi \cdot \frac{t}{\tau} \right).$$

Dreht sich die Spule f-mal in der Sekunde und ist für eine Umdrehung die Zeit T erforderlich, so muss gelten

$$f \rightarrow \tau; \quad f \cdot \tau \overset{\wedge}{=} 1\,\mathrm{s}; \quad f = \frac{1}{\tau}; \quad \tau = \frac{1}{f}$$

und damit

$$\phi = \phi_m \cdot \cos \left(2 \cdot \pi \cdot f \cdot t \right) = \phi_m \cdot \cos \left(\omega \cdot t \right)$$

mit

$$\omega = 2 \cdot \pi \cdot f \text{ als Kreisfrequenz.}$$

Durch Koeffizientenvergleich der zwei für den Fluss abgeleiteten Gleichungen ergibt sich

$$\phi = \phi_m \cdot \cos \alpha = \phi_m \cdot \cos \left(\omega \cdot t \right)$$

$$\alpha = \alpha \cdot t$$

Bei der Drehung der Spule im homogenen Magnetfeld wird in der Wicklung in einem bestimmten Zeitpunkt, der gerade dem Drehwinkel α entspricht, eine Induktionsspannung erzeugt:

$$U_{\mathrm{ind}} = -n \cdot \frac{d\phi}{dt} = \omega \cdot n \cdot \phi_m \cdot \sin \left(\omega \cdot t \right).$$

In der obigen Gleichung ist das Produkt $\omega \cdot n \cdot \phi_m = \hat{u}_m$ eine Größe, die die Einheit einer Spannung hat. Damit gilt für die letzte Beziehung

$$U_{\mathrm{ind}} = \hat{u}_m \cdot \sin \left(\omega \cdot t \right).$$

Trägt man U_{ind} in Abhängigkeit vom Drehwinkel $\alpha = \omega \cdot t$ in ein Koordinatensystem ein, so erhält man einen sinusförmigen Verlauf, eine Sinuslinie. Dieser sinusförmige Verlauf ist somit von der Zeit t abhängig. Der Höchstwert $\hat{u}_m$ der Schwingung heißt Amplitude. Für eine volle Umdrehung und damit für eine volle Schwingung der induzierten Spannung erforderliche Zeit T heißt die Schwingungsdauer. Den gesamten Vorgang, der sich mit $\omega \cdot t = 2 \cdot \pi$ wiederholt, nennt man Periode (Periodendauer τ). Eine Periode entspricht einer Umdrehung. Dreht sich die Spule f Mal in der Sekunde, so ist die Anzahl f – Perioden je Sekunde als Frequenz bezeichnet. Sie wird in Hz gemessen. Da irgendein Spannungswert während einer Periodendauer immer nur einen Augenblick herrscht, spricht man von einem Augenblickswert oder Momentanwert.

Bei den bisher behandelten Themen wurde als aktiver Zweipol der Gleichstromgenerator angewendet. Die gelieferte Spannung oder der erzeugte Strom des Gleichstromgenerators waren zeitlich konstant. Im Wechselstromkreis werden Wechselstromgeneratoren zur Erzeugung von periodisch zeitabhängigen Größen eingesetzt. Periodisch heißt, dass irgendein Wert einer Funktion nach einer Periodendauer wiedererscheint und zeitabhängig bedeutet, dass jede Größe des Signals pro Zeitpunkt unterschiedlichen Wert aufweist. Abb. 4.4 zeigt die Abhängigkeit einer Sinusspannung von der Zeit.

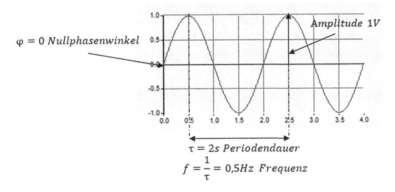

Abb. 4.4 Sinusschwingung

Wie vorher angedeutet wird die Größe des Signals in einem beliebigen Zeitpunkt als „Augenblickswert" oder „Momentanwert" bezeichnet. Der größte Augenblickswert wird als „Amplitude" definiert. Erscheint ein beliebiger Momentanwert des Signalverlaufes nach einer bestimmten Zeitdauer wieder, so ist die Dauer der beiden Erscheinungspunkte als „Periodendauer" τ zu nennen. Nach einer weiteren Periodendauer erscheint der beobachtende Momentanwert wieder am gleichen Zeitpunkt; also er tritt periodisch auf. Daher gilt die Beziehung für periodisch zeitabhängigen Größen wie Strom oder Spannung $x(t)$

$$x(t) = x(t + \tau) = x(t + n \cdot \tau)$$

mit n als beliebige ganze Zahl.

Liegt der Beginn der positiven Halbwelle der Größe $x(t)$ mit dem Beginn des Zeit-
punktes $t = 0$ überein, so beträgt der Nullphasenwinkel $\varphi = 0$. Anderenfalls, wie
Abb. 4.5 zeigt, ist der Nullphasenwinkel $\varphi \neq 0$.

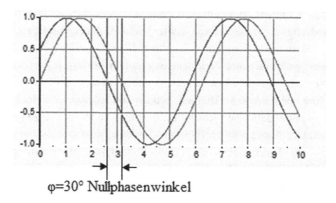

Abb. 4.5 Nullphasenwinkel

Eine periodisch zeitabhängige Größe wird dann als Wechselgröße bezeichnet, wenn
der zeitliche Mittelwert der Funktion gleich null ist, d. h., wenn die beiden Flächen
unterhalb und oberhalb der Zeitachse in einer Periodendauer gleich groß sind.

$$u(t) = \hat{u} \cdot \sin{(\omega t)}$$

$$\bar{u} = \frac{1}{T} \int_0^T \hat{u} \cdot \sin{(\omega t)} dt = \frac{1}{T} \left[\hat{u} \cdot \frac{1}{\omega} \cdot (-\cos \omega t) \right]_0^T = \frac{1}{T} \left[\hat{u} \cdot \frac{1}{\omega} \left(\underbrace{- \cos \frac{2\pi}{T} T}_{-1} + \underbrace{\cos \frac{2\pi}{T} \cdot 0}_{1} \right) \right] = 0$$

Anderenfalls kann man das beobachtende Signal, wie Abb. 4.6 zeigt (oben: Sinusgröße,
mittig: Gleichanteil, unten: die Addition der beiden Größen als überlagertes Signal also
Mischgröße), als Überlagerung (Addition) von Gleich- und Wechselgrößen auffassen.
Man spricht dann allgemein von „Mischgrößen".

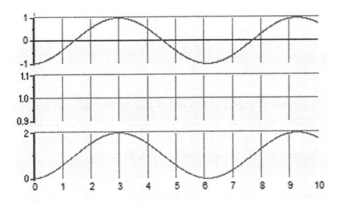

Abb. 4.6 Mischgrößen durch Überlagerung der Signale

Die Mischgrößen werden als zeitveränderliche Größen bezeichnet, deren arithmetischer Mittelwert von null verschieden ist.

$$u(t) = U_0 + \hat{u} \cdot \sin(\omega t)$$

$$\bar{u} = \frac{1}{T} \int\limits_0^T \left(U_0 + \hat{u} \cdot \sin(\omega t) \right) dt = \frac{1}{T} \left[U_0 \cdot t + \hat{u} \cdot \frac{1}{\omega} \cdot (-\cos \omega t) \right]_0^T$$

$$= \frac{1}{T} \left[U_0 \cdot T + \hat{u} \cdot \frac{1}{\omega} \left(\underbrace{-\cos \frac{2\pi}{T} T}_{-1} + \underbrace{\cos \frac{2\pi}{T} \cdot 0}_{1} \right) \right] = U_0$$

4.1.1 Gleichrichtwert, Effektivwert

Für die Bestimmung von z. B. der Verlustleistung an einigen elektrischen Bauelementen, durch die der zeitlich periodische Wechselstrom fließt, taucht die Frage auf, welchen zeitlichen Amplitudenwert in einer Periodendauer des Wechselstromes für die Ermittlung dieser Verlustleistung zu berücksichtigen wäre. Der maximale Amplitudenwert wäre nicht die richtige Größe, da dieser Wert während einer Periodendauer nicht konstant ist. Der arithmetische Mittelwert einer Periodendauer des Signals ist auch nicht der richtige Wert, da er – wie nachfolgend gezeigt – gleich null ist:

$$u(t) = \hat{u} \sin(\omega t)$$

$$\omega = \frac{2\pi}{T}$$

Der zeitlich lineare Mittelwert:

$$\bar{u} = \frac{1}{T} \int\limits_{0}^{T} \hat{u} \sin(\omega t) dt = \frac{1}{T} \int\limits_{0}^{T} \hat{u} \sin\left(\frac{2\pi}{T}t\right) dt = \hat{u}\frac{1}{T} \cdot \frac{T}{2\pi}\left(-\cos\frac{2\pi T}{T} + \cos 0\right) = 0.$$

Daher wird hierfür der zeitliche Mittelwert des Betrages der Funktion als „Gleichrichtwert" gebildet. Der Gleichrichtwert ist als Beispiel bei Netzwerken von Gleichrichterschaltungen von unvermeidlicher Bedeutung. Er stellt den Mittelwert der Funktion dar, von der die negative Halbwelle ins Positive geklappt wird, wie Abb. 4.7 zeigt.

Abb. 4.7 Gleichrichtwert

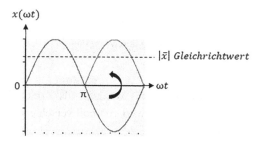

Der Gleichrichtwert berechnet sich nach der Beziehung:

$$|\bar{x}| = \frac{1}{T} \int\limits_{0}^{T} |x(t)| dt.$$

Diese genannte Beziehung gilt allgemein für jede beliebige Signalform und charakterisiert die exakte Bestimmung des Gleichrichtwertes.

Übung
Gegeben ist die Funktion.

$$x(t) = \hat{x} \cos(\omega t).$$

Gesucht ist der Gleichrichtwert dieser Funktion.

Lösung
Da die positive und die negative Halbwelle der cos-Funktion den gleichen Inhalt aufweisen, wird bei der Bestimmung des Gleichrichtwertes die Funktion für eine Viertelwelle berücksichtigt und das Ergebnis mit 4 multipliziert.

$$|\bar{x}| = \frac{1}{T} \int\limits_{0}^{T} |x(t)| dt = 4\frac{1}{T} \int\limits_{0}^{\frac{T}{4}} \left|\hat{x} \cos(\omega t) d\omega t\right| = 4\frac{1}{T}\hat{x}\left(\underbrace{\sin\frac{T}{4}}_{=1} - \sin 0\right) = 4\frac{1}{2\pi}\hat{x} = \frac{2\hat{x}}{\pi}.$$

gleichbedeutend wie:

$$|\bar{x}| = \frac{1}{2\pi} \int\limits_{0}^{2\pi} |x(t)|dt = 4\frac{1}{2\pi} \int\limits_{0}^{\frac{2\pi}{4}} |\hat{x}\cos(\omega t)dt| = 4\frac{1}{2\pi}\hat{x}\omega \left(\underbrace{\sin 2\pi \frac{2\pi}{4} \cdot \frac{1}{2\pi}}_{=1} - \sin 0 \right) = \frac{2\hat{x}}{\pi}.$$

Der „Effektivwert" von zeitlich periodischen Signalen wird dadurch charakterisiert, dass man behauptet, dass sie in einem Widerstand durchschnittlich die gleiche Wärmeleistung liefert wie ein Gleichstrom. Dadurch kann der Effektivwert eines zeitlich periodischen Signals gleich dem Wert des Gleichstromes gesetzt werden.

Fließt ein zeitlich periodischer Strom i durch einen Widerstand R, so wird eine Wärmeleistung als Augenblickswert generiert. Die physikalische Beziehung dieser Momentanleistung wird definiert durch

$$p(t) = i^2(t) \cdot R.$$

Den zeitlichen Verlauf zeigt Abb. 4.8.

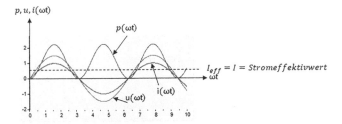

Abb. 4.8 Leistungsverlauf

Zwischen der erzeugten Wärmeenergie und dem Augenblickswert der Wärmeleistung gilt:

$$W = \int p(t)dt = \int \left(i^2(t) \cdot R \right)dt.$$

Die mittlere generierte Wärmeleistung ist definiert durch den Zusammenhang

$$P = \frac{W}{T} = \frac{1}{T} \int \left(i^2(t) \cdot R \right)dt$$

und stellt den zeitlichen Mittelwert der Momentanleistung p dar. Der Gleichstrom erzeugt im gleichen Widerstand R die Wärmeleistung

$$P = I^2 \cdot R.$$

Durch Gleichsetzen erhalten wir

$$\frac{1}{T} \int \left(i^2(t) \cdot R \right)dt = I^2 \cdot R.$$

Damit ergibt sich der Effektivwert des zeitlich periodischen Stromes zu

$$I = \sqrt{\frac{1}{T} \int i^2(t)dt}.$$

Diese Beziehung gilt allgemein für alle zeitlich periodischen Signale:

$$X = X_{\text{eff}} = \sqrt{\frac{1}{T} \int_0^T (x(t))^2 dt}.$$

Der Effektivwert ist als der zeitlich quadratische Mittelwert der Zeitfunktion zu definieren.

Bei Dreheisenmessinstrument als Zeigermessinstrument gilt die Regel, dass der Zeigerausschlagwinkel φ vom Quadrat des Stromes abhängig ist (Effektivwertmessung). Das Drehspulmessinstrument als Zeigermessinstrument zeigt den Gleichrichtwert des Wechselstromes an.

Übung
Es soll der Effektivwert der Funktion

$$i(t) = \hat{i} \cos(\omega t)$$

ermittelt werden.

Lösung

$$I = I_{\text{eff}} = \sqrt{\frac{1}{T} \int_0^T (i(t))^2 dt} = \sqrt{4 \frac{1}{T} \int_0^{\frac{2\pi}{4}} \left(\hat{i} \cdot \cos(\omega t)\right)^2 d\omega t} = \sqrt{4 \frac{1}{2\pi} \hat{i}^2 \int_0^{\frac{2\pi}{4}} \cos^2(\omega t) d\omega t}$$

$$= \sqrt{4 \frac{1}{2\pi} \hat{i}^2 \left[\frac{\omega t}{2} + \frac{\sin 2\omega t}{4}\right]_0^{\frac{2\pi}{4}}} = \sqrt{4 \frac{1}{2\pi} \hat{i}^2 \left[\frac{\frac{2\pi}{4}}{2} + \underbrace{\frac{\sin 2\frac{2\pi}{4}}{4}}_{=0}\right]} = \frac{\hat{i}}{\sqrt{2}}.$$

Formelsammlung:

$$\int \cos^2 x\, dx = \frac{1}{2}x + \frac{\sin 2x}{4}$$

oder

$$I = I_{\text{eff}} = \sqrt{\frac{1}{T}\int_0^T (i(t))^2 dt} = \sqrt{4\frac{1}{T}\int_0^{\frac{2\pi}{4}} \left(\hat{i} \cdot \cos(\omega t)\right)^2 dt} = \sqrt{4\frac{1}{2\pi}\hat{i}^2 \int_0^{\frac{2\pi}{4}} \cos^2(\omega t) dt}$$

$$= \sqrt{4\frac{1}{2\pi}\hat{i}^2 \left[\frac{t}{2} + \frac{\sin 2\omega t}{4\omega}\right]_0^{\frac{2\pi}{4}}} = \sqrt{4\frac{1}{2\pi}\hat{i}^2 \left[\frac{\frac{2\pi}{4}}{2} + \underbrace{\frac{\sin 2\omega \frac{2\pi}{4}}{4\omega}}_{=0}\right]} = \frac{\hat{i}}{\sqrt{2}}.$$

Formelsammlung (Abb. 4.9):

$$\int \cos^2 ax\, dx = \frac{1}{2}x + \frac{1}{4a}\sin 2ax$$

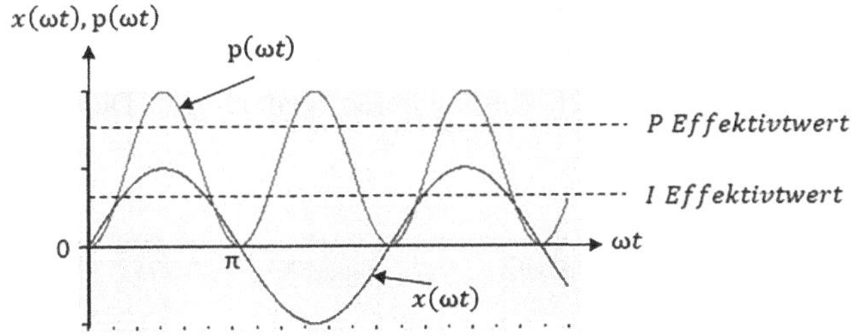

Abb. 4.9 Effektivwerte

Den Effektivwert eines sinus- oder cosinusförmigen zeitlich periodischen Wechsel-stromes erhält man also dadurch, dass man den Scheitelwert (Spitzenwert) des Signals durch den Faktor $\sqrt{2}$ teilt!

4.2 Halbleiterdiode

4.2.1 pn-Übergang und Sperrschichtzone (Raumladungszone)

Wie in den vorangegangenen Abschnitten angedeutet, hängt die elektrische Fähigkeit eines Werkstoffs von den existierenden freien Elektronen ab, die sich in den äußeren Schalen eines Atoms befinden und durch äußere Kraftwirkung von ihrem Kern gelöst werden können. Halbleiterwerkstoffe verfügen über mehrere freien Elektronen, die sie für den Stromfluss freigeben können. Im Gegensatz dazu verfügen Metalle über nur ein freies Elektron in der äußeren Schale, das sie freigeben. Bei den Isolatoren sind keine freien Elektronen vorhanden, da sie fest am Kern gebunden sind.

Zur Herstellung von Halbleiterdioden werden die bekanntesten Halbleiterwerkstoffe Silizium (Si) und Germanium (Ge) eingesetzt. Man unterscheidet n-Si-Halbleiterwerk-stoffe mit freien negativen Ladungsträgern und p-Si-Halbleiterwerkstoffe mit freien positiven Ladungsträgern. Durch Zusammenwirken mit p-leitenden und n-leitenden

Si-Halbleiterwerkstoffen wandern unter dem Einfluss der Wärmeschwingungen Elektronen von der n-Zone in die p-Zone, wodurch Diffusionseffekte der Ladungsträger entstehen, die zur Erzeugung von interner Diffusionsspannung herbeiführen (Abb. 4.10). Man nennt den Grenzbereich zwischen p-leitenden und n-leitenden Zonen als pn-Übergangszone. Die n-Zone verfügt über positiv geladene Ionen und die p-Zone über negativ geladene Ionen. An der Grenze beider Schichten wird eine Raumladungszone gebildet. In dieser Raumladungszone entsteht ein elektrisches Feld, das durch die negativen und positiven elektrischen Ladungen hervorgerufen ist. Die Ladungsträger diffundieren durch die äußere Wärmewirkung, solange bis die Kraftwirkung des elektrischen Feldes im Gleichgewicht ist. Ist die Ladungsträgerdiffusion beendet, d. h. der Gleichgewichtszustand erreicht, so bildet sich die Breite der Raumladungszone (Sperrschicht), die sich mit höheren externen Wärmewirkungen ihre Breite vergrößert. Damit entsteht eine Potenzialdifferenz zwischen den beiden Bereichen, die eine elektrische Spannung (Diffusionsspannung auch Durchlassspannung) hervorruft. Bei 20 °C Umgebungstemperatur beträgt die Diffusionsspannung bei Si 0,6...0,7 V und bei Ge 0,3...0,5 V.

Die Bildung der Raumladungszone und Verbreitung/Verengung der Sperrschicht aufgrund der Wärmewirkung und auch durch externe Spannung in Durchlass- und Sperrrichtung präsentiert Abb. 4.11.

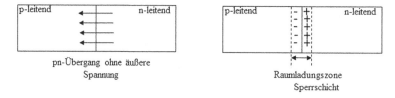

Abb. 4.10 Diffusionseffekte p- und n-leitenden Halbleiterwerkstoffe durch Wärmewirkung

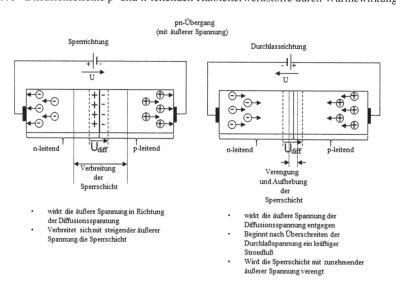

Abb. 4.11 Diffusionseffekte und Sperrschichtbreitenänderung durch externe Spannung

4.2.2 Diode und Diodenkennlinie

Die in Abb. 4.12 dargestellte Anordnung präsentiert den technologischen Aufbau einer Halbleiterdiode mit den Anschlüssen Anode (A) und Kathode (K).

Abb. 4.12 Symbolische Darstellung der Halbleiter-Diode

Halbleiterdioden lassen den Strom bevorzugt in eine Richtung fließen. Die Diode ist in Durchlassrichtung betrieben, wenn eine positive Spannung anliegt, also $U_{AK} = U_D > 0$ ist. Mit einer anliegenden negativen Spannung ist die Halbleiterdiode gesperrt, also lässt sie den Strom nicht durch. Die Halbleiterdioden werden hauptsächlich mit positiver Spannung in Durchlassrichtung angetrieben und werden als Schalter oder als eine Art Druckventil in den Netzwerken eingesetzt. Abb. 4.13 kennzeichnet die nichtlineare Diodenkennlinie als Funktion $I_{AK} = f(U_{AK})$ in Durchlass- und Sperrbereich mit den charakteristischen Kenndaten.

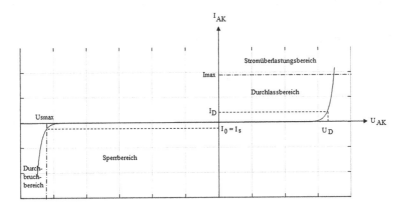

Abb. 4.13 Diodenkennlinie mit charakteristischen Kenndaten

Simulation mit Matlab-Simulink:

```
Ut=0.026;
U1=[0:0.01:0.9];
I0=0.1;
I1=I0*(exp(U1/Ut)-1);
U2=[-0.9:0.01:0];
I2=-0.1*(exp(-U2/Ut)-1);
plot(U1,I1,U2,I2);
```

Für den Kennlinienverlauf lässt sich in guter Näherung die folgende mathematische Beziehung anwenden:

$$I = I_0 \left[e^{\frac{U}{U_T}} - 1 \right]$$

Dabei sind:

$U_T = \frac{K \cdot T}{e}$: Temperaturspannung (bei Umgebungstemperatur 20 °C ist $U_T \approx 26\,\text{mV}$)

$K = 1{,}38 \cdot 10^{-23}\,\frac{\text{Ws}}{\text{K}}$: Boltzmann-Konstante

$e = 1{,}602 \cdot 10^{-19}\,\text{As}(= C)$: Elementarladung

$I_0 = I_s$: Sättigungsstrom = Sperrstrom im Wendepunkt der Diodenkennlinie im Sperrbereich

U_D: Durchlassspannung (Kniespannung) im Knickpunkt der Diodenkennlinie im Durchlassbereich

(In der Praxis wird $U_D = U_{\text{Diff}}$ gleichgesetzt)

I_D: Strom im Knickpunkt der Diodenkennlinie im Durchlassbereich

(In der Praxis wird $I_D \geq 0.1 \cdot I_{\max}$ eingesetzt)

$U_{s\max}$: Maximale Sperrspannung (Angabe in Datenblättern); kennzeichnet den Beginn des Durchbruchbereiches

Für die messtechnische Aufnahme der Diodenkennlinie wird die Messung mit dem Oszilloskop in xy-Betrieb vorgenommen. Um ein stehendes Bild am Bildschirm des Messgerätes zu erhalten, muss die x- und y-Ablenkung des Oszilloskops durch ein zeitlich periodisches Signal erfolgen, das durch den angeschlossenen Signalgenerator generiert wird. Abb. 4.14 zeigt die Messschaltung zur Aufnahme der Diodenkennlinie, in der man die Diode mit dem Widerstand R in Reihe schaltet. Der Spannungsabfall am Widerstand R wird als Maß für den Diodenstrom verwendet. Es handelt sich dabei um eine indirekte Messung des Stromes mit dem Oszilloskop, wenn der Wert des Widerstandes $R = 1\,\Omega$ bzw. 1 kΩ oder 1 MΩ beträgt. Dabei ist die „1" vor der Einheit der Widerstandsgröße zu berücksichtigen, da nach dem ohmschen Gesetz dann die Proportionalitätskonstante für $I \sim U$ der Widerstandswert „1" ist. Damit gilt: $I = \frac{U}{\text{„1"}} = U$.

Schaltet man den gemeinsamen Punkt von Widerstand R und Diode an Masseanschluss, dann wird bei der positiven Spannung an der Diode, die Spannung an dem Widerstand R negativ. Daher soll diese Spannung am Y-Eingang des Oszilloskops invertiert angeschlossen werden.

Abb. 4.14 Messaufbau zur
Aufnahme der Diodenkennlinie

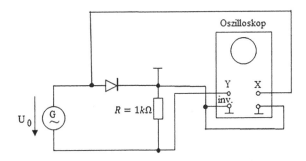

4.2.3 Arbeitsgerade (Widerstandsgerade) und Arbeitspunkt

Die Arbeitsgerade oder Widerstandsgerade in den Netzwerken mit ohmschen Widerständen wird dadurch charakterisiert, indem man den Belastungswiderstand in zwei extremen Zuständen betrachtet, d. h., wenn er unendlich groß oder unendlich klein gewählt wird. Damit ergeben sich zwei Messgrößen für $R_L = 0$ und $R_L = \infty$. Für $R_L = 0$ ist der Ausgang des Netzwerkes kurzgeschlossen und der Strom lässt sich durch die Beziehung $I = \frac{U_B}{R}$ berechnen. Für $R_L = \infty$ ist der Ausgang des Netzwerkes offen, d. h. unbelastet und damit der Ausgangswiderstand unendlich groß. Der Strom ist dann durch die Gleichung $I = \frac{U_B}{\infty} = 0$ zu ermitteln. Durch Verbinden dieser sich an den Koordinaten der Achsen ergebenden Messpunkte miteinander wird die Arbeitsgerade grafisch dargestellt (Abb. 4.15).

Für die Analyse von Netzwerken, die über Vorwiderstand und in Reihe geschalteter Halbleiterdiode verfügen, wird nur der Durchlassbereich der Diodenkennlinie in Betracht gezogen (Abb. 4.15).

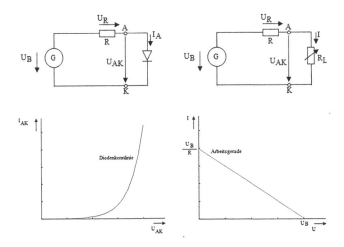

Abb. 4.15 Dioden- und Arbeitskennlinie

Simulation mit Matlab-Simulink:

```
Ut=0.026;
U=[0.7:0.01:0.9];
I0=0.1;
I=I0*(exp(U/Ut)-1);
plot(U,I);
```

Wird eine Diode mit einem Widerstand in Reihe geschaltet und an einer positiven Spannungsquelle angeschlossen, dann lässt sich der Arbeitspunkt des Netzwerkes durch den Schnittpunkt der beiden Kennlinien, Arbeitsgerade und Diodenkennlinie charakterisieren (Abb. 4.16). Der Arbeitspunkt liefert grafisch die Größen der Spannungsabfälle am Vorwiderstand $U_R = I_A \cdot R$ und am Lastwiderstand U_{AK}. Gleichzeitig gilt die Maschengleichung $U_R = U_B - U_{AK}$. Das ist gleichbedeutend mit der Beziehung $I_A \cdot R = U_B - U_{AK}$ und daraus folgt: $I = \frac{U_B}{R} - \frac{U_{AK}}{R}$. Die veränderlichen Größen (Variablen) dieser Beziehung sind I und I_{AK}. Die letzte mathematische Beziehung beschreibt eine Geradengleichung $y = mx + n$. Entsprechend gilt für diese Geradengleichung $I = -\frac{1}{R} \cdot U_{AK} + \frac{1}{R} \cdot U_B$. Das „−“ Zeichen kennzeichnet die Abfallcharakteristik der Geradengleichung. Somit beschreibt der Faktor $-\frac{1}{R}$ die negative Steigung und $\frac{1}{R} \cdot U_B$ den Schnittpunkt der Arbeitsgeraden mit der Ordinate des Koordinatensystems. Die Verschiebung des Arbeitspunktes lässt sich entweder durch Änderung des Vorwiderstandes R oder der Versorgungsspannung erfolgen. Abb. 4.16 stellt die Darstellung für die Änderung des Arbeitspunktes in Abhängigkeit des Vorwiderstandes dar. Die zugehörigen Ströme und Spannungen, I_A und U_A können an den Achsen des Koordinatensystems abgelesen werden.

Betrachtet man den Diodenkennlinienverlauf im Durchlassbereich, so erkennt man, dass der Durchlassstrom bei kleinen positiven Spannungen auf große Werte bis I_{max} steigt, der nicht überschritten werden darf. Zur Berechnung der Verlustleistung der Diode wird

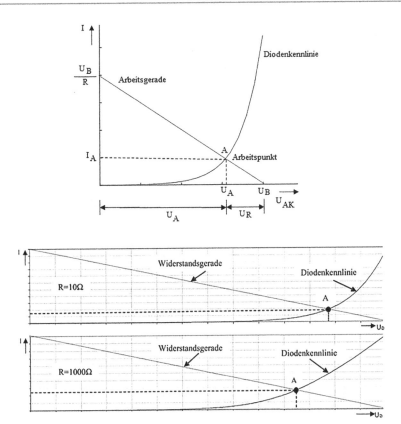

Abb. 4.16 Festlegung des Arbeitspunktes (A: Arbeitspunkt)

die Durchlasskennlinie durch eine Ersatzgerade angenähert (Abb. 4.17). Der differenzielle Widerstand (Neigung der Tangente) wird durch die Steigung der Ersatzgerade bestimmt:

$$r_D = \frac{\Delta u}{\Delta i}.$$

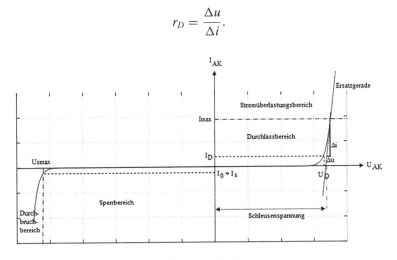

Abb. 4.17 Diodenkennlinie mit charakteristischen Größen

Der Sperrwiderstand wird durch die Beziehung $R_s = \frac{U_s}{I_s}$ ermittelt. Näherungsweise werden der differenzielle Widerstand r_D und der Sperrwiderstand R_s als konstante Werte behandelt. Damit wird das Ersatzschaltbild für die technisch reale Diode wie folgt angegeben (Abb. 4.18):

Abb. 4.18 Ersatzschaltbild einer Diode

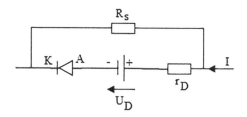

Der Schnittpunkt der Ersatzgeraden mit der Abszisse des Koordinatensystems wird als Schleusenspannung U_{D0} der Diode bezeichnet. Für die Berechnung der Verlustleistung der Diode wird die Geradegleichung der Ersatzgeraden herangezogen. Die Gleichung dieser Geraden lautet:

$$U_D = U_{D0} + r_D \cdot I_D$$

Der durch die Diode fließende Strom ändert sich zeitlich, sodass hierfür einzusetzen ist:

$$I_D = i_D(t).$$

Damit ist auch die Durchlassspannung eine Größe der Zeit:

$$u_D(t) = U_{D0} + r_D \cdot i_D(t).$$

Der zeitliche Verlauf der Verlustleistung ist als Produkt aus $u_D(t)$ und $i_D(t)$ definiert:

$$p_D(t) = u_D(t) \cdot i_D(t) = U_{D0} \cdot i_D(t) + r_D \cdot i_D^2(t).$$

Der Gleichrichtwert obiger Beziehung liefert dann die gesuchte Verlustleistung

$$P_D = \frac{1}{T} \int_0^T p_D(t)dt = U_{D0} \cdot \frac{1}{T} \int_0^T i_D(t)dt + r_D \cdot \frac{1}{T} \int_0^T i_D^2(t)dt.$$

Dabei ist der Term

$$|\bar{i}| = \frac{1}{T} \int_0^T i_D(t)dt$$

obiger Gleichung der Gleichrichtwert des Diodendurchlassstromes und die Beziehung

$$I^2 = I_{\text{eff}}^2 = \frac{1}{T} \int_0^T i_D^2(t)dt$$

das Quadrat des Effektivwertes des Durchlassstromes. Damit lautet die Beziehung für die Verlustleistung:

$$P_D = U_{D0} \cdot |\bar{i}| + r_D \cdot I_{\text{eff}}^2.$$

Abb. 4.19 verdeutlicht die theoretisch errechneten Größen der obigen Diodengleichungen in grafischen Darstellungen mit ihren charakteristischen Werten.

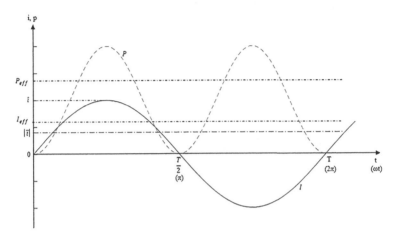

Abb. 4.19 Schematische Darstellung von Effektiv- und Gleichrichtwerten

Übung

Gegeben ist der zeitliche Verlauf des Durchlassstromes. Man bestimme die Verlustleistung und die zulässige Stromstärke I_{D0zul} (Abb. 4.20).

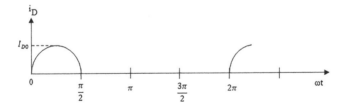

Abb. 4.20 Beispiel Stromverlauf

Lösung

Das gegebene zeitlich periodische Signal hat die Funktion:

$$i_D(\omega t) = I_{D0} \cdot \sin \omega t \text{ für } 0 \leq \omega t \leq \frac{\pi}{2} \text{ und}$$

$$i_D(\omega t) = 0 \text{ für } \frac{\pi}{2} \leq \omega t \leq 2\pi$$

Damit gilt für den Gleichrichtwert des gegebenen Signals:

$$\left|\overline{i}\right| = \frac{1}{T} \int\limits_{0}^{\frac{\pi}{2}} |i_D(\omega t)| d\omega t = \frac{1}{T} \int\limits_{0}^{\frac{\pi}{2}} |I_{D0} \cdot \sin \omega t| d\omega t$$

$$\left|\overline{i}\right| = \frac{I_{D0}}{T} \cdot \left(-\cos\frac{\pi}{2} + \cos 0\right) = \frac{I_{D0}}{T} \cdot (0 + 1) = \frac{I_{D0}}{2\pi}$$

Für den Effektivwert gilt:

$$I_{\text{eff}} = \sqrt{\frac{1}{T} \int\limits_{0}^{\frac{\pi}{2}} i_{D0}^2 \cdot \sin^2 \omega t d\omega t}$$

Nach den Additionstheoremen gilt die Beziehung:

$$\sin^2 \omega t = \frac{1}{2}(1 - \cos 2\omega t)$$

Damit lautet die Beziehung für den Effektivwert:

$$I_{\text{eff}} = \sqrt{\frac{1}{T} \int\limits_{0}^{\frac{\pi}{2}} I_{D0}^2 \cdot \frac{1}{2}(1 - \cos 2\omega t) d\omega t} = \sqrt{\frac{I_{D0}^2}{2T} \int\limits_{0}^{\frac{\pi}{2}} (1 - \cos 2\omega t) d\omega t}$$

$$= \sqrt{\frac{I_{D0}^2}{2T} \cdot \left(\frac{\pi}{2} - 0 - \frac{1}{2}\left(\sin 2\frac{\pi}{2} - \sin 0\right)\right)}$$

$$I_{\text{eff}} = \sqrt{\frac{I_{D0}^2}{4\pi} \cdot \frac{\pi}{2}} = \frac{I_{D0}}{2\sqrt{2}}$$

Daraus ermittelt man die Verlustleistung:

$$P_D = U_{D0} \cdot \frac{I_{D0}}{2\pi} + r_D \cdot \frac{i_{D0}^2}{8} = \frac{U_{D0}}{2\pi} \cdot I_{D0} + \frac{r_D}{8} \cdot I_{D0}^2$$

Bei der obigen Beziehung handelt es sich um eine Gleichung 2. Ordnung (quadratische Gleichung). Die zulässige Stromstärke lässt sich wie folgt ermitteln:

$$\frac{r_D}{8} \cdot I_{D0}^2 + \frac{U_{D0}}{2\pi} \cdot I_{D0} - P_D = 0$$

$$I_{D01,2} = \frac{-\frac{U_{D0}}{2\pi} \pm \sqrt{\left(\frac{U_{D0}}{2\pi}\right)^2 + 4\frac{r_D}{8}P_D}}{2\frac{r_D}{8}} = \frac{-\frac{U_{D0}}{2\pi} \pm \sqrt{\left(\frac{U_{D0}}{2\pi}\right)^2 + \frac{r_D}{2}P_D}}{\frac{r_D}{4}}$$

Übung

Gegeben ist der zeitliche Verlauf des Durchlassstromes einer Diode. Man bestimme den Gleichrichtwert und den Effektivwert des Stromes, sowie die Verlustleistung der Diode (Abb. 4.21).

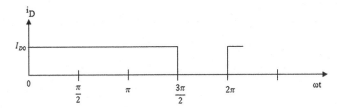

Abb. 4.21 Beispiel Stromverlauf

Lösung

$$|\bar{i}| = \frac{1}{T} \int_0^{\frac{3\pi}{2}} |i_D(\omega t)| d\omega t = \frac{1}{T} \int_0^{\frac{3\pi}{2}} I_{D0} d\omega t = \frac{1}{T} I_{D0}\omega t = \frac{1}{T} I_{D0}\left(\frac{3\pi}{2} - 0\right) = \frac{1}{2\pi} I_{D0}\frac{3\pi}{2} = \frac{3}{4} I_{D0}$$

$$I_{\text{eff}} = \sqrt{\frac{1}{T} \int_0^{\frac{3\pi}{2}} I_{D0}^2 d\omega t} = \sqrt{\frac{1}{2\pi} I_{D0}^2\left(\frac{3\pi}{2} - 0\right)} = \frac{I_{D0}}{2}\sqrt{3}$$

$$P_D = U_{D0} \cdot \frac{3 \cdot I_{D0}}{4} + r_D \cdot \left(\frac{I_{D0}}{2}\sqrt{3}\right)^2$$

4.2.4 Gleichrichterschaltungen

4.2.4.1 Allgemeines

Die Aufgabe von Gleichrichterschaltungen besteht darin, aus gegebenen Wechselgrößen, Gleichgrößen wie Gleichspannungen und Gleichströme gewünschter Größen zu liefern. Diese entstehende Gleichgrößen verfügen über unerwünschte, überlagerte Wechselspannungsanteile verschiedener Frequenzen, die durch nachgeschaltete Siebschaltungen als Filter größtenteils eliminiert werden können.

Im Folgenden werden die Einweg-Gleichrichterschaltungen und die Brücken-Gleichrichterschaltungen theoretisch behandelt.

Die Diode der Einweg-Gleichrichterschaltung ist in Durchlassbereich geschaltet und lässt nur während der positiven Halbwelle des Eingangssignals den Strom durch, sodass am Ausgang nur Halbwellengrößen der Versorgungsspannung zu messen sind. Während der negativen Halbwelle der Versorgungsgröße ist die Diode gesperrt.

Die Brücken-Gleichrichterschaltung verfügt über vier Halbleiterdioden, die so gepolt sind, dass sowohl während der positiven als auch der negativen Halbwelle der Versorgungsspannung ein Strom in gleicher Richtung durch die Last fließt.

4.2.4.2 Einweg-Gleichrichterschaltung

Ist der Gleichrichter mit einem Widerstand belastet, so lässt sich die Spannung am Widerstand nach der ohmschen Beziehung $U_{R1} = I_D \cdot R_1$ berechnen (Abb. 4.22).

Abb. 4.22 Einweg-Gleichrichter

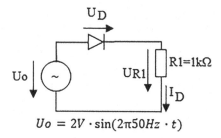

$$U_o = 2V \cdot \sin(2\pi 50Hz \cdot t)$$

Abb. 4.23 stellt die Signalverläufe von Strom und Spannungen des obigen Netzwerkes mit dem als Beispiel errechneten Gleichrichtwert sowie Effektivwert dar.

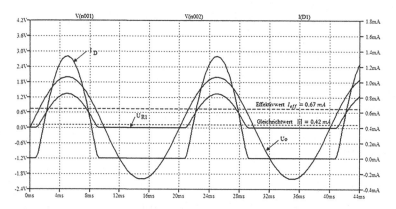

Abb. 4.23 Effektiv- und Gleichrichtwerte von Einweg-Gleichrichterschaltung

Der Gleichrichtwert des Diodenstromes bestimmen wir nach der Beziehung:

$$|\bar{i}| = \frac{1}{T} \int_0^T |i(t)| dt = \frac{1}{2\pi} \int_0^\pi |\hat{i} \sin (\omega t)| d\omega t = \frac{1}{2\pi} \cdot \hat{i}(-\cos \pi + \cos 0) = \frac{\hat{i}}{\pi} = \frac{1{,}34\,\mathrm{mA}}{\pi} = 0{,}42\,\mathrm{mA}$$

Den Effektivwert ermitteln wir durch die Formel:

$$I = I_{\text{eff}} = \sqrt{\frac{1}{T} \int\limits_0^T i(t)^2 dt} = \sqrt{\frac{1}{2\pi} \int\limits_0^\pi \hat{i}^2 \sin^2(\omega t) d\omega t} \;\;= \sqrt{\frac{\hat{i}^2}{2\pi} \cdot \int\limits_0^\pi \frac{1}{2}(1 - \cos 2\omega t) d\omega t}$$

$$= \sqrt{\frac{\hat{i}^2}{4\pi} \left(\int\limits_0^\pi d\omega t - \int\limits_0^\pi \cos 2\omega t d\omega t \right)} = \sqrt{\frac{\hat{i}^2}{4\pi} \left(\pi - 0 - \frac{1}{2}(\sin 2\pi - \sin 0) \right)} = \sqrt{\frac{\hat{i}^2}{4\pi} \pi} = \frac{\hat{i}}{2} = \frac{1,34\,\text{mA}}{2}$$

$$= 0,67\,\text{mA}$$

Damit lässt sich die Verlustleistung der Diode wie folgt bestimmen:

$$P_D = U_{D0} \cdot \left| \hat{i} \right| + r_D \cdot (I_{\text{eff}})^2 = U_{D0} \cdot 0,85\,\text{mA} + r_D \cdot (0,94\,\text{mA})^2,$$

mit U_{D0}: Schleusenspannung der Diode und r_D: der differenzielle Widerstand der Diode im Durchlassbereich.

Der Spannungsabfall an der Diode kann vernachlässigt werden, s dass hierfür gilt:

$$U_0 = U_{R1}.$$

Der Gleichrichtwert der Spannung ist dann

$$\left| \overline{U_0} \right| = \frac{\widehat{U_0}}{\pi} = \frac{\sqrt{2} \cdot U_{0\text{eff}}}{\pi}$$

und der Effektivwert errechnet sich wie oben nach der Beziehung:

$$U_{0\text{eff}} = \frac{\left| \overline{U_0} \right| \cdot \pi}{\sqrt{2}} = 2,22 \cdot \left| \overline{U_0} \right|$$

Der Effektivwert des Stromes am Lastwiderstand lässt sich bestimmen durch die Beziehung:

$I_{\text{eff}} = \frac{\hat{i}}{2}$ (nur pos. Halbwelle)

Daraus folgt für den Gleichrichtwert des Stromes am Lastwiderstand:

$$\left| \bar{i} \right| = \frac{\hat{i}}{\pi} = \frac{2 \cdot I_{\text{eff}}}{\pi} = 0,64 \cdot I_{\text{eff}}$$

4.2.4.3 Einweg-Gleichrichterschaltung mit kapazitiver Belastung

Gleichrichterschaltung rein kapazitiver Belastung mit nur einem Kondensator als Last ist kein in der Praxis verwendbarer Schaltungsaufbau. Der Kondensator lädt sich dann auf den Spitzenwert der Generatorspannung auf und behält so dann seinen stationären Zustand. Die Schaltung liefert keinen Laststrom mehr. Damit ein Laststrom fließen kann, schaltet man einen ohmschen Widerstand $R1$ dem Kondensator $C1$ parallel. Während des Ladevorganges des Kondensators $C1$ ist dem Momentanwert des Diodenstromes:

$$I_D = I_{C1} + I_{R1}.$$

Während der Entladephase gilt:

$$I_{C1} = I_{R1}.$$

Der Schaltungsaufbau und die zeitlichen Kennlinien der Kondensatorspannung sowie Eingangsspannung zeigen Abb. 4.24 und 4.25.

Abb. 4.24 Einweg-Gleichrichterschaltung mit kapazitiver Belastung

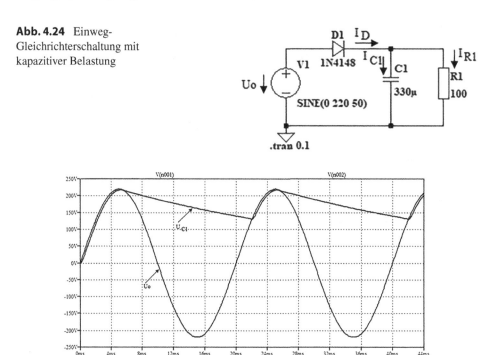

Abb. 4.25 Glättungseigenschaft kapazitiver Belastung von Einweg-Gleichrichterschaltung

Aus der Kennlinie in Abb. 4.25 erkennt man, dass der Kondensator $C1$ immer dann geladen wird, wenn der Momentanwert des Eingangssignals höher ist als der Wert der Kondensatorspannung. Darüber hinaus ist aus dem Verlauf der Ausgangsspannung zu erkennen, dass u_{C1} eine gewisse Welligkeit aufweist.

Diese wellige Spannung entsteht nach der Glättung des Signals z. B. durch einen Kondensator. Man definiert die Welligkeit dadurch, dass man sagt, sie ist eine Größe, die angibt, wie stark ein Wechselstrom zeitlich gesehen von einem Gleichstrom abweicht (Abb. 4.26).

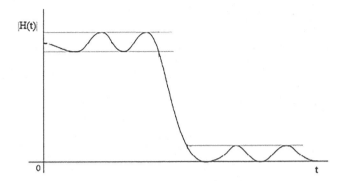

Abb. 4.26 Beispielverlauf zur Klärung der Welligkeit einer Größe

Abb. 4.26 zeigt als Beispiel für die Darstellung den Amplitudengang eines Filters mit der Darstellung seiner Welligkeit als die Abweichung vom gewünschten Wert.

4.2.4.4 Brücken-Gleichrichterschaltung
Bedingt durch die Ausnutzung der negativen Halbwelle des Generatorsignals, um eine Erhöhung des Gleichrichtwertes und des Effektivwertes an der Last zu erzielen, werden die vier Dioden der Brücken-Gleichrichterschaltung in so eine Form gebracht, dass die Flussrichtung des Stromes an der Last, bei beiden Halbwellen der Generatorspannung identisch wird. Der Gleichrichtwertanteil der Ausgangsspannung müsste doppelt so groß sein als die der Einweg-Gleichrichterschaltung, da zwischen den positiven und negativen Halbwellen der Ausgangsspannung keine Signalpausen vorhanden sind.

$$\left|\overline{U}_{R1}\right| = 2 \cdot \frac{U_{R1\text{eff}}}{\pi}$$

Auch hier werden die Spannungsabfälle an den Dioden vernachlässigt werden, sodass gilt:

$$\hat{U}_1 = \hat{U}_{R1}$$

Also gilt dann für den Gleichrichtwert und den Effektivwert der Ausgangsspannung:

$$\left|\overline{U}_{R1}\right| = 2 \cdot \frac{\hat{U}_1}{\pi} = 2 \cdot \frac{\sqrt{2} \cdot U_{1\text{eff}}}{\pi} = 0,9 \cdot U_{1\text{eff}}$$

$$U_{R1\text{eff}} = 1,11 \cdot \left|\overline{U}_{R1}\right|$$

Die Gleichung verdeutlicht den Sachverhalt, dass der durch den Lastwiderstand fließende Strom den gleichen Effektivwert hat, wie ein sinusförmiger Wechselstrom.

Abb. 4.27 verdeutlich diesen Zusammenhang der eingesetzten Dioden für die Führung des Stromes innerhalb einer Periodendauer der Generatorspannung.

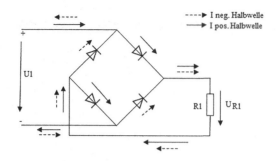

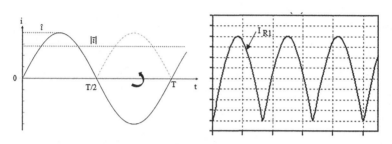

Abb. 4.27 Brücken-Gleichrichterschaltung mit der Darstellung der Ausnutzung der beiden Halbwellen

Die erhöhten Gleichrichtwert und Effektivwert erhalten wir dann:

$$|\bar{i}| = \frac{1}{T} \int_{0}^{T} |i(t)| dt = \frac{1}{2\pi} 2 \int_{0}^{\pi} \left|\hat{i} \sin(\omega t)\right| d\omega t = \frac{1}{\pi} \cdot \hat{i}(-\cos\pi + \cos 0) = \frac{2\hat{i}}{\pi} = \frac{2 \cdot 1{,}34\,\mathrm{mA}}{\pi} = 0{,}85\,\mathrm{mA}$$

$$I = I_{\mathrm{eff}} = \sqrt{\frac{1}{T} \int_{0}^{T} i(t)^2 dt} = \sqrt{\frac{1}{2\pi} 2 \int_{0}^{\pi} \hat{i}^2 \sin^2(\omega t) d\omega t} = \sqrt{\frac{\hat{i}^2}{\pi} \cdot \int_{0}^{\pi} \frac{1}{2}(1 - \cos 2\omega t) d\omega t}$$

$$= \sqrt{\frac{\hat{i}^2}{2\pi} \left(\int_{0}^{\pi} d\omega t - \int_{0}^{\pi} \cos 2\omega t\, d\omega t \right)} = \sqrt{\frac{\hat{i}^2}{2\pi} \left(\pi - 0 - \frac{1}{2}(\sin 2\pi - \sin 0) \right)}$$

$$= \sqrt{\frac{\hat{i}^2}{2\pi} \pi} = \frac{\hat{i}}{\sqrt{2}} = \frac{1{,}34\,\mathrm{mA}}{\sqrt{2}} = 0{,}94\,\mathrm{mA}$$

$$\frac{I_{\mathrm{eff}}}{|\bar{i}|} \approx 1{,}1$$

Die komplette Brücken-Gleichrichterschaltung verfügt über einen Kondensator $C1$ zur Signalglättung, eine LR-Siebschaltung als Tiefpassfilter und einen Abschlusskondensator $C2$. Der Vergleich der Ausgangssignalverläufe der Einweg-Gleichrichterschaltung und der Brücken-Gleichrichterschaltung zeigt, dass beim Letzteren die Signalpausen nicht mehr vorhanden sind und damit der errechnete Gleichrichtwert doppelt so groß ist. Darüber hinaus ist aus den beiden Verläufen zu erkennen, dass der Strom den gleichen Effektivwert wie ein sinusförmiger Wechselstrom hat (Abb. 4.28).

Die Spannungsabfälle an den Gleichrichterdioden können praktisch vernachlässigt werden.

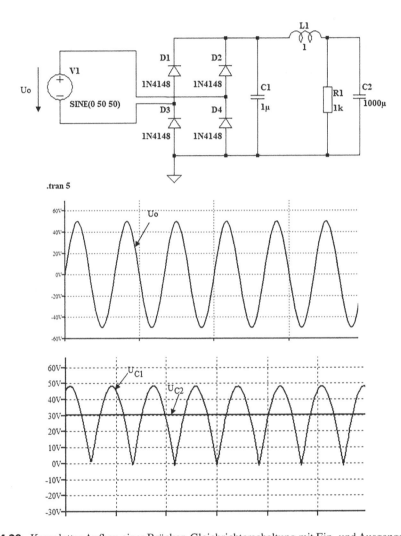

Abb. 4.28 Kompletter Aufbau einer Brücken-Gleichrichterschaltung mit Ein- und Ausgangsgrößen

Die Kondensatorspannung U_{C1} hat die gleiche Form wie die des Einweg-Gleichrichters. Durch das nachgeschaltete LR-Siebglied – es handelt sich um einen frequenzabhängigen Spannungsteiler und wirkt als Tiefpass – mit dem nachfolgenden

Kondensator wird die Welligkeit erheblich vermindert und damit wird auf eine reine Gleichspannung U_{C2} abgeglichen. Den Wert dieser Gleichspannung ermitteln wir theoretisch durch die Bildung des Gleichrichtwertes für $\hat{U}_{C1} \approx 48\,\text{V}$ wie folgt:

$$\left|\overline{U_{C2}}\right| = \frac{1}{2\pi}2\int\limits_{0}^{\pi}\left|\hat{U}\sin(\omega t)\right|d\omega t = \frac{1}{\pi}\cdot\hat{U}(-\cos\pi + \cos 0) = \frac{2\hat{U}}{\pi} = \frac{2\cdot 48\,\text{V}}{\pi} = 30,55\,\text{V}$$

4.2.4.5 Die Zener-Diode

Zener-Dioden werden im Sperrbereich betrieben. Maßgebende Größen der Zener-Dioden werden im Durchbruchbereich ermittelt. Nach dem Herstellungsverfahren werden die Zener-Dioden mit der besonderen Eigenschaft charakterisiert, dass deren Durchbruchstrom über den Halbleiter gleichmäßig verteilt ist und wodurch sie über keine örtlich überhöhten Stromdichten aufweisen. Der Grund dieses Verfahrens liegt darin, die Zener-Dioden bis zur Grenze der maximalen Verlustleistung im Durchbruchgebiet (im Sperrbereich) betreiben zu können (Abb. 4.29).

Schaltsymbol

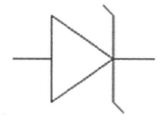

Kennlinie der Zener-Diode:

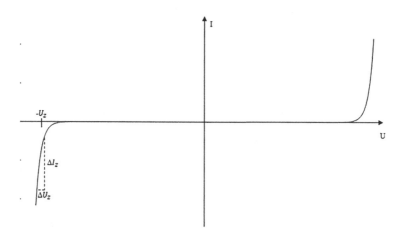

Abb. 4.29 Kennlinie der Zenerdiode mit U_Z: Zenerspannung

Die maximale Sperrspannung im Sperrbereich der Zener-Diode wird als die Spannung $-U_Z$ bezeichnet. Solche Dioden werden hauptsächlich zur Stabilisierung von Gleichspannungen eingesetzt. Die stabilisierende Wirkung dieser Dioden charakterisiert sich dadurch, dass eine große Stromschwankung ΔI nur eine kleine Spannungsänderung ΔU hervorruft.

4.2.4.6 Spannungsstabilisierung mit Zener-Dioden

Aus der obigen Kennlinie der Zener-Diode ist zu erkennen, dass bei der Zener-Spannung $-U_Z$ eine große Stromänderung ΔI_Z eine geringe Spannungsänderung ΔU_Z hervorruft. Daher ist der differenzielle Innenwiderstand

$$r_Z = \frac{\Delta U_Z}{\Delta I_Z}$$

sehr klein. Diese Eigenschaft ist mit einer Spannungsquelle niedrigem Innenwiderstand vergleichbar, die man durch folgende Schaltung darstellen kann (Abb. 4.30):

Abb. 4.30 Schaltungsaufbau zur Stabilisierung von Spannungen mit Zener-Diode

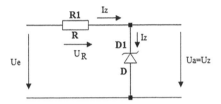

Die Schaltung dient zur Stabilisierung der Ausgangsspannung Ua gegenüber Schwankungen ΔU_e der Eingangsspannung und gegen Lastschwankungen.

4.2.4.7 Stabilisierung gegenüber Schwankungen ΔU_e der Eingangsspannung

Die Maschengleichung des obigen Netzwerkes lautet:

$$U_e - I_Z \cdot R - U_a = 0$$

Eine Änderung der Eingangsspannung führt zu den Änderungen folgender Größen der Maschengleichung:

$$\Delta U_e - \Delta I_Z \cdot R - \Delta U_a = 0$$

Die Änderung der Ausgangsspannung $U_a = I_Z \cdot r_Z$ bei konstantem r_Z ergibt $\Delta U_a = \Delta I_Z \cdot r_Z$. Für das Verhältnis der Spannungsschwankungen an Eingang und Ausgang erhalten wir dann die Beziehung:

$$\frac{\Delta U_e}{\Delta U_a} = \frac{\Delta I_Z \cdot R}{\Delta I_Z \cdot r_Z} + 1 = \frac{R}{r_Z} + 1 \approx \frac{R}{r_Z}$$

mit $R \gg r_Z$.

Damit ergibt sich die relative Änderung der Ausgangsspannung zu

$$\frac{\Delta U_a}{\Delta U_e} \approx \frac{r_Z}{R}$$

In praktischen Fällen liegt der relative Fehler, je nach Aufbau und Anwendung eines Netzwerkes bei etwa

$$\frac{\Delta U_a}{\Delta U_e} \approx \frac{1}{1000} = 1 \cdot 10^{-3}$$

4.2.4.8 Stabilisierung gegen Lastschwankungen ΔI_{R2}

Abb. 4.31 Schaltungsaufbau zur Stabilisierung von Spannungen gegen Lastschwankungen

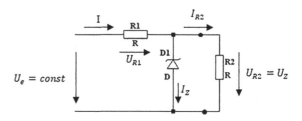

Hierbei (Abb. 4.31) wird die Eingangsspannung $U_e = $ const als const angenommen. $R2$ ist der Lastwiderstand. Gemäß der Parallelschaltung des Lastwiderstandes mit der Zener-Diode gilt: $U_{R2} = U_Z$. Nach der Knotengleichung gilt für die Teilströme:

$$I = I_Z + I_{R2}.$$

Berücksichtigt man eine Lastschwankung des Netzwerkes, so lässt sich die obige Beziehung wie folgt schreiben:

$$\Delta I = \Delta I_Z + \Delta I_{R2}.$$

Die Maschengleichung liefert für $U_e = $ const die Beziehung:

$$\Delta U_{R1} = -\Delta U_Z.$$

Damit gilt für die Änderung des Ausgangsstromes:

$$\Delta I_{R2} = \frac{\Delta U_{R1}}{R} - \frac{\Delta U_Z}{r_Z}$$

$$\Delta I_{R2} = -\frac{\Delta U_Z}{R} - \frac{\Delta U_Z}{r_Z} = -\Delta U_Z \left(\frac{1}{R} + \frac{1}{r_Z} \right) = -\Delta U_Z \left(\frac{r_Z + R}{r_Z \cdot R} \right)$$

Damit ergib sich die relative Änderung der Ausgangsspannung, bezogen auf die Strom-änderung und für.

$$r_Z \ll R_1 :$$

$$\frac{\Delta U_Z}{\Delta I_{R2}} = -\frac{r_Z \cdot R}{r_Z + R} = -\left(\frac{r_Z}{\frac{r_Z}{R} + 1} \right) \approx -r_Z = \frac{\Delta U_Z}{\Delta I_Z}$$

Damit wird:

$$\Delta I_Z = -\Delta I_{R2}$$

Das negative Vorzeichen verdeutlicht, dass bei Erhöhung des Ausgangsstromes die Ausgangsspannung sinkt. Die obige Betrachtung verdeutlicht den Sachverhalt, dass unter Berücksichtigung eines sehr kleinen Zener-Widerstandes r_Z sich der Zenerstrom gerade um jeweils so viel verringert, wie sich der Laststrom erhöht- und umgekehrt, wie die Abb. 4.32 messtechnisch verdeutlicht.

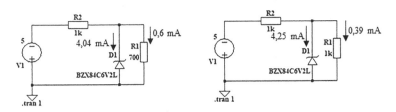

Abb. 4.32 Beispielschaltungen mit Zener-Dioden

$$4{,}25\,\mathrm{mA} - 4{,}04\,\mathrm{mA} = 0{,}21\,\mathrm{mA} \text{ und}$$

$$0{,}6\,\mathrm{mA} - 0{,}39\,\mathrm{Ma} = 0{,}21\ \mathrm{mA}.$$

Da der Zener-Widerstand r_Z als sehr klein angenommen wurde, folgt aus den oberen theoretischen und messtechnischen Ergebnissen heraus, dass die Ausgangsspannung bei Lastschwankungen ΔI_{R2} konstant bleibt.

Übung
Die Verlustleistung einer Halbleiterdiode wurde in dem vorherigen Kapitel durch die Beziehung

$$P_D = U_{D0}\frac{1}{T}\int\limits_0^T |i_D(t)|\,dt + r_D\frac{1}{T}\int\limits_0^T i_D^2(t)\,dt$$

mit

r_D: differenzieller Widerstand im Durchlassbereich (Beispiel: $r_D = 0{,}7\,\Omega$)
$U_{D0} = 0{,}7\,\mathrm{V}$: Schleusenspannung
$|\bar{i}| = \frac{1}{T}\int_0^T |i_D(t)|\,dt$: Gleichrichtwert

$I_{\mathrm{eff}}^2 = \frac{1}{T}\int_0^T i_D^2(t)\,dt$: Quadrat des Effektivwertes des Durchlassstromes

charakterisiert.

Welche Verlustleistung der Halbleiterdiode ergibt sich bei den folgenden Signalstromverläufen durch die Diode, wenn $\hat{i} = 10\,\text{A}$ beträgt?

a) Siehe Abb. 4.33
b) Siehe Abb. 4.34

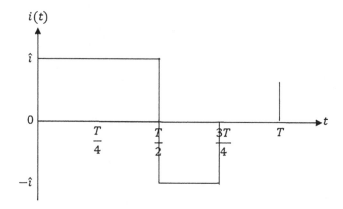

Abb. 4.33 Beispiel Stromverlauf

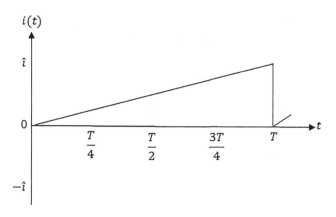

Abb. 4.34 Beispiel Stromverlauf

Lösung

a)

$$|\bar{i}| = \frac{1}{T}\left[\int_{0}^{\frac{T}{2}} \hat{i}\, dt + \int_{\frac{T}{2}}^{\frac{3T}{4}} \left|-\hat{i}\right| dt\right] = \frac{1}{T}\cdot\hat{i}\left(\frac{T}{2} + \frac{3T}{4} - \frac{T}{2}\right) = \hat{i}\cdot\frac{3}{4}$$

$$I_{\text{eff}}^2 = \frac{1}{T} \int\limits_0^T i_D^2(t)dt = \frac{1}{T} \cdot \hat{i}^2 \left(\frac{T}{2} - \frac{3T}{4} - \frac{T}{2} \right) = \hat{i}^2 \cdot \frac{3}{4}$$

$$P_D = U_{D0} \cdot \hat{i} \cdot \frac{3}{4} + r_D \cdot \hat{i}^2 \cdot \frac{3}{4} = 0{,}7\,\text{V} \cdot 10\,\text{A} \cdot \frac{3}{4} + 0{,}7\,\Omega \cdot 100\,\text{A}^2 \cdot \frac{3}{4} = 57{,}75\,\text{W}.$$

b)

Die Geradengleichung der gegebenen Funktion lautet:

$$f(t) = \frac{\hat{i}}{T}t$$

$$|\bar{i}| = \frac{1}{T} \int\limits_0^T \frac{\hat{i}}{T} \cdot t \cdot dt = \frac{1}{T} \frac{\hat{i}}{T} \cdot \left[\frac{t^2}{2} \right]_0^T = \frac{\hat{i}}{2} = 5\,\text{A}$$

$$I_{\text{eff}}^2 = \frac{1}{T} \int\limits_0^T \left(\frac{\hat{i}}{T} \cdot t \right)^2 dt = \frac{1}{T} \cdot \frac{\hat{i}^2}{T^2} \cdot \left[\frac{t^3}{3} \right]_0^T = \frac{\hat{i}^2}{3} = 33{,}33\,\text{A}$$

$$P_D = U_{D0} \cdot \frac{\hat{i}}{2} + r_D \cdot \frac{\hat{i}^2}{3} = 0{,}7\,\text{V} \cdot 5\,\text{A} + 0{,}7\,\Omega \cdot 33{,}33\,\text{A} = 26{,}83\,\text{W}.$$

Übung

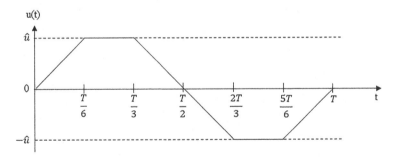

Abb. 4.35 Beispiel Spannungsverlauf

Eine trapezförmige Wechselspannung mit der Abb. 4.35 dargestellten Kurvenform hat einen Scheitelwert von $\hat{u} = 120\,\text{V}$.

a) Wie groß ist der Gleichrichtwert $|\bar{u}|$ der Spannung?

b) Welchen Effektivwert U hat die Spannung?

Lösung

a) Aufgrund des symmetrischen Verlaufes des Spannungsliniendiagramms wird der Bereich zwischen der Zeitspanne

$$0 \text{ bis } \frac{T}{6}$$

als Geradengleichung und zwischen

$$\frac{T}{6} \text{ bis } \frac{T}{4}$$

als konstante Amplitude $\hat{u}$ berücksichtigt und mit 4 multipliziert.

$$|\overline{u}| = 4 \cdot \frac{1}{T} \left[\int_{0}^{\frac{T}{6}} \frac{\hat{u}}{\frac{T}{6}} t\, dt + \int_{\frac{T}{6}}^{\frac{T}{4}} \hat{u}\, dt \right]$$

mit

$$f(t) = \frac{\hat{u}}{\frac{T}{6}} t : \text{ Geradengleichung}$$

$$T : \text{ Periodendauer}$$

$$|\overline{u}| = 4 \cdot \frac{1}{T} \left[\int_{0}^{\frac{T}{6}} \frac{\hat{u}}{\frac{T}{6}} t\, dt + \int_{\frac{T}{6}}^{\frac{T}{4}} \hat{u}\, dt \right] = \frac{4}{T} \left[\left[\frac{6\hat{u}}{T} \cdot \frac{t^2}{2} \right]_{0}^{\frac{T}{6}} + \left[\hat{u} \cdot t \right]_{\frac{T}{6}}^{\frac{T}{4}} \right]$$

$$= \frac{4}{T} \left[\frac{6\hat{u}}{T} \cdot \frac{1}{2} \cdot \frac{T^2}{36} + \hat{u} \left(\frac{T}{4} - \frac{T}{6} \right) \right] = 80\,\text{V}$$

Alternative Lösung:

$$|\overline{u}| = 2 \cdot \frac{1}{T} \left[2 \int_{0}^{\frac{T}{6}} \frac{6\hat{u}}{T} t\, dt + \int_{\frac{T}{6}}^{\frac{T}{3}} \hat{u}\, dt \right] = 80\,\text{V}$$

b)

$$U_{\text{eff}} = \sqrt{4 \cdot \frac{1}{T} \left[\int_0^{\frac{T}{6}} \frac{\hat{u}^2}{\left(\frac{T}{6}\right)^2} t^2 dt + \int_{\frac{T}{6}}^{\frac{T}{4}} (\hat{u})^2 dt \right]}$$

$$U_{\text{eff}} = \sqrt{4 \cdot \frac{1}{T} \left[\left[\frac{\hat{u}^2 \cdot 36}{T^2} \cdot \frac{t^3}{3} \right]_0^{\frac{T}{6}} + \hat{u}^2 \left(\frac{T}{4} - \frac{T}{6} \right) \right]}$$

$$U_{\text{eff}} = \sqrt{4 \cdot \frac{1}{T} \left[\frac{\hat{u}^2 \cdot 36}{T^2} \cdot \frac{1}{3} \cdot \frac{T^3}{216} + \hat{u}^2 \left(\frac{T}{12} \right) \right]} = 89{,}44 \text{ V}$$

Als alternative Lösung besteht die Möglichkeit, auch die halbe Periodendauer zu berücksichtigen und das Ganze mit 2 zu multiplizieren:

$$U_{\text{eff}} = \sqrt{2 \cdot \frac{1}{T} \left[\int_0^{\frac{T}{6}} \left(\frac{6 \cdot \hat{u}}{T} \cdot t \right)^2 dt + \int_{\frac{T}{6}}^{\frac{T}{3}} \hat{u}^2 dt + \int_{\frac{T}{3}}^{\frac{T}{2}} \left(-\frac{6 \cdot \hat{u}}{T} \cdot t + 3 \cdot \hat{u} \right)^2 dt \right]} = 89{,}44 \text{ V}$$

Übung

Abb. 4.36 Symbolische
Darstellung des Thyristors

In Abb. 4.36 ist die symbolische Darstellung eines Thyristors abgebildet. Funktional spricht man hierbei von einer steuerbaren Diode. Der Thyristor verfügt über drei Anschlüsse, Anode (A), Kathode (K) und Gate (G). Die ersten beiden Anschlüsse A und K stimmen mit den Anschlüssen einer gewöhnlichen Diode überein, der Gate-Anschluss dient zum Ansteuern des Thyristors. Im Grundzustand sperrt der Thyristor in beiden Richtungen. In den leitenden Zustand, und zwar in Vorwärtsrichtung kann er sich allerdings nur dann versetzen, wenn sein Gate-Eingang (G) mit einem Stromimpuls aktiviert wird („Zünden"). In Sperrrichtung verhält der Thyristor sich wie eine gewöhnliche Diode.

Netzgeführte Stromrichter verfügen über Netzspannung als Eingangsgröße. Bei diesen Umrichtern, die allgemein als Gleichrichter bezeichnet werden, wird die Wechselspannung in eine Gleichspannung umgewandelt. Handelt es sich um eine „Einpulsige" Mittelpunktschaltung, wie in Abb. 4.37 abgebildet, mit ohmscher Last in Reihe geschaltet mit einem Thyristor, so kann zur Variation der Ausgangsspannung der Thyristor zu einem beliebigen Zeitpunkt und genauer zu einem beliebigen Steuerwinkel α angezündet werden.

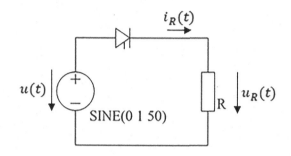

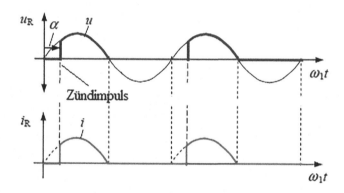

Abb. 4.37 Beispiel Thyristorschaltung

Damit kann der Gleichrichtwert sowie der Effektivwert als Funktion des Steuerwinkels α variiert werden.

Gleichrichtwert:

$$|\bar{i}| = \frac{1}{2\pi} \int\limits_{\alpha}^{\pi} \hat{i} \cdot \sin \omega t d\omega t = \frac{\hat{i}}{2\pi} [-\cos \omega t]_{\alpha}^{\pi} = \frac{\hat{i}}{2\pi} [-\cos \pi + \cos \alpha] = \frac{\hat{i}}{2\pi} [1 + \cos \alpha]$$

Der Gleichrichtwert lässt sich grafisch als Funktion des Winkels α darstellen und damit der Gleichrichtwertamplitude in Abhängigkeit des Zündwinkels α variieren (Abb. 4.38).

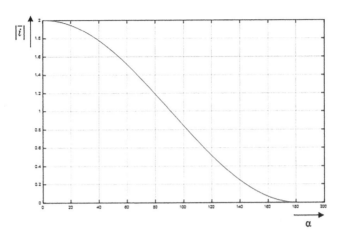

Abb. 4.38 Gleichrichtwert als Funktion des Zündwinkels

Effektivwert:

$$I_{\text{eff}} = \sqrt{\frac{1}{2\pi} \int\limits_{\alpha}^{\pi} \left(\hat{i} \cdot \sin \omega t \right)^2 d\omega t} = \sqrt{\frac{\hat{i}^2}{2\pi} \int\limits_{\alpha}^{\pi} (\sin \omega t)^2 d\omega t} = \sqrt{\frac{\hat{i}^2}{2\pi} \cdot \frac{1}{2} \int\limits_{\alpha}^{\pi} (1 - \cos 2\omega t) d\omega t}$$

$$I_{\text{eff}} = \sqrt{\frac{\hat{i}^2}{4\pi} \left[\int\limits_{\alpha}^{\pi} 1 d\omega t - \int\limits_{\alpha}^{\pi} \cos 2\omega t d\omega t \right]} = \sqrt{\frac{\hat{i}^2}{4\pi} \left[\pi - \alpha - \frac{1}{2} (\cos 2\pi - \cos 2\alpha) \right]}$$

$$I_{\text{eff}} = \sqrt{\frac{\hat{i}^2}{4\pi} \left[\pi - \alpha - \frac{1}{2} (1 - \cos 2\alpha) \right]} = \sqrt{\frac{\hat{i}^2}{4\pi} \left[\pi - \alpha - \frac{1}{2} + \frac{1}{2} \cos 2\alpha \right]}$$

Formelsammlung zur Übung:

$$\sin^2 x = \frac{1}{2} (1 - \cos 2x)$$

$$\int \cos 2x dx = \frac{1}{2} \cos 2x$$

Übung

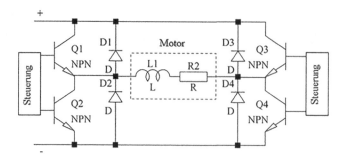

Abb. 4.39 Brückenschaltung

Bei einem einphasigen selbstgeführten Wechselrichter in Brückenschaltung zur Erzeugung von Gleichspannung für den Motor in der Darstellung in Abb. 4.39 führen die Dioden bei der induktiven Last des Motors einen durch die Steuerung erzeugten Strom, dessen zeitlicher Verlauf in Abb. 4.40 dargestellt ist.

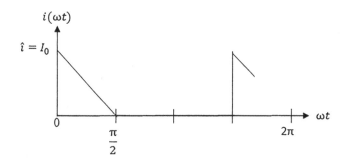

Abb. 4.40 Beispiel Stromverlauf

Die zulässigen Durchlassverluste der eingetragenen Dioden betragen $P_{AV\text{zul}} = 4\,\text{W}$. Die Gleichung für die Durchlassverluste der Diode wurde abgeleitet zu

$$P_{AV} = U_{D0} \cdot \left| \hat{i} \right| + r_D \cdot I_{\text{eff}}^2$$

mit

$$\left| \hat{i} \right| = \frac{1}{T} \int_0^T i_D(t)\,dt \quad \text{als Gleichrichtwert}$$

und

$$I_{\text{eff}} = \sqrt{\frac{1}{T} \int_0^T (i_D(t))^2\,dt} \quad \text{als Effektivwert}$$

Weiterhin sind bekannt:

$$U_{D0} = 0,7\,\text{V} \text{ und } r_D = 26\,\text{m}\Omega.$$

Gesucht ist der zulässige Wert des Durchlassstromes $\hat{i} = I_0$.

Lösung

Aus dem Verlauf des Stromes entnehmen wir die Geradengleichung zwischen 0 und $\frac{\pi}{2}$ zu

$$y = -m \cdot x + n = -\frac{I_0}{\frac{\pi}{2}} \cdot x + I_0$$

für $0 \le x \le \frac{\pi}{2}$
also

$$|\bar{i}| = \frac{1}{2\pi} \int\limits_0^{\frac{\pi}{2}} \left(-\frac{I_0}{\frac{\pi}{2}} \cdot x + I_0 \right) dx = \frac{1}{2\pi} \left[-\int\limits_0^{\frac{\pi}{2}} \frac{I_0}{\frac{\pi}{2}} \cdot x dx + \int\limits_0^{\frac{\pi}{2}} I_0 dx \right]$$

$$|\bar{i}| = \frac{1}{2\pi} \left(\left[-\frac{2 \cdot I_0}{\pi} \cdot \frac{x^2}{2} \right]_0^{\frac{\pi}{2}} + [I_0 \cdot x]_0^{\frac{\pi}{2}} \right) = \frac{I_0}{8}$$

$$I_{\text{eff}}^2 = \frac{1}{2\pi} \int\limits_0^{\frac{\pi}{2}} \left(-\frac{I_0}{\frac{\pi}{2}} \cdot x + I_0 \right)^2 dx$$

$$I_{\text{eff}}^2 = \frac{1}{2\pi} \left[\int\limits_0^{\frac{\pi}{2}} \left(-\frac{I_0}{\frac{\pi}{2}} \cdot x \right)^2 dx - \int\limits_0^{\frac{\pi}{2}} -\frac{I_0}{\frac{\pi}{2}} \cdot x \cdot 2 \cdot I_0 dx + \int\limits_0^{\frac{\pi}{2}} (I_0)^2 dx \right]$$

$$I_{\text{eff}}^2 = \frac{1}{2\pi} \left[\left[\frac{I_0^2 \cdot 4}{\pi^2} \cdot \frac{x^3}{3} \right]_0^{\frac{\pi}{2}} - \left[\frac{4 \cdot I_0^2}{\pi} \cdot \frac{x^2}{2} \right]_0^{\frac{\pi}{2}} + [I_0^2 \cdot x]_0^{\frac{\pi}{2}} \right]$$

$$I_{\text{eff}}^2 = \frac{1}{2\pi} \left[\frac{I_0^2 \cdot 4}{3 \cdot \pi^2} \cdot \frac{\pi^3}{8} - \frac{4 \cdot I_0^2}{2 \cdot \pi} \cdot \frac{\pi^2}{4} + I_0^2 \cdot \frac{\pi}{2} \right] = \frac{I_0^2}{12}.$$

Damit kann man für die Durchlassverluste angeben:

$$P_{AV} = U_{D0} \cdot \frac{I_0}{8} + r_D \cdot \frac{I_0^2}{12}.$$

Die Lösung der quadratischen Gleichung ergibt:

$$I_{01,2} = \frac{-\frac{U_{D0}}{8} \pm \sqrt{\left(\frac{U_{D0}}{8}\right)^2 - 4 \cdot \frac{r_D}{12} \cdot P_{AV}}}{2 \cdot \frac{r_D}{12}} = 27{,}28 \text{ A}.$$

4.3   Sinusförmige Zeitfunktionen

4.3.1   Der komplexe Zeiger

Die Darstellung einer komplexen Zahl:

$$\underline{x} = x_p + jx_q = |\underline{x}|e^{j\alpha} = |\underline{x}|(\cos\alpha + j\sin\alpha)$$

wird nach der Eulerschen Beziehung als Zeiger in der komplexen Ebene definiert. Darin sind

$$x_p: \text{ der Realteil}$$

$$x_q: \text{ der Imaginärteil}$$

$$\alpha: \text{ die Phase}$$

$$j = \sqrt{-1}$$

$$\frac{1}{j} = -j$$

des Zeigers. Der Absolutwert, also der Betrag

$$|\underline{x}| = \sqrt{x_p^2 + x_q^2}$$

und der Phasenwinkel

$$\alpha = \text{artan}\frac{x_q}{x_p} = \text{artan}\frac{\text{Imaginärteil}}{\text{Realteil}}$$

sind als Größen der Eulerschen Beziehung zu bestimmen. Anstatt des Betrages der komplexen Größe lässt sich auch der Spitzenwert, also der Scheitelwert einsetzen:

$$\underline{x} = x_p + jx_q = \hat{x}e^{j\alpha}.$$

Die Abb. 4.41 zeigt den komplexen Zeiger in der komplexen Ebene in der Darstellungsform.

Abb. 4.41 Zeiger in der
komplexen Ebene

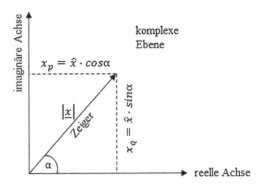

Bei der Übertragung einer harmonischen Schwingung durch ein Übertragungssystem wird statt des Liniendiagramms als Zeitfunktion vorzugsweise die Darstellung als Zeiger verwendet.

4.3.2 Liniendiagramme

Der Zeiger r in Abb. 4.42 wird durch seine Länge und den Winkel φ_1 im Koordinatensystem charakterisiert. Handelt es sich um einen ruhenden Zeiger, so lassen sich seine x und y Koordinaten im System durch die Beziehungen

$$x = r \cdot \cos \alpha_1$$

und

$$y = r \cdot \sin \alpha_1$$

ermitteln.

Abb. 4.42 Zeigerkomponenten

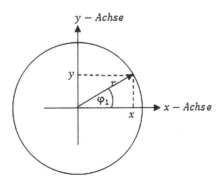

Geht es um einen rotierenden Zeiger, so lassen sich seine x und y Koordinaten in Abhängigkeit von der Zeit bestimmen. Mit der Rotation des Zeigers in beiden Richtungen wächst oder verringert sich φ_1 mit der Zeit. Wird die Winkeländerung $\Delta\varphi_1$ in einer bestimmten Zeitspanne Δt ermittelt, so bezeichnet man das Verhältnis

$$\omega = \frac{\Delta\alpha_1}{\Delta t}$$

als Winkelgeschwindigkeit. Die Einheit der Winkelgeschwindigkeit ist

$$[\omega] = \frac{\text{rad}}{\text{s}} = \frac{1}{\text{s}} = \text{s}^{-1}.$$

Abb. 4.43 Rotation von Zeiger

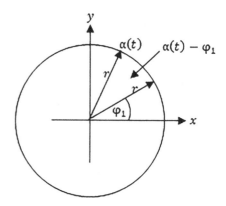

Rotiert man den Zeiger r in einer Richtung mit konstanter Geschwindigkeit (Abb. 4.43), so wächst der Winkel α linear mit der Zeit zu

$$\Delta\alpha = \omega \cdot \Delta t.$$

Ist α zu dem Zeitpunkt $t = 0$, also zu Beginn der Rotation bekannt, so kann sich der zeitabhängige Winkel zu jedem Zeitpunkt ermitteln.

$$\alpha(t = 0) = \alpha(0) = \varphi_1$$

$$\Delta\alpha = \alpha(t) - \alpha(0) = \alpha(t) - \varphi_1$$

$$\Delta t = t - 0 = t$$

$$\Delta\alpha = \omega \cdot \Delta t$$

$$\alpha(t) - \varphi_1 = \omega \cdot t$$

$$\alpha(t) = \omega \cdot t + \varphi_1.$$

Wird die letzte Beziehung in

$$x = r \cdot \cos \alpha_1$$

und

$$y = r \cdot \sin \alpha_1$$

eingesetzt, so erhält man die zeitabhängigen x und y Koordinaten zu

$$x(t) = r \cdot \cos (\omega \cdot t + \varphi_1)$$

und

$$y(t) = r \cdot \sin (\omega \cdot t + \varphi_1).$$

Somit lässt sich der Winkel und damit die Lage des Zeigers zu jedem Zeitpunkt ermitteln. Die letzten Beziehungen charakterisieren auch allgemein die fundamentale Beschreibung eines zeitlich periodischen Signals bestimmter Amplituden, Frequenz und Nullphasenverschiebung (Nullphasenwinkel). Abb. 4.44 veranschaulicht die zeitlichen Verläufe der zeitabhängigen x und y Koordinaten-Funktionen $x(t)$ und $y(t)$ als Liniendiagramm unter Berücksichtigung des Nullphasenwinkels von

$$\varphi_1 = \frac{\pi}{60} = 30°.$$

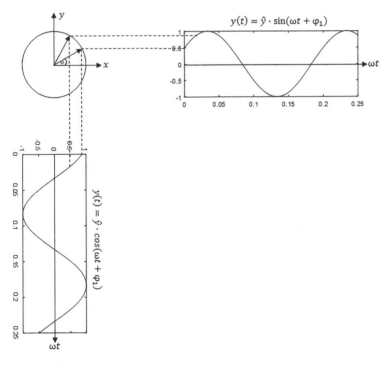

Abb. 4.44 Liniendiagramme

Die zu jedem Wert (Größe) von ωt gehörenden Projektionen lassen sich in ein $f(\omega t)$- oder $f(t)$-Diagramm übertragen. Daraus erhält man die sogenannte „Liniendiagramme". Man spricht von den oben dargestellten ähnlichen Zeitverläufen im Liniendiagramm der Funktionen

$$x(t) = r \cdot \cos(\omega \cdot t + \varphi_1)$$

und

$$y(t) = r \cdot \sin(\omega \cdot t + \varphi_1)$$

einer Cosinus-/Sinusschwingung oder -welle, die zeitlich periodische Signale sind. Periodisch bedeutet, dass jeder Wert in einer Periode nach einer festen Zeit $\Delta t = \tau$ (mit τ: Periodendauer) wiederkehrt. Aus der Darstellung in Abb. 4.44 zu entnehmen, dass der Amplitudenwert 1 der Sinus- und Cosinusschwingung in Abständen von

$$\Delta \alpha = \omega \cdot \Delta t = \omega \cdot \tau = 2 \cdot \pi \cdot \frac{1}{T} \cdot T = 2 \cdot \pi$$

wiederkehrt. Aus der letzten Beziehung wird abgeleitet:

$$\omega \cdot T = 2 \cdot \pi$$

$$T = \frac{2 \cdot \pi}{\omega} \text{ bzw. } \omega = \frac{2 \cdot \pi}{T}.$$

$$T = \frac{2 \cdot \pi}{\omega} = \frac{2 \cdot \pi}{2 \cdot \pi \cdot f} = \frac{1}{f} \text{ bzw. } f = \frac{1}{T}: \text{ Frequenz}$$

Die Einheit ist

$$[f] = \frac{1}{T} = \frac{1}{s} = \text{Hertz} = \text{Hz}$$

Aus den Koordinatengleichungen entnehmen wir, dass die Sinus- und Cosinus-schwingung

$$\cos(\omega \cdot t + \varphi_1)$$

und

$$\sin(\omega \cdot t + \varphi_1)$$

maximal den Wert +1 aufweisen. Der Maximalwert von den Koordinatengleichung ist dann

$$x(t) = r \cdot 1 = r$$

und

$$y(t) = r \cdot 1 = r.$$

Anstatt Maximalwert verwendet man die Begriffe „Amplitude" oder „Scheitelwert". Das ist gleich dem größten Wert, den eine Funktion mit sinus-/cosinusförmigem Verlauf annimmt. Damit ist r der Scheitelwert der beiden Funktionen. Symbolisch wird eine beliebige Größe x als Scheitelwert durch $\hat{x}$ (gelesen x Dach) gekennzeichnet. Damit ergeben sich die Koordinatengleichungen des Zeigers zu

$$x(t) = \hat{r} \cdot \cos(\omega \cdot t + \varphi_1)$$

und

$$y(t) = \hat{r} \cdot \sin(\omega \cdot t + \varphi_1).$$

Unter Berücksichtigung der Eulerschen Beziehung sollen nun die Koordinatengleichung in Zeigerdarstellungen umgewandelt werden. Allgemein gilt für die Eulersche Beziehung:

$$e^{j\alpha} = \cos\alpha + j\sin\alpha$$

und angewendet auf die Koordinatengleichungen

$$e^{j(\omega t + \varphi_1)} = \underbrace{\cos(\omega t + \varphi_1)}_{\mathrm{Re}\left[e^{j(\omega t + \varphi_1)}\right]} + j\underbrace{\sin(\omega t + \varphi_1)}_{\mathrm{Im}\left[e^{j(\omega t + \varphi_1)}\right]}$$

Unter Betrachtung der Koordinatengleichungen gilt:

$x(t) = \hat{r} \cdot \sin(\omega \cdot t + \varphi_1)$	$y(t) = \hat{r} \cdot \sin(\omega \cdot t + \varphi_1)$
$x(t) = \hat{r} \cdot \mathrm{Re}\left[e^{j(\omega t + \varphi_1)}\right]$	$y(t) = \hat{r} \cdot \mathrm{Im}\left[e^{j(\omega t + \varphi_1)}\right]$
$x(t) = \mathrm{Re}\left[\hat{r} \cdot e^{j(\omega t + \varphi_1)}\right]$	$y(t) = \mathrm{Im}\left[\hat{r} \cdot e^{j(\omega t + \varphi_1)}\right]$
$x(t) = \mathrm{Re}\left[\underbrace{\hat{r} \cdot e^{j\varphi_1}}_{x} \cdot e^{j\omega t}\right]$	$y(t) = \mathrm{Im}\left[\underbrace{\hat{r} \cdot e^{j\varphi_1}}_{y} \cdot e^{j\omega t}\right]$
$x(t) = \mathrm{Re}\ \underbrace{\left[x \cdot e^{j\omega t}\right]}$	$y(t) = \mathrm{Im}\ \underbrace{\left[y \cdot e^{j\omega t}\right]}$
stellt einen Drehzeiger dar	stellt einen Drehzeiger dar

Zeichnet man für unterschiedliche t-Werte die komplexen Größen von

$$x \cdot e^{j\omega t}$$

und

$$y \cdot e^{j\omega t}$$

in der komplexen Ebene auf, so erhält man als Darstellung dieser komplexen Funktion in Abhängigkeit der reellen Veränderlichen t einen Kreis als Ortskurve des Drehzeigers mit dem Radius x bzw. y um den Nullpunkt, wie Abb. 4.45 zeigt.

$$\omega = 2 \cdot \pi \cdot f = 2 \cdot \pi \cdot \frac{1}{T}$$

$$e^{j\omega t} = e^{j2\pi \frac{1}{T} t} = \underbrace{\cos\left(2\pi \frac{1}{T} t\right)}_{\text{Re}} + j \underbrace{\sin\left(2\pi \frac{1}{T} t\right)}_{\text{Im}}$$

Abb. 4.45 Ortskuve

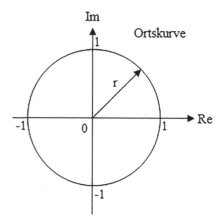

t	$\cos\left(2\pi \frac{1}{T} t\right)$	$\sin\left(2\pi \frac{1}{T} t\right)$
0	1	0
$\frac{T}{4}$	0	1
$\frac{T}{2}$	-1	0
T	1	0
$\frac{3T}{2}$	-1	0
$2T$	1	0
$\frac{3T}{4}$	0	-1

Aus der Kurve des Drehzeigers erhält man dann die Zeitfunktion (Liniendiagramm), indem man für jeden Augenblick die Spitze des Drehzeigers auf der reellen und imaginären Achse projiziert (Sin- und Cosinusschwingungen).

Übung

Laut Aufgabenstellung ist die Spannung

$$u(t) = \hat{u} \cdot \cos\left(\omega t + \varphi_u\right) = 220\,\text{V} \cdot \cos\left(2 \cdot \pi \cdot 50\,\text{Hz} \cdot 15\,\text{ms} + \frac{\pi}{3}\right)$$

gegeben. Gesucht ist $u(t_1 = 15\,\text{ms})$.

Lösung
Mithilfe des Spannungszeigers soll zuerst der Phasenwinkel

$$2 \cdot \pi \cdot 50\,\text{Hz} \cdot 15\,\text{ms} + \frac{\pi}{3}$$

bestimmt werden.

$$\omega t_1 = 2 \cdot \pi \cdot 50\,\text{Hz} \cdot 15\,\text{ms} = 2 \cdot \pi \cdot 0{,}75 = 270°$$

Der Winkel beträgt

$$2 \cdot \pi \cdot 50\,\text{Hz} \cdot 15\,\text{ms} + \frac{\pi}{3} = 270° + 60° = 330°.$$

Damit erhalten wird die Koordinatenlängen wie folgt:

$$x(t_1 = 15\,\text{ms}) = 220\,\text{V} \cdot \sin 330° = -110\,\text{V}$$

$$y(t_1 = 15\,\text{ms}) = 220\,\text{V} \cdot \cos 330° = 190{,}52\,\text{V}$$

Aus der Projektion des Zeigers $u(t)$ auf die x- und y-Achse erhält man in verendeten Maßstab die Längen der x- und y-Koordinaten nach $t_1 = 15\,\text{ms}$ (Abb. 4.46).

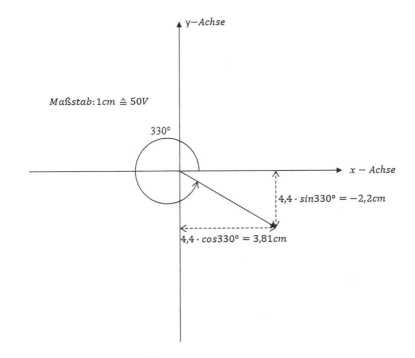

Abb. 4.46 Zeigerkomponentengrößen

Übung

Laut Aufgabenstellung sind gegeben die Spannungen.

$$u_1(t) = 2\,\text{V}\cos\left(\omega t + \frac{\pi}{6}\right)$$

und

$$u_2(t) = 5\,\text{V}\cos\left(\omega t + \frac{2\pi}{3}\right).$$

Gesucht ist die Zeitfunktion der Spannung

$$u_3(t) = u_1(t) - u_2(t).$$

Lösung

$$u_3(t) = 2\,\text{V}\cos\left(\omega t + \frac{\pi}{6}\right) - 5\,\text{V}\cos\left(\omega t + \frac{2\pi}{3}\right)$$

Laut Formelsammlung gilt:

$$-\cos\alpha = \cos(\alpha + \pi).$$

Damit wird

$$u_3(t) = 2\,\text{V}\cos\left(\omega t + \frac{\pi}{6}\right) + 5\,\text{V}\cos\left(\omega t + \frac{2\pi}{3} + \pi\right)$$

$$u_3(t) = 2\,\text{V}\cos(\omega t + 30°) + 5\,\text{V}\cos(\omega t + 300°)$$

Zu irgendeinem Zeitpunkt $t = t_x$ hat das Signal einen Zeiger mit

$$r \cdot e^{j\varphi}$$

Für $t = 0$ gilt

$$u_3(t) = 2\,\text{V}\cos(30°) + 5\,\text{V}\cos(300°)$$

mit

$$\alpha_1 = 30° \text{ und } \alpha_2 = 300°$$

Die Zeigersumme ist dann

$$2\,\text{V} \cdot e^{j30°} + 5\,\text{V} \cdot e^{j300°} = 2\,\text{V} \cdot (\cos 30° + j\sin 30°) + 5\,\text{V} \cdot (\cos 300° + j\sin 300°)$$

$$2\,\text{V} \cdot e^{j30°} + 5\,\text{V} \cdot e^{j300°} = 1{,}73 + j1 + 2{,}5 - j4{,}33 = 4{,}23 - j3{,}33 = 5{,}36\,\text{V} \cdot e^{-38{,}21°}$$

Daraus folgt für die gesuchte Differenz

$$u_3(t) = 5{,}36\,\text{V} \cdot \cos(\omega t - 38{,}21°).$$

4.3.3 Lissajous Figur

Lissajous Figur dient u. a. dazu, die Phasenverschiebung zwischen Ein- und Ausgangs-
signal eines z. B. linearen zeitinvarianten Systems (LTI) im XY-Betrieb des Oszilloskops
zu bestimmen. Wird in Y-Richtung das eine Signal und in X-Richtung das zweite Signal
angeschlossen, so ist das Oszilloskop in XY-Mode zu betreiben. In diesem Fall entsteht
auf dem Bildschirm des Oszilloskops ein stehendes Bild, Lissajous Figur. Für den Fall
gleicher Frequenz und Amplitude der Ein- und Ausgangssignale aber unterschiedlicher
Nullphasenwinkel ergibt eine Ellipse. Beträgt die Nullphasenverschiebung zwischen den
beiden Signalen |90°|, so ist auf dem Bildschirm ein stehender Kreis zu beobachten. Die
folgenden Darstellungen illustrieren die Darstellungen der beiden Signale im XY-Modus
des Oszilloskops mit unterschiedlichen Nullphasenwinkeln (Abb. 4.47, 4.48, 4.49 und 4.50).

$$x(t) = \sin{(2\pi t)}$$

$$y(t) = \sin{(2\pi t - 270°)}$$

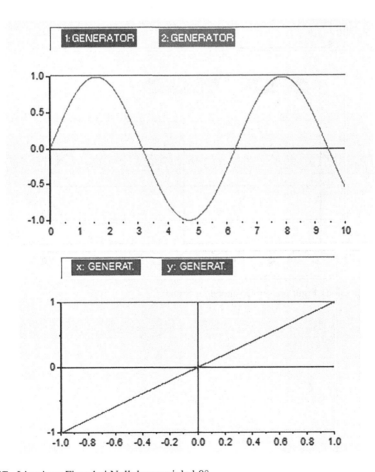

Abb. 4.47 Lissajous-Figur bei Nullphasenwinkel 0°

$$x(t) = \sin{(2\pi t)}$$

$$y(t) = \sin{(2\pi t - 90°)}$$

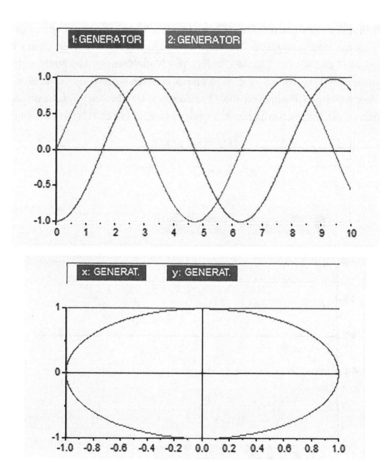

Abb. 4.48 Lissajous-Figur phasenverschobener Signale

$$x(t) = \sin(2\pi t)$$

$$y(t) = \sin(2\pi t - 225°)$$

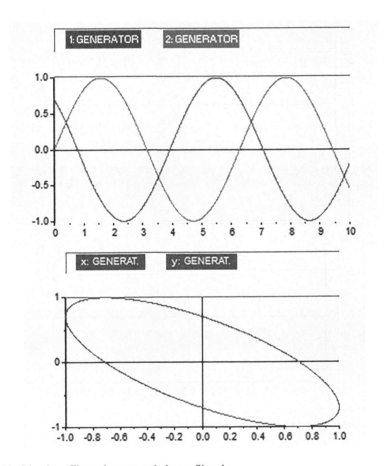

Abb. 4.49 Lissajous-Figur phasenverschobener Signale

$$x(t) = \sin(2\pi t)$$

$$y(t) = \sin(2\pi t + 225°)$$

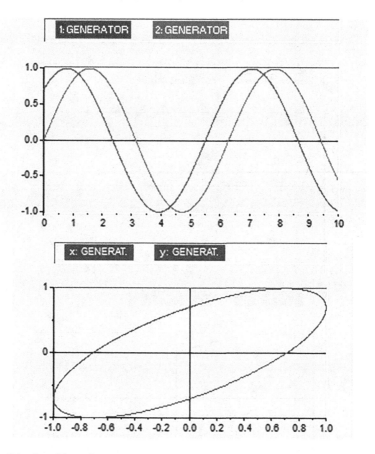

Abb. 4.50 Lissajous-Figur phasenverschobener Signale

Möchte man aus der entstehenden Lissojous-Figur die Nullphasenverschiebung der beiden Signalverläufe bestimmen, so geht man folgendermaßen vor (Abb. 4.51):

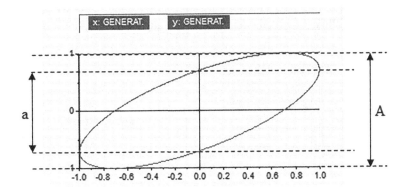

Abb. 4.51 Lissajous-Figur phasenverschobener Signale

$$\varphi = \arcsin \frac{a}{A} = \arcsin \frac{1{,}414}{2} = 45°$$

Bei dieser Methode ist zu beachten, dass der arcsin nur bis 90° berechnet werden kann. Für alle größeren Phasenwinkel muss die Formel entsprechend modifiziert werden. Für Winkel von 90 bis 180° wird das Rechenergebnis zusätzlich noch von 180 subtrahiert. Für Winkel von 180 bis 270 addiert man das errechnete Ergebnis zu 180 hinzu und für Winkel von 270 bis 360 zieht man das Rechenergebnis von 360 ab.

$$0° \text{ bis } 90°: \varphi = \arcsin \frac{a}{A}$$

$$90° \text{ bis } 180°: \varphi = 180° - \arcsin \frac{a}{A}$$

$$180° \text{ bis } 270°: \varphi = 180° + \arcsin \frac{a}{A}$$

$$270° \text{ bis } 360°: \varphi = 360 - \arcsin \frac{a}{A}$$

Quadranten der komplexen Ebene (Abb. 4.52):

	$Re\{\underline{X}\} < 0$	$Re\{\underline{X}\} > 0$
$Im\{\underline{X}\} > 0$	II	I
$Im\{\underline{X}\} < 0$	III	IV

Abb. 4.52 Quadranten der komplexen Ebene

Daher wird das richtige Ergebnis für die Nullphasenverschiebung:

$$\varphi = 180° + \arcsin\frac{a}{A} = 180° + \arcsin\frac{1,414}{2} = 180° + 45° = 225°$$

Eine weitere Darstellung beschreibt den Sachverhalt ausführlicher (Abb. 4.53):

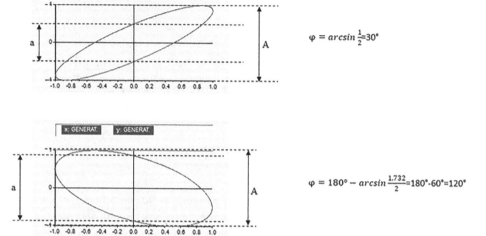

Abb. 4.53 Beschreibung des Lissajous-Figurs in den Quadranten der kopl. Ebene

$\sin \omega t$ und $\cos \omega t$ sind um den Winkel φ phasenverschoben. Der Winkel φ wird als „Phasenkonstante" bezeichnet; sie bestimmt die Phase einer phasenverschobenen Sinus- oder Cosinusschwingung zum Zeitpunkt $t = 0$ (Abb. 4.54).

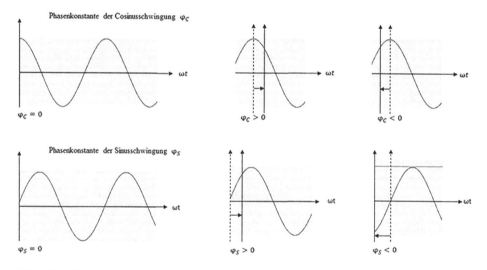

Abb. 4.54 Phasenkonstanten

Damit erhält man die grafischen Darstellungen der Funktionen $\cos(\omega t + \varphi_C)$ bzw. $\sin(\omega t + \varphi_S)$, indem man den Nullpunkt der ωt-Achse in der Abbildung von $\cos \omega t$ um φ_C bzw. von $\sin \omega t$ um φ_S verschiebt.

4.4   Der ohmsche Widerstand im Wechselstromkreis

Abb. 4.55 Der ohmsche Widerstand im Wechselstromkreis

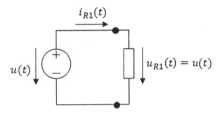

In der Schaltung in Abb. 4.55 ist ein ohmscher Widerstand R_1 mit einer idealen Spannungsquelle $u(t)$ verbunden, deren Spannung nicht konstant ist, sondern zeitlich sinusförmig/cosinusförmig ändert:

$$u(t) = \hat{u} \cdot \cos(\omega t + \varphi_u).$$

Aufgrund der Parallelschaltung liegt auch die gleiche Spannung am Widerstand R_1:

$$u_{R1}(t) = \hat{u} \cdot \cos(\omega t + \varphi_u).$$

Die Stromstärke $i_{R1}(t)$ bildet sich nach dem ohmschen Gesetz zu

$$i_{R1}(t) = \frac{u_{R1}(t)}{R_1} = \frac{\hat{u}}{R_1} \cos(\omega t + \varphi_u) = \hat{i} \cos(\omega t + \varphi_i)$$

mit $\hat{i} = \hat{i}_{R1}$.
Damit ergibt sich für die Amplitude

$$\hat{i} = \frac{\hat{u}}{R_1}$$

und für die Phase

$$\varphi_i = \varphi_u.$$

Darüber hinaus gilt:

$$u_{R1}(t) = R \cdot i_{R1}(t)$$

$$\hat{u}_{R1}(t) = R \cdot i_{R1}(t)$$

$$U_{R1} = R \cdot I_{R1}$$

Der Stromverlauf ist genau wie die Spannung sinusförmig. Strom und Spannung am ohmschen Widerstand haben die gleiche Kreisfrequenz ω und den gleichen Nullphasenwinkel.

Es gilt allgemein, dass bei sinusförmigen Spannungen und Strömen gleicher Kreisfrequenz der Phasenverschiebungswinkel der Spannung gegenüber dem Strom als Differenz von Null-phasenwinkel der Spannung und von Nullphasenwinkel des Stromes gebildet wird:

$$\varphi = \varphi_u - \varphi_i.$$

Damit wird der Phasenverschiebungswinkel der Spannung und dem Strom am ohmschen Widerstand

$$\varphi = \varphi_u - \varphi_i = 0.$$

Darüber hinaus gelten die allgemeinen Beziehungen zu den Phasenverschiebungswinkeln:

$\varphi > 0$ bzw. $\varphi_u > \varphi_i$: Spannung eilt dem Strom voraus

$\varphi < 0$ bzw. $\varphi_u < \varphi_i$: Spannung eilt dem Strom nach

$\varphi = 0$ bzw. $\varphi_u = \varphi_i$: Spannung und Strom sind in Phase

4.4.1 Komplexe Darstellungsformen

Bei dem idealen Wirkwiderstand als der ohmsche Widerstand sind Strom und Spannung in Phase. Das heißt die Phasenverschiebung

$$\varphi = \varphi_u - \varphi_i = 0.$$

Mit komplexer Rechnung gilt äquivalent

$$\underline{I} = I \cdot e^{j\varphi_i}$$

$$\underline{U} = U \cdot e^{j\varphi_u} = R \cdot \underline{I} \cdot e^{j\varphi_u}$$

$$U \cdot e^{j\varphi_u} = \underbrace{R \cdot I}_{U} \cdot e^{j\varphi_i}$$

$$e^{j\varphi_u} = e^{j\varphi_i}$$

$$\varphi_u = \varphi_i$$

Der komplexe Widerstand also die Impedanz des ohmschen Widerstandes

$$\underline{Z_R} = \frac{\underline{U}}{\underline{I}} = \frac{U \cdot e^{j\varphi_u}}{I \cdot e^{j\varphi_i}} = \frac{U}{I} R$$

gegeben. Und die Phase

$$\varphi = \arctan\frac{\text{Im}}{\text{Re}} = \arctan\frac{0}{R} = 0.$$

Der Zeiger hat damit einen positiven Realteil und der Imaginärteil den Wert null.

Zeigerdiagramm für die Impedanz $\underline{Z}_R = \underline{X}_R = R$ (Abb. 4.56).

Abb. 4.56 Zeigerdiagramm

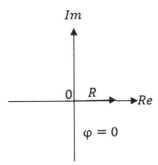

4.4.2   Die Leistung am ohmschen Widerstand im Wechselstromkreis

Der Momentanwert bzw. der Augenblickswert der Leistung am ohmschen Widerstand im Wechselstromkreis wird als Produkt von Momentanwerten von Spannung und Strom gebildet. Das heißt, dass zu jedem betrachteten Zeitpunkt t lässt sich der Augenblickswert des Energieumsatzes pro Zeiteinheit ermitteln.

Im vorherigen Abschnitt wurde abgeleitet, dass am ohmschen Widerstand Strom und Spannung in Phase sind. Das ist gleichbedeutend mit dem, dass gesagt wird, die Nulldurchgänge von Strom und Spannung erfolgen zum gleichen Zeitpunkt, wie Abb. 4.57 zeigt.

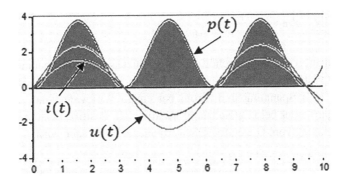

Abb. 4.57 Leistung am ohmschen Widerstand im Wechselstromkreis

Die augenblickliche Leistung ist dann mathematisch definiert durch die Beziehung:

$$u(t) = \hat{u} \cdot \sin(\omega t)$$

$$i(t) = \hat{i} \cdot \sin(\omega t)$$

$$p(t) = u(t) \cdot i(t) = \hat{u} \cdot \sin(\omega t) \cdot \hat{i} \cdot \sin(\omega t) = \hat{i} \cdot \hat{u} \cdot \sin^2(\omega t).$$

Nach den Additionstheoremen in der mathematischen Formelsammlung gilt:

$$\sin^2 x = \frac{1}{2}(1 - \cos 2\omega t).$$

Damit lautet die augenblickliche Leistung

$$p(t) = \frac{\hat{\imath} \cdot \hat{u}}{2} \cdot (1 - \cos 2\omega t).$$

Der Verlauf der Momentanleistung schwankt mit der doppelten Frequenz um den Mittelwert. Die Wirkleistung wird durch die Integration der Momentanleistung berechnet. Sie ist proportional zur in Abb. 4.57 hervorgehobenen Fläche unter dem Kurvenverlauf $p(t)$.

Wirkleistung

$$P_W = \frac{1}{T}\int_0^T p(t)dt = \frac{1}{T}\int_0^T \frac{\hat{\imath}\cdot\hat{u}}{2}\cdot(1-\cos 2\omega t)dt = \frac{\hat{\imath}\cdot\hat{u}}{2T}\int_0^T (1-\cos 2\omega t)dt$$

$$= \frac{\hat{\imath}\cdot\hat{u}}{2T}\left[\int_0^T 1dt - \int_0^T \cos 2\omega t\, dt\right] = \frac{\hat{\imath}\cdot\hat{u}}{2T}\left([t]_0^T - \left[\frac{1}{2\omega}\sin 2\omega t\right]_0^T\right)$$

$$= \frac{\hat{\imath}\cdot\hat{u}}{2T}\left(T - 0 - \frac{1}{2\omega}\sin 2\omega T + 0\right) = \frac{\hat{\imath}\cdot\hat{u}}{2T}\left(T - 0 - \underbrace{\frac{1}{2\cdot 2\pi\frac{1}{T}}\sin 2\cdot 2\pi\frac{1}{T}T}_{=0} + 0\right)$$

$$= \frac{\hat{\imath}\cdot\hat{u}}{2} = \frac{\sqrt{2}\cdot I_{\text{eff}}\cdot\sqrt{2}\cdot U_{\text{eff}}}{2} = I_{\text{eff}}\cdot U_{\text{eff}}.$$

Durch Multiplikation zusammengehöriger Augenblickswerte von Spannung und Strom erhält man die Momentanwerte der Leistung bei Wechselstrom. Die Leistungskurve ist immer positiv, weil Spannung und Strom bei einem Wirkwiderstand entweder beide gleichzeitig positiv oder beide gleichzeitig negativ sind. Positive Leistung deutet darauf hin, dass die Leistung vom Generator zum Verbraucher übertragen wird.

4.5   Der Kondensator im Wechselstromkreis

Abb. 4.58 Der Kondensator
im Wechselstromkreis

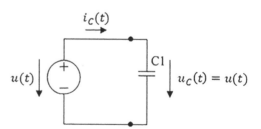

Der Kondensator, wie in Abb. 4.58 dargestellt, ist an den Knoten einer idealen Wechsel-spannungsquelle angeschlossen. Wegen der Parallelschaltung des Netzwerkes hat die Kondensatorspannung $u_C(t)$ den gleichen Verlauf wie die Generatorspannung

$$u_C(t) = \hat{u} \cdot \cos(\omega t + \varphi_u).$$

Für den Kondensatorstrom gilt die Beziehung

$$i_C(t) = C \frac{du_C(t)}{dt} = C \frac{d\left[\hat{u} \cdot \cos(\omega t + \varphi_u)\right]}{dt}$$

$$= C \cdot \hat{u} \cdot \frac{d[\cos(\omega t + \varphi_u)]}{dt} = C \cdot \hat{u}[-\omega \cdot \sin(\omega t + \varphi_u)].$$

Laut Formelsammlung gilt:

$$-\sin\alpha = \cos\left(\alpha + \frac{\pi}{2}\right)$$

und damit

$$i_C(t) = C \cdot \hat{u} \cdot \omega \left[\cos\left(\omega t + \varphi_u + \frac{\pi}{2}\right)\right].$$

Durch Vergleich der Kondensatorspannung $u_C(t)$ mit dem Kondensatorstrom $i_C(t)$ der obigen Beziehungen ist der Kondensatorstrom $i_C(t)$ ebenfalls sinusförmig mit der gleichen Kreisfrequenz wie Kondensatorspannung $u_C(t)$. Für ihn gilt die Funktion

$$i_C(t) = \hat{i} \cdot \cos(\omega t + \varphi_i).$$

Die Amplitude ergibt sich demnach zu

$$\hat{i} = C \cdot \hat{u} \cdot \omega$$

und die Phase

$$\varphi_i = \varphi_u + \frac{\pi}{2}.$$

Aus der vorletzten Beziehung erhalten wir

$$\frac{\hat{u}}{\hat{i}} = \frac{1}{\omega \cdot C} \text{ bzw. } \frac{U_C}{I_C} = \frac{1}{\omega \cdot C} = Z_C$$

und

$$\varphi_u = \varphi_i - \frac{\pi}{2}$$

bzw.

$$\varphi = \varphi_u - \varphi_i = -\frac{\pi}{2}.$$

4.5.1   Komplexe Darstellungsformen

$$\underline{U_C} = U_C \cdot e^{j\omega t}$$

$$\underline{I_C} = C\frac{dU_C}{dt} = C\frac{d\left[U_C \cdot e^{j\omega t}\right]}{dt} = C \cdot U_C \cdot j\omega \cdot e^{j\omega t} = C \cdot j\omega \cdot \underbrace{U_C \cdot e^{j\omega t}}_{\underline{U_C}}$$

$$\underline{I_C} = C \cdot j\omega \cdot \underline{U_C}$$

$$\underline{Z_C} = \frac{\underline{U_C}}{\underline{I_C}} = \frac{1}{j\omega C} = -j\frac{1}{\omega C}$$

$$\left|\underline{Z_C}\right| = \frac{1}{\omega C}$$

$$\varphi = \arctan\frac{-\frac{1}{\omega C}}{0} = \arctan(-\infty) = -90°$$

Zeigerdiagramm für die Impedanz (oder kapazitiver Blindwiderstand oder Reaktanz) $\underline{Z_C} = \underline{X_C} = \frac{1}{j\omega C}$ (Abb. 4.59).

Abb. 4.59 Zeigerdiagramm
für Impedanz

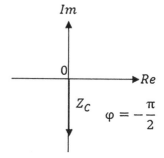

Es handelt sich dabei um den kapazitiven Blindwiderstand, der von der Frequenz abhängig ist. Der kapazitive Blindwiderstand wird umso kleiner, je höher die Frequenz ist. Gleichzeitig wird er umso kleiner, je größer die Kapazität ist. Die Wechselspannung am Kondensator ändert ständig ihre Größe und Richtung und damit wird der Kondensator ständig aufgeladen und entladen. Aufgrund der vorher abgeleiteten Beziehung $Q = C \cdot U$ am Kondensator nimmt die Ladung am Kondensator mit der Zunahme der Spannung zu. Die Kurvenform des Stromes am Kondensator ist identisch wie die der Spannung. Jedoch besteht eine Phasenverschiebung zwischen diesen beiden Größen. Der Strom eilt der Spannung um $\frac{\pi}{2}$ vor. Die Spannung gegenüber dem Strom am Kondensator ist nacheilend phasenverschoben.

4.5.2   Die Leistung am Kondensator im Wechselstromkreis

Hierbei muss eine Phasenverschiebung $\varphi \neq 0$ zwischen der Kondensatorspannung und -strom berücksichtigt werden. Die Abb. 4.60 zeigt die Verläufe der Momentanwerte der Kondensatorspannung und -strom sowie den resultierenden augenblicklichen Verlauf der Momentanleistung.

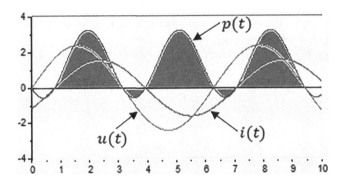

Abb. 4.60 Leistung am Kondensator im Wechselstromkreis

Durch die Phasenverschiebung treten in der Augenblicksleistung auch negative Werte auf. Die Wirkleistung ist proportional zur Fläche unter dem Kurvenverlauf von $p(t)$. Die auftretenden negativen Flächen verringern die aktive positive Fläche oberhalb der Kennlinie. Es ist mit dem Zustand zu vergleichen, dass die horizontale 0-Linie nach unten verschoben ist, wodurch die Wirkleistung sinkt.

Die augenblickliche Leistung ist dann mathematisch definiert durch die Beziehung:

$$u(t) = \hat{u} \cdot \sin(\omega t)$$

$$i(t) = \hat{i} \cdot \sin(\omega t + \varphi)$$

$$p(t) = u(t) \cdot i(t) = \hat{u} \cdot \hat{i} \cdot \sin(\omega t) \cdot \sin(\omega t + \varphi).$$

Nach den Additionstheoreme in der mathematischen Formelsammlung gilt:

$$\sin \alpha \cdot \sin \beta = \frac{1}{2}[\cos(\alpha - \beta) - \cos(\alpha + \beta)]$$

$$\sin(\omega t) \cdot \sin(\omega t + \varphi) = \frac{1}{2}[\cos(\omega t - \omega t - \varphi) - \cos(\omega t + \omega t + \varphi)]$$

$$\sin(\omega t) \cdot \sin(\omega t + \varphi) = \frac{1}{2}\left[\underbrace{\cos(-\varphi)}_{\cos(\varphi)} - \cos(2\omega t + \varphi)\right]$$

Damit lautet die augenblickliche Leistung

$$p(t) = \frac{\hat{\imath} \cdot \hat{u}}{2}[\cos(\varphi) - \cos(2\omega t + \varphi)].$$

Der Verlauf der Momentanleistung schwankt mit der doppelten Frequenz um den Mittelwert. Die Wirkleistung wird durch die Integration der Momentanleistung berechnet. Sie ist proportional zur in Abb. 4.60 hervorgehobenen Fläche unter dem Kurvenverlauf $p(t)$, verringert durch den negativen Anteil.

Wirkleistung

$$P_W = \frac{1}{T}\int_0^T p(t)dt = \frac{1}{T}\int_0^T \frac{\hat{\imath} \cdot \hat{u}}{2}[\cos(\varphi) - \cos(2\omega t + \varphi)]dt = \frac{\hat{\imath} \cdot \hat{u}}{2}\int_0^T [\cos(\varphi) - \cos(2\omega t + \varphi)]dt$$

$$= \frac{\hat{\imath} \cdot \hat{u}}{2T}\left[\int_0^T \cos(\varphi)dt - \underbrace{\int_0^T \cos(2\omega t + \varphi)dt}_{=0}\right] = \frac{\hat{\imath} \cdot \hat{u}}{2T}\left([\cos(\varphi)t]_0^T\right)$$

$$= \frac{\hat{\imath} \cdot \hat{u}}{2T}\cos(\varphi)(T - 0) = \frac{\hat{\imath} \cdot \hat{u}}{2}\cos(\varphi) = \frac{\sqrt{2} \cdot I_{\text{eff}} \cdot \sqrt{2} \cdot U_{\text{eff}}}{2}\cos(\varphi)$$

$$= I_{\text{eff}} \cdot U_{\text{eff}} \cdot \cos(\varphi)$$

Bemerkung zur obigen Gleichung:

$$\underbrace{\int_0^T \cos(2\omega t + \varphi)dt}_{=0} = \frac{1}{2\omega}[\sin(2\omega t + \varphi)]_0^T = \frac{1}{2\omega}\left[\underbrace{\sin\left(2\frac{2\pi}{T}T + \varphi\right)}_{\sin\varphi} - \sin(0 + \varphi)\right] = 0$$

Mit wachsender Phasenverschiebung sinkt die Wirkleistung. Beträgt zwischen Spannung und Strom die Phasenverschiebung $\varphi = 90°$, so werden die positiven Flächenanteile gleich groß wie die negativen (Abb. 4.61). Die Wirkleistung hat dann den Wert null.

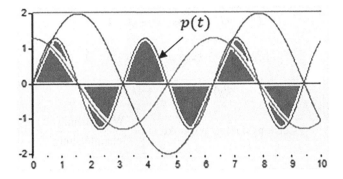

Abb. 4.61 Wirkleistung durch wachsender Phasenverschiebung

Die Blindleistung wird definiert durch

$$P_B = I_{\text{eff}} \cdot U_{\text{eff}} \cdot \sin(\varphi).$$

Der Kondensator ist an eine Wechselspannungsquelle angeschlossen und wird ständig aufgeladen und entladen. In der Aufladungsphase wird Energie aus der Quelle entnommen und beim Entladen wird Energie vom Kondensator zum Generator übertragen. Damit pendelt die Energieübertragung zwischen Quelle und Verbraucher hin und her. Die Blindleistung ist ein Maß für den zeitlichen Mittelwert des dabei auftretenden Leistungsumsatzes.

Eine weitere Leistungsgröße in diesem Sinne ist die Scheinleistung

$$P_B = \text{Wirkleitung} + j\text{Blindleistung} = I_{\text{eff}} \cdot U_{\text{eff}} \cdot (\cos\varphi + j\sin\varphi)$$

$$= I_{\text{eff}} \cdot U_{\text{eff}} \cdot \underbrace{\sqrt{\cos^2\varphi + \sin^2\varphi}}_{=1} = I_{\text{eff}} \cdot U_{\text{eff}}.$$

Die bei elektrischen Maschinen sowie Generatoren und Transformatoren als charakteristische Größe bezeichnet wird.

Mit dem Satz von Pythagoras:

„Hypothenusquadrat = Summe der Kathetenquadrate" kann eine Beziehung zwischen Wirk-, Blind- und Scheinleistung wie folgt hergestellt werden (Abb. 4.62):

Abb. 4.62 Kopplung von Wirk-, Blind- und Scheinleistung

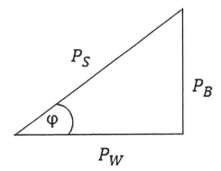

$$(U \cdot I)^2 = (U \cdot I \cdot \cos\varphi)^2 + (U \cdot I \cdot \sin\varphi)^2$$

$$(P_S)^2 = (P_S \cdot \cos\varphi)^2 + (P_S \cdot \sin\varphi)^2$$

$$(P_S)^2 = (P_W)^2 + (P_B)^2$$

$$\text{Leistungsfaktor(Wirkfaktor)} = \frac{\text{Wirkleistung}}{\text{Scheinleistung}}$$

$$\cos\varphi = \frac{P_W}{P_S} = \frac{U \cdot I \cdot \cos\varphi}{U \cdot I} = \cos\varphi$$

$$\text{Blindfaktor} = \frac{\text{Blindleistung}}{\text{Scheinleistung}}$$

$$\sin\varphi = \frac{P_W}{P_S} = \frac{U \cdot I \cdot \sin\varphi}{U \cdot I} = \sin\varphi$$

4.6   Die Spule im Wechselstromkreis

Es ist mathematisch einfacher, die Gesetzmäßigkeiten an der Spule abzuleiten, wenn die Spule an einer idealen Stromquelle angeschlossen wird (Abb. 4.63).

Abb. 4.63 Die Spule im Wechselstromkreis

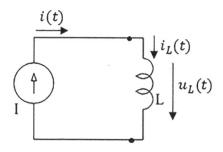

Es gilt für die Spannung an der Spule

$$u_L(t) = L\frac{di_L(t)}{dt}$$

mit

$$i_L(t) = i(t) = \hat{i}_L \cdot \cos(\omega t + \varphi_i)$$

eingesetzt

$$u_L(t) = L \frac{d\left[\hat{i}_L \cdot \cos\left(\omega t + \varphi_i\right)\right]}{dt} = L \cdot \hat{i}_L \cdot \frac{d[\cos\left(\omega t + \varphi_i\right)]}{dt} = L \cdot \hat{i}_L \cdot \omega \cdot [-\sin\left(\omega t + \varphi_i\right)].$$

Nach der Formelsammlung gilt

$$\sin\alpha = \cos\left(\alpha - \frac{\pi}{2}\right) \text{ und } -\cos\left(\alpha - \frac{\pi}{2}\right) = \cos\left(\alpha + \frac{\pi}{2}\right)$$

Daraus folgt:

$$u_L(t) = -L \cdot \hat{i}_L \cdot \omega \cdot \left[\cos\left(\omega t + \varphi_i - \frac{\pi}{2}\right)\right] = L \cdot \hat{i}_L \cdot \omega \cdot \left[\cos\left(\omega t + \varphi_i + \frac{\pi}{2}\right)\right].$$

Aus $u_L(t)$ und $i_L(t)$ der Spule wird entnommen, dass bei sinusförmiger Anregung Strom und Spannung sinusförmig mit gleicher Kreisfrequenz ω sind.

$$i_L(t) = \hat{i}_L \cdot \cos\left(\omega t + \varphi_i\right)$$

$$u_L(t) = L \cdot \hat{i}_L \cdot \omega \cdot \left[\cos\left(\omega t + \varphi_i + \frac{\pi}{2}\right)\right] = \hat{u}_L \cdot \cos\left(\omega t + \varphi_u\right)$$

$$\hat{u}_L = L \cdot \hat{i}_L \cdot \omega$$

$$U_L = L \cdot I_L \cdot \omega$$

$$Z_L = \frac{U_L}{I_L} = \omega \cdot L$$

$$\varphi_u = \varphi_i + \frac{\pi}{2}$$

$$\varphi = \varphi_u - \varphi_i = \varphi_i + \frac{\pi}{2} - \varphi_i = \frac{\pi}{2}$$

4.6.1   Komplexe Darstellungsformen

$$\underline{u}_L(t) = L \frac{d\underline{i}_L(t)}{dt}$$

$$\underline{i}_L(t) = \hat{i}_L \cdot \cos\left(\omega t + \varphi_i\right) = \hat{i}_L \cdot e^{j(\omega t + \varphi_i)} = \hat{i}_L \cdot e^{j\omega t} \cdot e^{j\varphi_i}$$

eingesetzt:

$$\underline{u}_L(t) = \hat{i}_L \cdot L \cdot \frac{d\left(e^{j\omega t} \cdot e^{j\varphi_i}\right)}{dt} = L \cdot \underbrace{\hat{i}_L \cdot e^{j\omega t} \cdot e^{j\varphi_i}}_{\underline{i}_L(t)} \cdot j\omega$$

$\underline{Z}_L = \frac{\underline{u}_L(t)}{\underline{i}_L(t)} = j\omega L$: komplexer Widerstand, Impedanz

$\left|\underline{Z}_L\right| = \omega L$: Betrag des komplexen Widerstandes

$$\varphi = \arctan\frac{\omega L}{0} = \arctan(\infty) = +90°$$

Zeigerdiagramm für die Impedanz (oder induktiver Blindwiderstand oder Reaktanz) $\underline{Z}_L = \underline{X}_L = j\omega L$ (Abb. 4.64).

Abb. 4.64 Zeigerdiagramm
für Impedanz

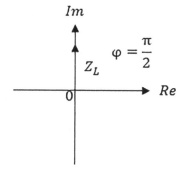

Es handelt sich dabei um den induktiven Blindwiderstand, der von der Frequenz abhängig ist. Der induktive Blindwiderstand wird umso größer, je höher die Frequenz ist. Gleichzeitig wird er umso größer, je größer die Induktivität ist. Die Kurvenform des Stromes an der Spule ist identisch wie die der Spannung. Jedoch besteht eine Phasenverschiebung zwischen diesen beiden Größen. Der Strom eilt der Spannung um $\frac{\pi}{2}$ nach.

4.6.2 Die Leistung an der Spule im Wechselstromkreis

Die Wirkleistung an der Spule ist identisch wie die des Kondensators, die im Abschn. 4.5.2 behandelt wurde. Die Abb. 4.65 zeigt in dem hervorgehobenen Bereich unter der Kurvenform von p(t) die Wirkleistung im positiven und negativen Anteil der waagerechten 0-Linie.

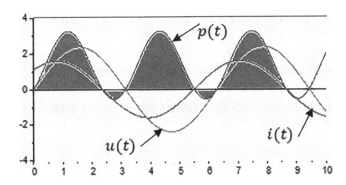

Abb. 4.65 Leistung an der Spule im Wechselstromkreis

4.6.3 Messschaltung zur Messung der elektrischen Leistung

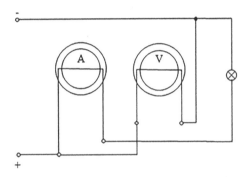
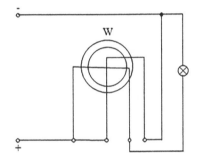

Strom − Spannungsmessung   *Leistungsmessung*
zur Bestimmung der Leistung   *mit Leistungsmesser*

Abb. 4.66 Schaltungen zur Leistungsmessung

Zur Messung der elektrischen Leistung werden die Größen für Strom und Spannung benötigt, die durch zwei Messinstrumente nach den obigen Messaufbauten links zu schalten ist. Durch Multiplikation zusammengehöriger Augenblickswerte von Spannung und Strom erhält man die Leistung bei Wechselstrom. Mit einem Leistungsmesser lässt sich die elektrische Leistung direkt messen. Der Strom wird unmittelbar über die Strom-spule des Messgerätes und die Spannung unmittelbar an der Spannungsspule des Mess-gerätes angeschlossen. Der Ausschlag des Leistungsmessers hängt von der Spannung und Strom ab. Das Messinstrument verfügt deshalb über je zwei Anschlüsse für Strom und Spannung (Abb. 4.66).

4.6.4   Frequenzabhängigkeit der Spule und des Kondensators

Scheinwiderstände und -leitwerte der Spule und des Kondensators sind von der Anregungsfrequenz abhängig. Hat man zur Darstellung eine verlustfreie Spule mit der Induktivität $L = 1$ mH und sucht man nach den Kennlinien des Scheinwiderstandes Z_L und des Scheinleitwertes Y_L in Abhängigkeit der Frequenz, so ergeben sich folgende Darstellungen unten (Abb. 4.67):

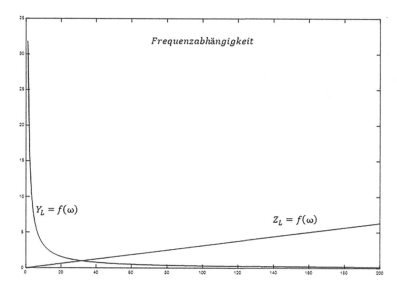

Abb. 4.67 Frequenzabhängigkeit des Scheinwiderstandes und des Scheinleitwertes

Bei der Kreisfrequenz $\omega = 0$ hat die Spule die Größen	Bei der Kreisfrequenz $\omega = \infty$ hat die Spule die Größen
$Z_L = \omega \cdot L = 0$	$Z_L = \omega \cdot L = \infty$
$Y_L = \frac{1}{Z_L} = \infty$	$Y_L = \frac{1}{Z_L} = 0$
und der Kondensator die Größen	und der Kondensator die Größen
$Z_C = \frac{1}{\omega \cdot C} = \infty$	$Z_C = \frac{1}{\omega \cdot C} = 0$
$Y_C = \frac{1}{Z_C} = 0$	$Y_C = \frac{1}{Z_C} = \infty$

4.7   Komplexe Widerstände und komplexe Leitwerte

Zusammenfassung:

$\underline{u}_R$ R $\underline{i}_R$	$\underline{Z}_R = R$ $\left\|\underline{Z}_R\right\| = R$ $\varphi = \arctan\frac{0}{R} = 0°$ $\varphi = \varphi_u - \varphi_i = 0°$ $\underline{Y}_R = \frac{1}{\underline{Z}_R} = \frac{1}{R}$
$\underline{u}_L$ L $\underline{i}_L$	$\underline{Z}_L = j\omega L$ $\left\|\underline{Z}_L\right\| = \omega L$ $\varphi = \arctan\frac{\omega L}{0} = \arctan(\infty) = 90°$ $\varphi = \varphi_u - \varphi_i = \frac{\pi}{2}$ $\underline{Y}_L = \frac{1}{\underline{Z}_L} = \frac{1}{j\omega L} = -j\frac{1}{\omega L}$
$\underline{u}_C$ C $\underline{i}_C$	$\underline{Z}_C = \frac{1}{j\omega C} = -j\frac{1}{\omega C}$ $\left\|\underline{Z}_L\right\| = \frac{1}{\omega C}$ $\varphi = \arctan\frac{-\frac{1}{\omega C}}{0} = \arctan(-\infty) = -90°$ $\varphi = \varphi_u - \varphi_i = -\frac{\pi}{2}$ $\underline{Y}_C = \frac{1}{\underline{Z}_C} = \frac{1}{\frac{1}{j\omega C}} = j\omega C$

Passive Zweipole im Sinusstromkreis:

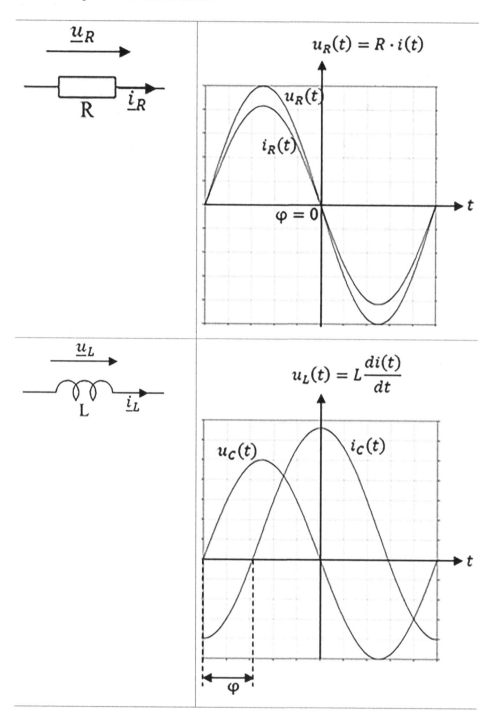

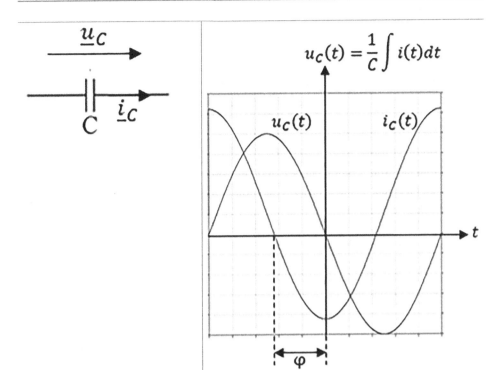

Komplexe Widerstände und komplexe Leitwerte lassen sich ebenfalls in Real- und Imaginärteil aufspalten.

Definitionen

Wirkwiderstand: $R = \mathrm{Re}\{\underline{Z}\}$	Wirkleitwert: $G = \mathrm{Re}\{\underline{Y}\}$
Blindwiderstand: $X = \mathrm{Im}\{\underline{Z}\}$	Blindleitwert: $B = \mathrm{Im}\{\underline{Y}\}$
Scheinwiderstand: $\underline{Z}$	Scheinleitwert: $\underline{Y}$
$\underline{Z} = R + jX$	$\underline{Y} = \frac{1}{\underline{Z}} = G + jB$
$\underline{Z}_R = R + jX = R$	$\underline{Y}_R = \frac{1}{\underline{Z}_R} = G + jB$
$X = 0$	$G = \frac{1}{R}$
$R = R$	$B = 0$
$\underline{Z}_C = R + jX = -j\frac{1}{\omega C}$	$\underline{Y}_C = \frac{1}{\underline{Z}_C} = G + jB = j\omega C$
$R = 0$	$G = 0$
$X = -\frac{1}{\omega C}$	$B = \omega C$
$\underline{Z}_L = R + jX = j\omega L$	$\underline{Y}_L = \frac{1}{\underline{Z}_L} = G + jB = \frac{1}{j\omega L}$
$R = 0$	$G = 0$
$X = \omega L$	$B = -\frac{1}{\omega L}$

Übung

Abb. 4.68 RLC-
Serienschaltung

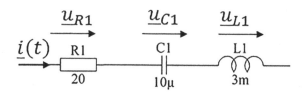

Durch die in der Abb. 4.68 skizzierten Serienschaltung von $R_1 = 20\,\Omega$, $C_1 = 10\,\mu\text{F}$ und $L_1 = 3\,\text{mH}$ fließt der zeitabhängige sinusförmige Strom $i(t) = 2\,\text{A} + j3\,\text{A}$. Die Kreisfrequenz hat den Wert von $\omega = 10^4\,\text{s}^{-1}$.

Berechnen   Sie   die   Teilspannungen $\underline{u}_{R1}$, $\underline{u}_{L1}$ und $\underline{u}_{C1}$ sowie $\underline{Z}_{R1}, \underline{Z}_{C1}, \underline{Z}_{L1}, \underline{Y}_{R1}, \underline{Y}_{C1}$ und $\underline{Y}_{L1}$.

Tragen Sie die komplexen Spannungen in die komplexe $\underline{u}$ – Ebene, den komplexen Strom in die komplexe $\underline{i}$ – Ebene die komplexen Widerstände in die $\underline{Z}$ – Ebene sowie die komplexen Leitwerte in die $\underline{Y}$ – Ebene ein.

Lösung

$$\underline{u}_{R1} = R_1 \cdot i(t) = 20\,\Omega \cdot (2\,\text{A} + j3\,\text{A}) = 40\,\text{V} + j60\,\text{V}$$

$$\underline{u}_{C1} = -j\frac{1}{\omega C} \cdot i(t) = -j\frac{1}{10^4\,\text{s}^{-1} \cdot 10 \cdot 10^{-6}\,\text{F}}(2\,\text{A} + j3\,\text{A})$$

$$= -j\frac{2\,\text{A}}{10^4\,\text{s}^{-1} \cdot 10 \cdot 10^{-6}} + \frac{3\,\text{A}}{10^4\,\text{s}^{-1} \cdot 10 \cdot 10^{-6}} = 30\,\text{V} - j20\,\text{V}$$

$$\underline{u}_{L1} = j\omega L_1 \cdot i(t) = j10^4\,\text{s}^{-1} \cdot 3 \cdot 10^{-3}\,\text{H} \cdot (2\,\text{A} + j3\,\text{A}) = j60\,\text{V} - 90\,\text{V}$$

$$\underline{Z}_{R1} = R_1 = 20\,\Omega$$

$$\underline{Z}_{C1} = \frac{1}{j\omega C_1} = \frac{1}{j \cdot 10^4\,\text{s}^{-1} \cdot 10 \cdot 10^{-6}\,\text{F}} = -j10\,\Omega$$

$$\underline{Z}_{L1} = j\omega L_1 = j \cdot 10^4\,\text{s}^{-1} \cdot 3 \cdot 10^{-3}\,\text{H} = j30\,\Omega$$

$$\underline{Y}_{R1} = \frac{1}{\underline{Z}_{R1}} = \frac{1}{R_1} = 0{,}05\,\text{S}$$

$$\underline{Y}_{C1} = \frac{1}{\underline{Z}_{C1}} = j0{,}1\,\text{S}$$

$$\underline{Y}_{L1} = \frac{1}{\underline{Z}_{L1}} = -j0{,}033\,\text{S}$$

Die komplexen Spannungen in der komplexen $\underline{u}$ – Ebene:
Matlab-Programm:

```
Z1 = (0.05+0j);

Z2 = (0+0.01j);

Z3 = (0-0.33j);

Z = [Z1,Z2,Z3];

figure

compass (Z)
```

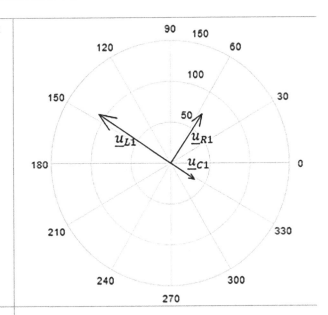

Der komplexe Strom in der komplexen $\underline{i}$ – Ebene:

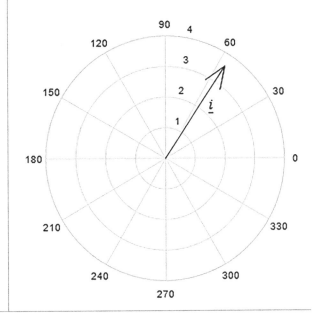

Die komplexen Widerstände in
der komplexen $\underline{Z}$ − Ebene:

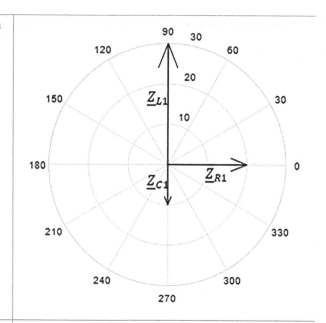

Die komplexen Leitwerte in der
komplexen $\underline{Y}$ − Ebene:

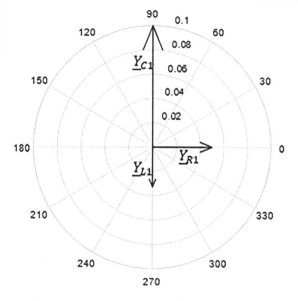

4.8 RL-/RC-/RLC gemischte Schaltungen

4.8.1 Reihenschaltung

Abb. 4.69 Verlustbehafteter Spule

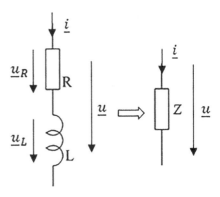

Abb. 4.69 zeigt eine verlustbehaftete Spule, die als Reihenschaltung aus verlustfreier Spule und Wirkwiderstand dargestellt ist. Für die momentane Lage der komplexen Widerstände und Teilspannungen im Wechselstromkreis wird die Zeigerdarstellung (Zeigerdiagramme) bevorzugt (Abb. 4.70).

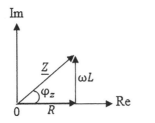 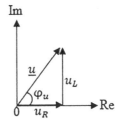

Abb. 4.70 Zeigerdiagramme

Die Strom- und Spannungsbeziehungen der RL-Serienschaltung lassen sich wie folgt ableiten:

$$\underline{u} = \underline{z} \cdot \underline{i} = (R + j\omega L) \cdot \underline{i}$$

$$U = Z \cdot I = I \cdot \sqrt{R^2 + \omega^2 L^2}$$

mit

$$Z = \sqrt{R^2 + \omega^2 L^2} \quad bzw. \quad \underbrace{Z^2}_{\text{Scheinwid.}} = \underbrace{R^2}_{\text{Wirkwid.}} + \underbrace{\omega^2 L^2}_{\text{Blindwid.}}$$

Für den Winkel gilt:

$$\varphi_Z = \arctan \frac{\omega L}{R}.$$

Übung

Abb. 4.71 Beispielschaltung

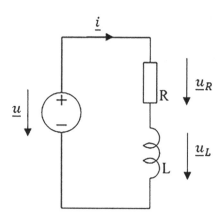

Im obigen Netzwerk sind die Effektivwerte für $U_R = 3\,\mathrm{mV}$, $U_L = 4\,\mathrm{mV}$ und $I = 5\,\mathrm{mA}$ gemessen worden. Gesucht sind der Effektivwert der Quellenspannung, sowie die Größen für R und L wie auch den Phasenverschiebungswinkel φ_u für $\omega = 10^3\,\mathrm{s}^{-1}$ (Abb. 4.71).

Lösung (Abb. 4.72)

$$U = \sqrt{U_R^2 + U_L^2} = \sqrt{(3\,\mathrm{mV})^2 + (4\,\mathrm{mV})^2} = 5\,\mathrm{mV}$$

$$R = \frac{U_R}{I} = \frac{3\,\mathrm{mV}}{5\,\mathrm{mA}} = 0{,}6\,\Omega$$

$$\omega L = \frac{U_L}{I} = \frac{4\,\mathrm{mV}}{5\,\mathrm{mA}} = 0{,}8\,\Omega$$

$$L = \frac{0{,}8\,\Omega}{10^3\,\mathrm{s}^{-1}} = 0{,}8\,\mathrm{mH}$$

$$\varphi_u = \arctan\frac{U_L}{U_R} = 53°$$

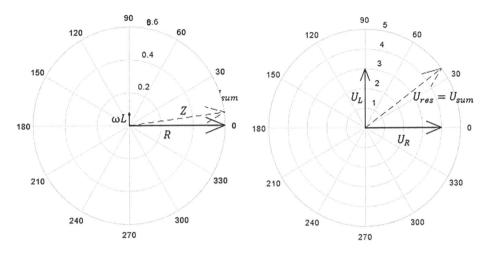

Abb. 4.72 Zeigerdiagramme

4.8.2   Reihen- und Parallelschaltungen von Widerstand, Kondensator und Spule

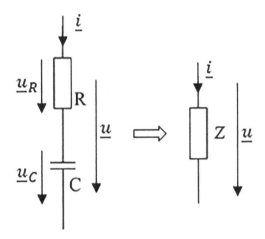

Abb. 4.73 RC-Reihenschaltung

In der in Abb. 4.73 dargestellten Reihenschaltung von R und C gilt im Wechselstromkreis:

$$\underline{u} = \underline{z} \cdot \underline{i} = \left(R + \frac{1}{j\omega C}\right) \cdot \underline{i} = \left(R - j\frac{1}{\omega C}\right) \cdot \underline{i}$$

$$U = Z \cdot I = I \cdot \sqrt{R^2 + \frac{1}{\omega^2 C^2}}$$

mit

$$Z = \sqrt{R^2 + \frac{1}{\omega^2 L^2}} \quad bzw. \quad \underbrace{Z^2}_{\text{Scheinwid.}} = \underbrace{R^2}_{\text{Wirkwid.}} + \underbrace{\frac{1}{\omega^2 L^2}}_{\text{Blindwid.}}$$

Für den Winkel gilt:

$$\varphi_Z = -\arctan\frac{1}{\omega C R}.$$

Zeigerdiagramme (Abb. 4.74).

Abb. 4.74 Zeigerdiagramme

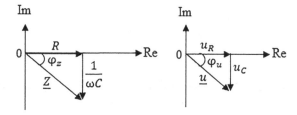

Übung

Bei einer Reihenschaltung von R und C sind folgende Größen bekannt:

$$R = 2\,\text{M}\Omega, C = 2\,\text{nF und } f = 159\,\text{Hz}.$$

Berechnen Sie den Blindwiderstand X, den Scheinwiderstand Z und den Winkel φ_Z.

Lösung

$$X = -\frac{1}{\omega C} = -\frac{1}{2 * \pi * f * C} = -0{,}5\,\text{M}\alpha$$

$$Z = \sqrt{R^2 + X^2} = \sqrt{(2\,\text{M}\Omega)^2 + (-0{,}5\,\text{M}\Omega)^2} = 2{,}06\,\text{M}\Omega$$

$$\varphi_Z = \arctan\left(-\frac{1}{\omega C R}\right) = -14°$$

Komplexes Zeigerdiagramm für Widerstände (Abb. 4.75).

Abb. 4.75 Zeigerdiagramm

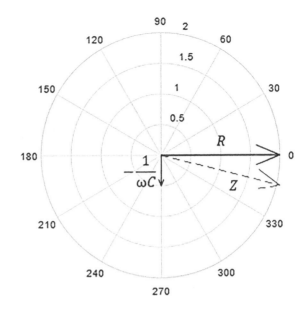

Übung

Abb. 4.76 Beispielschaltung

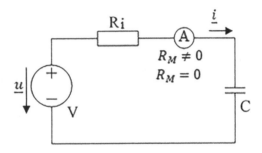

Im Netzwerk in Abb. 4.76 wird die Stromstärke $\underline{i}$ mit einem idealen/realen Ampere-meter gemessen. Ideale Messgeräte verfügen über keinen Innenwiderstand. Um einen Vergleich der gerechneten Ergebnisse zu erzielen, werden die beiden Messgeräte zur Verfügung gestellt, mit denen die Messung durchzuführen ist. Die Wechselspannungs-quelle liefert die Spannung $U = 7\,\text{V}$ und ihr Innenwiderstand hat die Größe $R_i = 1{,}7\,\Omega$. Die Kreisfrequenz hat den Wert von $\omega = 3 * 10^4\,\text{s}^{-1}$. Der Innenwiderstand des Ampere-meters beträgt $R_M = 4{,}7\,\Omega$. Der abgelesene Wert des Messinstrumentes hat die Größe von $I = 0{,}4\,\text{A}$.

Der Kondensator C wird als verlustfrei angenommen. Er soll mithilfe der gemessenen Größen ermittelt werden.

Lösung

$$Z = \frac{U}{I} = \frac{7\,\text{V}}{0{,}4\,\text{A}} = 17{,}5\,\Omega$$

Unter Berücksichtigung des Innenwiderstandes gilt:

$$Z^2 = (R_i + R_M)^2 + \frac{1}{\omega^2 \cdot C^2} \rightarrow C = \sqrt{\frac{1}{\omega^2 \left[Z^2 - (R_i + R_M)^2\right]}} = 2{,}04\,\mu F$$

Wird der Innenwiderstand des Messgerätes nicht berücksichtigt, dann gilt für $C = 1{,}91\,\mu F$.

Übung

Abb. 4.77 Beispielschaltung

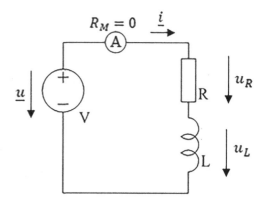

Eine sogenannte Luftspule besteht aus dem Wicklungswiderstand R und der Induktivität L. Die beiden Größen sollen theoretisch ermittelt werden, wenn gilt (Abb. 4.77):

Generatorspannung (Gleichspannung): $U = 12\,V$.

Generatorspannung (Wechselspannung): $u(t) = 24{,}2\,V \cdot \cos \omega t$.

Generatorinnenwiderstand: $R_i = 0$.

Kreisfrequenz $\omega = 30 \cdot 10^3\,s^{-1}$.

Mit dem Amperemeter wurden bei Gleichspannung $I = 2\,A$ und bei Wechselspannung $i = 1{,}8\,A$ gemessen.

Lösung

Bei der Messung durch Einsatz vom Gleichspannungsgenerator ist der Spannungsabfall u_L an der Spule gleich null, da die Frequenz der Gleichspannung null ist:

$$U_L = I \cdot \omega \cdot L = 0, da\ \omega = 0$$

Damit ergibt sich für den ohmschen Widerstand:

$$R = \frac{U}{I} = \frac{12\,V}{2\,A} = 6\,\Omega$$

Wird die Berechnung durch den Einsatz von einem Wechselspannungsgenerator vollführt, dann gilt:

$$u(t) = \hat{u} \cdot \cos \omega t = 24{,}2 \, \text{V} \cdot \cos \omega t$$

$$\hat{u} = 24{,}2 \, \text{V} \rightarrow U = \frac{24{,}2}{\sqrt{2}} = 17{,}11 \, \text{V}$$

$$Z = \frac{U}{I} = \frac{17{,}11 \, \text{V}}{1{,}8 \, \text{A}} = 9{,}5 \, \Omega$$

$$\underline{Z} = R + j\omega L$$

$$Z = \sqrt{R^2 + (\omega \cdot L)^2} \rightarrow Z^2 = R^2 + \omega^2 \cdot L^2 \rightarrow L^2 = \frac{Z^2 - R^2}{\omega^2} \rightarrow L = \sqrt{\frac{Z^2 - R^2}{\omega^2}}$$

$$L = 60{,}27 \, \mu\text{H}$$

Übung

Bei der Behandlung der Spule im Wechselstromkreis wurde die Spulenspannung abgeleitet zu:

$$u_L(t) = \omega \cdot L \cdot \hat{i} \cdot \cos\left(\omega t + \varphi_i + \frac{\pi}{2}\right).$$

a) Es soll die Amplitude $\hat{u}$ und der Nullphasenwinkel φ_u der Spulenspannung bestimmt werden.
b) Welche Beziehung existiert zwischen U_L und I_L sowie den Scheinwiderstand Z_L?
c) Es soll der Phasenverschiebungswinkel der Spulenspannung gegenüber dem Spulenstrom ermittelt werden

Lösung

a) $\hat{u}_L = \omega \cdot L \cdot \hat{i}$ und $\varphi_u = \varphi_i + \frac{\pi}{2}$

b) $U_L = \omega \cdot L \cdot I_L$ und $Z_L = \frac{U_L}{I_L} = \omega L$

c) $\varphi = \varphi_u - \varphi_i = \frac{\pi}{2} > 0$

Übung

Eine Spule mit der Induktivität $L = 200 \, \text{mH}$ ist an die Netzspannung ($U = 220 \, \text{V}, f = 50 \, \text{Hz}$) angeschlossen. Wie groß ist I_L und wie lautet die Beziehung für $i_L(t)$ für $\varphi_u = 0$?

Lösung

$$I_L = \frac{U_L}{\omega \cdot L} = \frac{220\,\text{V}}{2 \cdot \pi \cdot 50\,\text{Hz} \cdot 200 \cdot 10^{-3}} = 3{,}5\,\text{A}$$

$$\hat{i} = I_L \cdot \sqrt{2} = 4{,}95\,\text{A}$$

$$\varphi_i = \varphi_u - \varphi = -\frac{\pi}{2}$$

Übung

Im unteren Bild ist eine Reihenschaltung bestehend aus R, L und C abgebildet, die an einer Wechselspannungsquelle mit der Spannungsgröße $u(t) = \hat{u} \cdot \cos \omega t$ angeschlossen ist.

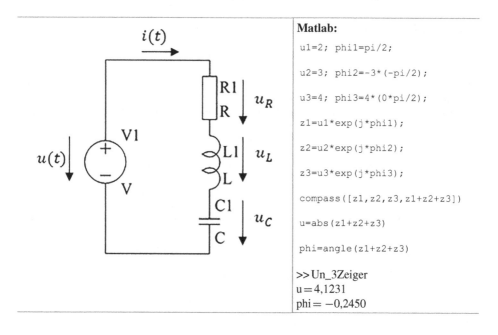

Matlab:

```
u1=2; phi1=pi/2;

u2=3; phi2=-3*(-pi/2);

u3=4; phi3=4*(0*pi/2);

z1=u1*exp(j*phi1);

z2=u2*exp(j*phi2);

z3=u3*exp(j*phi3);

compass([z1,z2,z3,z1+z2+z3])

u=abs(z1+z2+z3)

phi=angle(z1+z2+z3)
```

```
>> Un_3Zeiger
u = 4,1231
phi = -0,2450
```

Gesucht sind die Länge und der Phasenwinkel des resultierenden Spannungszeigers und die im Verbraucher umgesetzte Wirk-, Blind- und Scheinleistung (Abb. 4.78).

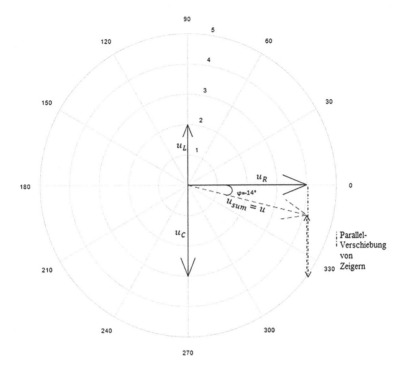

Abb. 4.78 Zeigerdiagramm

Lösung

$$u_L = 2 \cdot e^{j\frac{\pi}{2}} = 2 \cdot \left(\cos \frac{\pi}{2} + j sin \frac{\pi}{2} \right) = 0 + j2$$

$$u_C = -3 \cdot e^{-j\frac{\pi}{2}} = 3 \cdot \left(\underbrace{\cos \left(-\frac{\pi}{2} \right)}_{0} - j \underbrace{\sin \left(-\frac{\pi}{2} \right)}_{-1} \right) = 0 - j3$$

$$u_R = 4 \cdot e^{j\frac{\pi}{2}} = 4 \cdot \left(\underbrace{\cos 0}_{+1} + j \underbrace{\sin 0}_{0} \right) = 4$$

$$u = u_R + u_L + u_C = (4 + j0) + (0 + j2) + (0 + j3) = 4 - j$$

$$|u| = \sqrt{4^2 + 1^2} = 4{,}123$$

$$\varphi = \arctan \frac{-1}{4} = -14{,}03°$$

Umrechnung: $\varphi = \frac{\pi \cdot (-14{,}03°)}{180°} = -0{,}245\,\text{rad}$

Für die im Verbraucher umgesetzte Leistung wird die Lage des resultierenden Spannungszeigers und dessen Phasenwinkel aus der komplexen Zeigerdarstellung in Betracht gezogen. Der resultierende Spannungszeiger hat die Größe der Gesamtspannung $u(t) = U$ des Erzeugers. Der Cosinuswert des Winkels

$$\cos \varphi = \frac{U_R}{U}$$

und damit

$$U_R = U \cdot \cos \varphi$$

Für die Wirkleistung wurde die Beziehung

$$P_W = U \cdot I \cdot \cos \varphi$$

abgeleitet. Wird der obige Wert $U \cdot \cos \varphi$ in die letzte Gleichung eingesetzt, so gilt:

$$P_W = U_R \cdot I.$$

Der Spannungsabfall am Widerstand R ist nach dem ohmschen Gesetz

$$U_R = I \cdot R.$$

Wird diese Größe in die letzte Beziehung eingesetzt, so ergibt sich die Wirkleistung am Verbraucher zu

$$P_W = I \cdot I \cdot R = I^2 \cdot R.$$

Aus dem Ergebnis ist zu entnehmen, dass die Wirkleistung nur im ohmschen Widerstand des Verbrauchers umgesetzt wird!

Für die Blindleistung galt die Beziehung

$$P_B = U \cdot I \cdot \sin \varphi.$$

Aus dem Zeigerdiagramm ist zu entnehmen, dass

$$U \cdot \sin \varphi = U_L - U_C$$

gilt. Damit wird

$$P_B = I \cdot (U_L - U_C) = I \cdot \left(I \cdot \omega L - I \frac{1}{\omega C} \right) = I^2 \cdot \left(\omega L - \frac{1}{\omega C} \right) = I^2 \cdot X = \left(\frac{U}{Z} \right)^2 \cdot X = -B \cdot U^2.$$

Bemerkung zur letzten Beziehung:
Es wurde abgeleitet:

$$\underline{Z} = R + jX$$

$$\underline{Y} = \frac{1}{\underline{Z}} = \frac{1}{R + jX} = \frac{R - jX}{Z^2} = \frac{R}{Z^2} - j\frac{X}{Z^2} = G + jB$$

mit

$$B = -\frac{X}{Z^2}.$$

Die Scheinleistung wird wie abgeleitet mit der Beziehung

$$P_S = U \cdot I = \frac{U^2}{Z}$$

bzw.

$$P_S^2 = P_W^2 + P_B^2 = (U \cdot I \cdot \cos\varphi)^2 + (U \cdot I \cdot \sin\varphi)^2 = U^2 \cdot I^2 \cdot \underbrace{\left(\cos^2\varphi + \sin^2\varphi\right)}_{=1}$$

$$P_S = U \cdot I$$

ermittelt.

Übung
Eine verlustbehaftete Spule besteht aus der Serienschaltung ihres Wicklungswiderstandes R_L und der Induktivität L, wie in der Abb. 4.79 gezeigt ist.

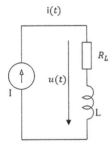 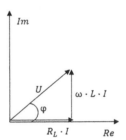

Abb. 4.79 Beispielschaltung

Nebenstehend ist das Spannungsdiagramm in der komplexen Ebene dargestellt. Die Wechselstromquelle liefert die Größe.

$$i(t) = \hat{i}\cos\omega t.$$

Gesucht ist die in der Spule umgesetzte Wirkleistung.

Lösung
Für die Wirkleistung wurde die Beziehung.

$$P_W = U \cdot I \cdot \cos\varphi$$

abgeleitet.

Aus dem Zeigerdiagramm entnehmen wir den Zusammenhang für

$$\cos \varphi = \frac{R_L \cdot I}{U} \text{ und } U \cdot \cos \varphi = R_L \cdot I.$$

Durch Einsetzen erhalten wir

$$P_W = I^2 \cdot R_L.$$

Man erkennt wiederum, dass die Wirkleistung nur im ohmschen Widerstand der Spule, d. h. in dem Wicklungswiderstand R_L umgesetzt wird. Sie wird in Wärme umgewandelt. Eine verlustfreie Spule verfügt über keinen Wicklungswiderstand.

Übung

Gegeben ist eine Reihenschaltung von L und C, die an einer Wechselstromquelle angeschlossen ist (Abb. 4.80).

Abb. 4.80 Beispielschaltung

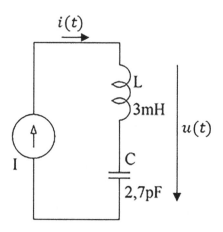

Die Stromquelle liefert die Größe

$$i(t) = \hat{i} \cdot \cos \left(\omega t + \frac{\pi}{2} \right)$$

mit

$$\hat{i} = 2{,}7 \, \text{mA}$$

$$\omega = 0{,}5 \cdot 10^6 \, \text{s}^{-1}$$

Es sollen der Schein-, Blindwiderstand sowie die effektiven Werte von Strom und Spannung ermittelt werden.

Lösung

$$X = \omega L - \frac{1}{\omega C} = 0{,}5 \cdot 10^6\,\text{s}^{-1} \cdot 3\,\text{mH} - \frac{1}{0{,}5 \cdot 10^6\,\text{s}^{-1} \cdot 2{,}7\,\text{pF}} = -739{,}24\,\text{k}\Omega$$

$$Z = |X|$$

$$I = \frac{\hat{i}}{\sqrt{2}} = 1{,}9\,\text{mA}$$

$$U = Z \cdot I = 1{,}4\,\text{kV}$$

Übung

Für die RLC-Schaltung in Abb. 4.81 sind aufgabengemäß folgende Größen bekannt:

$$U = 220\,\text{V}$$

$$R = 1{,}21\,\text{k}\Omega$$

$$\omega L = 1{,}2\,\text{k}\Omega$$

$$\frac{1}{\omega L} = 1\,\text{k}\Omega$$

Abb. 4.81 Beispielschaltung

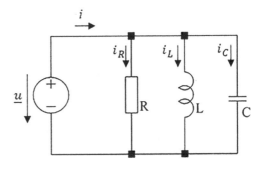

Berechnen Sie die Wirkleistung P_W, die Blindleistung P_B und die Scheinleistung P_S.

Lösung

In Abb. 4.82 sind die Zeigerdiagramme der Ströme im komplexen Zeigerdiagramm dargestellt.

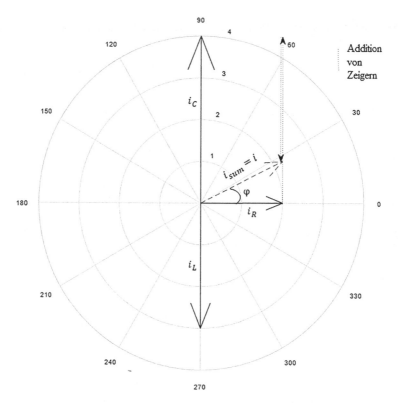

Abb. 4.82   Zeigerdiagramm

Für die Wirkleistung gilt die Beziehung:

$$P_W = U \cdot I \cdot \cos \varphi.$$

$\cos \varphi$ bestimmt man aus dem Zeigerdiagramm zu

$$\cos \varphi = \frac{i_R}{i}$$

und setzt ihn oben ein

$$P_W = U \cdot I \cdot \frac{I_R}{I} = U \cdot I_R = U \cdot \frac{U}{R} = U^2 \frac{1}{R} = 40\,\text{W}$$

Die Blindleistung ergibt sich aus der Beziehung

$$P_B = U \cdot I \cdot \sin \varphi.$$

Wiederum aus dem komplexen Diagramm entnommen

$$\sin \varphi = \frac{I_C - I_L}{I}$$

und eingesetzt ergibt

$$P_B = U \cdot I \cdot \frac{I_C - I_L}{I} = U \cdot (I_C - I_L) = U \cdot \left(U \cdot \omega \cdot C - \frac{U}{\omega \cdot L} \right) = U^2 \cdot B = (220\,\text{V})^2 \left(1\,\text{mS} - \frac{1}{1{,}2}\,\text{mS} \right)$$

$$= 8{,}1\,\text{W}$$

Die Scheinleistung berechnet sich wie folgt:

$$P_S = \sqrt{P_W^2 + P_B^2} = \sqrt{\left(\frac{U^2}{R} \right)^2 + \left(U^2 \cdot B \right)^2}$$

$$= U^2 \sqrt{\frac{1}{R^2} + B^2} = U^2 \sqrt{\frac{1}{R^2} + \left(\omega \cdot C - \frac{1}{\omega \cdot L} \right)^2}$$

$$= (220\,\text{V})^2 \sqrt{\frac{1}{(1{,}21\,\text{k}\Omega)^2} + \left(1\,\text{mS} - \frac{1}{1{,}2}\,\text{mS} \right)^2} = 40{,}8\,\text{W}.$$

Oder alternativ

$$P_S^2 = P_W^2 + P_B^2 = (40\,\text{W})^2 + (8{,}1\,\text{W})^2 = 1665\,\text{W}^2$$

$$P_S = 40{,}8\,\text{W}.$$

4.9 Schwingkreis

Ein stromdurchflossener Kondensator erzeugt ein elektrisches und eine stromdurchflossene Induktivität ein magnetisches Feld. Wird der Schalter S in Abb. 4.83 auf Stellung a gebracht, so ist der Kondensator $C1$ an die Spannungsquelle $V1$ angeschlossen und er lädt sich auf. Hat sich der Kondensator $C1$ auf die Erzeugerspannung aufgeladen (max. Spannung), so fließt in der ersten Masche kein Strom durch den Kondensator. Im Kondensator ist ein elektrisches Feld aufgebaut.

Abb. 4.83 Schaltung zur Funktion des Schwingkreises

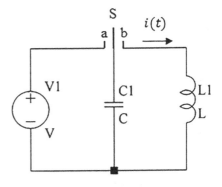

Wird der Schalter auf Stellung b gebracht, so ist die zweite Masche rechts aktiv und es fließt ein Kreisstrom durch die rechte Masche. Die eingesetzten komplexen Bauteile $C1$ und $L1$ sind verlustbehaftet, d. h., sie sind keine idealen Bauteile und verfügen über Verlustwiderstände, die in den vorherigen Kapiteln anhand von Ersatzbildern dargestellt sind. Wird der aufgeladene Kondensator an die Spule gelegt, so entlädt sich der Kondensator. Der Entladestrom $i(t)$ fließt durch die Spule und baut in ihr ein Magnetfeld auf. Verschwindet das elektrische Feld im Kondensator durch Entladung, so entsteht in der Spule ein magnetisches Feld. Elektrisches Feld im Kondensator und magnetisches Feld in der Spule wechseln sich so lange periodisch ab, bis die Energie-übertragung zwischen beiden Bauelementen ausgeschöpft ist. Der Strom $i(t)$ hat damit eine gedämpfte, abklingende Schwingung, wie Abb. 4.84 zeigt.

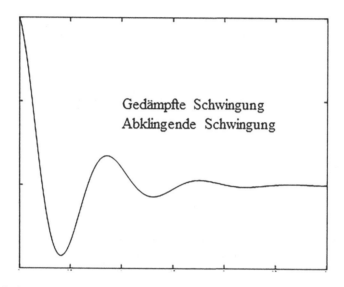

Abb. 4.84 Gedämpfte und abklingende Schwingung

Die Schwingungen werden kleiner und hören schließlich ganz auf. Die Energieüber-tragung des elektrischen und des magnetischen Feldes wird ganz in Wärme umgesetzt.

Fazit
Eine Induktivität und eine Kapazität bilden zusammen einen Schwingkreis. In einem Schwingkreis wechseln sich magnetisches und elektrisches Feld periodisch ab.
Für den Fall, womit die Schwingung infolge der Dämpfung nicht aufhören soll, muss der Schwingkreis von außen ständig mit einer Frequenz erregt werden. Dadurch kann der Schwingkreis mitschwingen. Ist die erregte Frequenz identisch mit seiner Eigenfrequenz, so kann der Schwingkreis mitschwingen. Diesen Fall nennt man Resonanz. Die Eigenfrequenz des Schwingkreises bezeichnet man als Eigenfrequenz.

4.9.1 Serienschwingkreis

Die Reihenschaltung von verlustfreier Spule L und verlustfreiem Kondensator C bildet einen Spannungsresonanzkreis (Abb. 4.85).

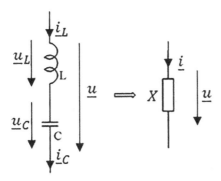

Abb. 4.85 LC-Serienschwingkreis

Ist der Reihenschwingkreis an einer sinusförmigen Spannungsquelle angeschlossen, so gilt:

$$\underline{u}_L = j\omega L \underline{i}_L$$

$$\underline{u}_C = \frac{1}{j\omega C}\underline{i}_C$$

Für den Strom in einer Serienschaltung gilt:

$$\underline{i}_L = \underline{i}_C = \underline{i}$$

und die Spannung

$$\underline{u} = \underline{u}_L + \underline{u}_C = \left(j\omega L + \frac{1}{j\omega C}\right)\underline{i} = j\left(\underbrace{\omega L - \frac{1}{\omega C}}_{X}\right)\underline{i}.$$

Aus der obigen Gleichung wird entnommen, dass der komplexe Widerstand der LR -Schaltung imaginär ist. Er wird als Blindwiderstand X ersetzt. Damit gilt für die obige Beziehung

$$\underline{u} = jX\underline{i}$$

mit

$$X = \omega L + \frac{1}{\omega C}$$

ωL: induktiver Blindwiderstand

$\dfrac{1}{\omega C}$: kapazitiver Blindwiderstand

Zeigerdarstellungen im komplexen Zeigerdiagramm:

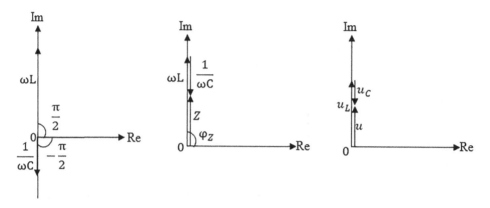

Abb. 4.86 Komplexe Zeigerdiagramme

Bei den in Abb. 4.86 komplexen Zeigerdiagrammen wurde angenommen, dass $\omega L \gg \frac{1}{\omega C}$ ist. Die wichtigsten Beziehungen zusammengefasst:

Wirkwiderstand: $R = 0$

Blindwiderstand:

$$X = \omega L - \frac{1}{\omega C}$$

Scheinwiderstand:

$$Z = R + |X| = 0 + |X| = |X|$$

Wirkleitwert:

$$G = 0$$

Blindleitwert:

$$B = -\frac{1}{X}$$

Bemerkung zur letzten Beziehung:

$$\text{Scheinleitwert} = \frac{1}{\text{Scheinwiderstand}}$$

$$\underline{Y} = \frac{1}{\underline{Z}} = \frac{1}{j\left(\omega L - \frac{1}{\omega C}\right)} = -j\frac{1}{\left(\omega L - \frac{1}{\omega C}\right)} = j\left(-\frac{1}{\omega L - \frac{1}{\omega C}}\right) = j\left(-\frac{1}{X}\right)$$

$$\underline{Y} = G + jB = 0$$

$$U_L = I\omega L$$

$$U_C = I\frac{1}{\omega C}$$

$$U = Z \cdot I$$

Um die ganze zu übertragender Information durch den Schwingkreis zu ermöglichen, muss der Blindwiderstand X als „Störeffekt" zu null abgeglichen werden. Das kann durch die Abgleichsbedingung

$$\omega L = \frac{1}{\omega C}$$

erfolgen. Um mathematisch diese Abgleichsbedingung zu erfüllen, muss entweder L oder C als variabler Bauteil berücksichtigt werden. Die Verstellung soll so weit durchgeführt werden, bis die Bedingung erfüllt ist. Eine in der Praxis oft eingesetzte weitere alternative Methode kann angewendet werden, wenn die obige Beziehung nach ω aufgelöst

$$\omega = \frac{1}{\sqrt{LC}}$$

und die Frequenz als variable Größe in Betracht gezogen wird. Diese Bedingung wird in der Nachrichtentechnik beispielsweise durch Abstimmknöpfe zum Einstellen des gewünschten Senders durchgeführt. Ist der Abstimmkreis (Schwingkreis) auf eine bestimmte Kreisfrequenz.

ω eingestellt, so verschwindet für Spannungen dieser Frequenz sein Blindwiderstand.

$$X = \omega L - \frac{1}{\omega C} = 0.$$

Dadurch wird erreicht, dass der Strom i nur durch den Eingangswiderstand Z_R der angeschlossenen Schaltung begrenzt wird.

Die sich im Serienschwingkreis befindlichen komplexen Widerstände L und C sind im realen praktischen Zustand verlustbehaftet. Dadurch enthalten die Serienschwingkreise einen zusätzlichen in Reihe geschalteten ohmschen Widerstand. Damit erweitert sich der komplexe Widerstand wie folgt:

$$\underline{Z} = R + jX \text{ mit } X = \omega L - \frac{1}{\omega C}$$

und daraus folgend

$$\underline{Y} = \frac{1}{\underline{Z}} = \frac{1}{R+jX} = \frac{(R-jX)}{(R+jX)\cdot(R-jX)} = \frac{R}{R^2+X^2} -j\frac{X}{R^2+X^2} = \underbrace{\frac{R}{Z^2}}_{\text{Wirkleitw.}} -j \underbrace{\frac{X}{Z^2}}_{\text{Blindleitw.}}$$

Der Wirkleitwert ist gleich dem Realteil von $\underline{Y}$ und der Blindleitwert ist der Imaginärteil von $\underline{Y}$.

Widerstandskennlinien (Abb. 4.87 und 4.88)

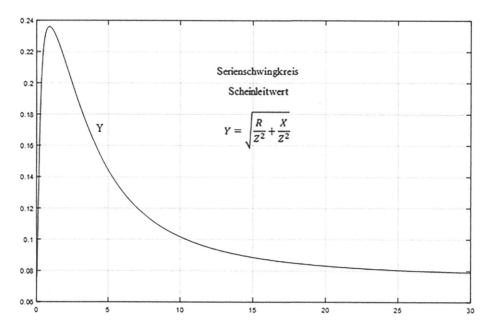

Abb. 4.87   Verlauf Scheinleitwert

Um eine Verwechslung mit dem ohmschen Leitwert

$$G = \frac{1}{R}$$

zu vermeiden, soll hier für den frequenzabhängigen Wirkleitwert die Bezeichnung

$$G_w = \frac{1}{R_w}$$

verwendet werden. Damit gilt allgemein:

$$\underline{Z} = R_w + jX$$

$$\underline{Y} = G_w + jB = \frac{R_w}{Z^2} - j\frac{X}{Z^2}$$

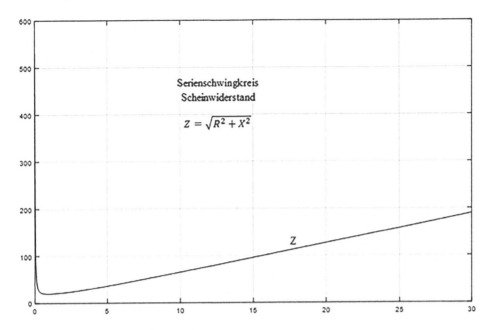

Abb. 4.88 Verlauf Scheinwiderstand

mit

$$G_w = \frac{R_w}{Z^2} \text{ und } B = -\frac{X}{Z^2}$$

Zusammenfassung

Serienschaltung von Wirk- und Blindwiderstand mit sinusförmiger Anregung (Abb. 4.89):

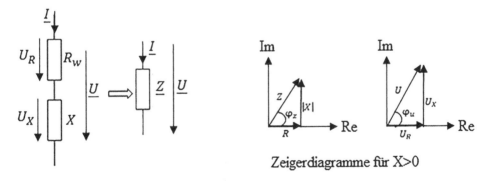

Abb. 4.89 Serienschaltung von Wirk- und Blindwiderstand

Wirkwiderstand:

$$R_W$$

Blindwiderstand:

$$X$$

Scheinwiderstand:

$$Z = \sqrt{R_w^2 + X^2}$$

Wirkleitwert:

$$G_w = \frac{R_w}{Z^2}$$

Blindleitwert:

$$B = -\frac{X}{Z^2}$$

Scheinleitwert:

$$Y = \frac{1}{Z}$$

$$U_R = R_w \cdot I$$

$$U_x = |X| \cdot I$$

$$U = \sqrt{U_R^2 + U_x^2}$$

$$\tan \varphi_z = -\tan \varphi_y = \frac{X}{R_w}$$

$$\tan \varphi = \frac{U_x}{U_R}$$

Erläuterung:

$$\underline{Z} = R_w + jX$$

$$\tan \varphi_z = \frac{X}{R_w}$$

$$\underline{Y} = \frac{1}{\underline{Z}} = \frac{R_w - jX}{R_w^2 + X^2}$$

$$\tan \varphi_y = -\frac{X}{R_w}$$

$$\underline{U} = \underline{U}_R + \underline{U}_x$$

$$\tan \varphi = \frac{\underline{U}_R}{\underline{U}_x}$$

Übung

Die oben zusammengefassten Zusammenhänge aller Größen des seriellen Schwing-kreises sollen anhand der nachfolgenden Schaltung ermittelt werden (Abb. 4.90).

Abb. 4.90 Beispielschaltung

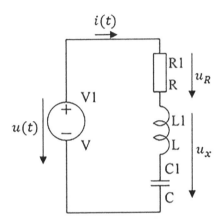

Laut Aufgabenstellung wird angenommen, dass die Werte für

$$u(t)\,10\,\text{mV} \cdot \cos \omega t$$

$$R = 4\,\Omega$$

$$\omega L = 1\,\Omega$$

vorgegeben sind.

In Abb. 4.91 sind in der komplexen Ebene die komplexen Zeiger der Widerstände abgebildet.

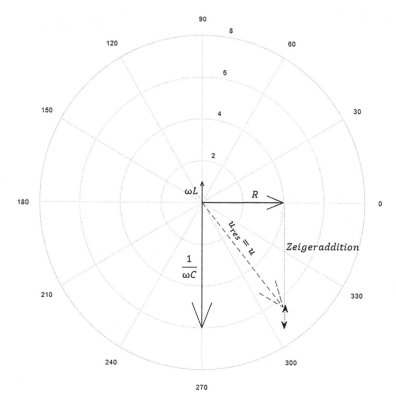

Abb. 4.91 Zeigerdiagramm

>> Un_3Zeiger

u = 6,4031

phi = −0,8961 rad

$$X = \omega L - \frac{1}{\omega C} = -5\,\Omega$$

$$R_w = R = 4\,\Omega$$

$$Z = \sqrt{R_w^2 + X^2} = \sqrt{16 + 25} = 6,4\,\Omega$$

$$U = \frac{\hat{u}}{\sqrt{2}} = \frac{10\,\mathrm{mV}}{\sqrt{2}} = 7,07\,\mathrm{mV}$$

$$G_w = \frac{R_w}{Z^2} = \frac{4\,\Omega}{(6,4\,\Omega)^2} = 97,6\,\mathrm{mS}$$

$$B = -\frac{X}{Z^2} = +\frac{5\,\Omega}{(6,4\,\Omega)^2} = 122\,\mathrm{mS}$$

$$Y = \frac{1}{Z} = \frac{1}{6,4\,\Omega} = 0,156\,\mathrm{S}$$

$$I = Y \cdot U = 0{,}156\,\text{S} \cdot 7{,}07\,\text{mV} = 1{,}1\,\text{mA}$$

$$U_R = R \cdot I = 4\,\Omega \cdot 1{,}1\,\text{mA} = 4{,}4\,\text{mV}$$

$$U_x = |X| \cdot I = 5\,\Omega \cdot 1{,}1\,\text{mA}$$

$$\tan\varphi = \frac{X}{R_w} = \frac{-5\,\Omega}{4\,\Omega} = -1{,}25 \rightarrow \varphi = -51{,}33°$$

$$\varphi = \varphi_z$$

$$\varphi_y = -\varphi_z = 51{,}33°$$

4.9.1.1 Phasenresonanz, Resonanzfrequenz im Schwingkreis

Wird der Blindwiderstand eines Schwingkreises zu null gemacht, so spricht man in diesem Fall von Phasenresonanz. Die Phasenfrequenz f_r ist die Frequenz, bei der eine Phasenresonanz auftritt. Dabei verschwindet der Blindwiderstand eines Schwingkreises und damit nur der Wirkwiderstand des Kreises bleibt wirksam.

$$X = \omega L - \frac{1}{\omega C} = 0 \text{ für } \omega L = \frac{1}{\omega C}$$

und folglich (Abb. 4.92)

$$\omega = \frac{1}{\sqrt{L \cdot C}} \rightarrow f_R = \frac{1}{2 \cdot \pi \sqrt{L \cdot C}} \text{ Resonanzfrequenz des Schwingkreises}$$

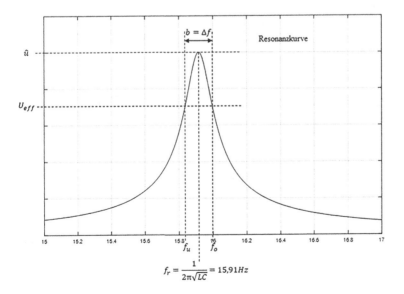

Abb. 4.92 Resonanzkurve

Übung

Ein Serienschwingkreis mit seinen Widerstandswerten

$$R_w = 1,7\,\Omega$$

$$L = 3,4\,\text{mH}$$

$$C = 6\,\text{nF}$$

wird in Resonanz gebracht. Gesucht sind die Resonanzfrequenz f_r, der Scheinwiderstand Z, der Scheinleitwert Y und der Phasenverschiebungswinkel φ für $f = f_r$.

Lösung

$$f_R = \frac{1}{2 \cdot \pi \sqrt{L \cdot C}} = \frac{1}{2 \cdot \pi \sqrt{3,4\text{mH} \cdot 6\text{nF}}}$$

$$= \frac{1}{2 \cdot \pi \sqrt{3,4 \cdot 10^{-3}\frac{\text{V}\cdot\text{s}}{\text{A}} \cdot 6 \cdot 10^{-9}\frac{\text{A}\cdot\text{s}}{\text{V}}}} = 35,23\,\text{kHz}$$

$$Z = \sqrt{R_w^2 + X^2} = \sqrt{(1,7\,\Omega)^2 + \underbrace{(0)^2}_{\substack{\text{bei} \\ \text{Resonanz}}}} = 1,7\,\Omega$$

$$Y = \frac{1}{Z} = \frac{1}{1,7\,\Omega} = 0,588\,\text{S}$$

$$\tan\varphi = \frac{X}{R_w} = 0 \rightarrow \varphi = \arctan 0 = 0.$$

4.9.2   Parallelschwingkreis

Die Parallelschaltung von Spule L und Kondensator C bildet einen Stromresonanzkreis (Abb. 4.93).

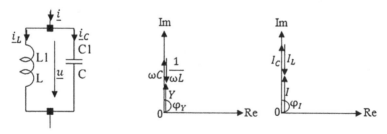

Zeigerdiagramme für $\omega C > \dfrac{1}{\omega L}$

Abb. 4.93 Parallelschwingkreis

Für den oben eingezeichneten Parallelschwingkreis ergibt sich der komplexe Leitwert zu

$$\underline{Y} = j\omega C + \frac{1}{j\omega L} = j\left(\omega C - \frac{1}{\omega L}\right) = jB.$$

Wirkleitwert:

$$G_w = 0$$

Blindleitwert:

$$B = \omega C - \frac{1}{\omega L}$$

Scheinleitwert:

$$Y = |B|$$

Wirkwiderstand:

$$R_w = 0$$

Blindwiderstand:

$$X = -\frac{1}{B}$$

Erläuterung zur Ableitung des Blindwiderstandes:

$$|Y| = \frac{1}{|Z|}$$

$$|X| = \frac{1}{|Y|} = \frac{1}{B}$$

$$\underline{X} = \frac{1}{jB} = -j\frac{1}{B} = j\left(-\frac{1}{B}\right)$$

$$X = \frac{1}{B}$$

Scheinwiderstand:

$$Z = \frac{1}{Y}$$

Weiterhin gilt:

$$\underline{Y} = G_w + jB$$

$$\underline{X} = R_w + jX$$

$$I_C = \omega \cdot C \cdot U$$

$$I_L = \frac{U}{\omega \cdot L}$$

$$I = Y \cdot U$$

$$\underline{Z} = \frac{1}{\underline{Y}} = \frac{1}{G_w + jB} = \frac{G_w - jB}{G_w^2 + B^2} = \frac{G_w - jB}{Y^2} = \frac{G_w}{Y^2} - j\frac{B}{Y^2}$$

Widerstandskennlinien (Abb. 4.94 und 4.95)

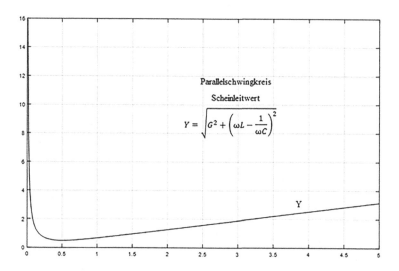

Abb. 4.94 Verlauf Scheinleitwert

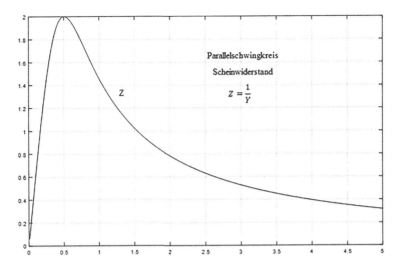

Abb. 4.95 Verlauf Scheinwiderstand

Übung

Damit im Parallelschwingkreis Phasenresonanz auftritt, soll die Resonanzfrequenz einer anregenden Spannung ermittelt werden. Laut Aufgabenstellung sind die folgenden Größen angegeben:

$$L = 7 \, \text{mH}$$

$$C = 5{,}3 \, \text{nF}$$

Darüber hinaus soll der Scheinleitwert bei dieser Frequenz bestimmt werden.

Lösung

$$B = \omega C - \frac{1}{\omega L} = 0$$

$$f_R = \frac{1}{2 \cdot \pi \sqrt{L \cdot C}} = \frac{1}{2 \cdot \pi \sqrt{7 \, \text{mH} \cdot 5{,}3 \, \text{nF}}}$$

$$= \frac{1}{2 \cdot \pi \sqrt{7 \cdot 10^{-3} \frac{\text{V} \cdot \text{s}}{\text{A}} \cdot 5{,}3 \cdot 10^{-9} \frac{\text{A} \cdot \text{s}}{\text{V}}}} = 26{,}12 \, \text{kHz}$$

$$Y = 0$$

Der Parallelschwingkreis hat gegenüber dem Serienschwingkreis den Vorteil, dass sein Widerstand im Resonanzfall sehr groß wird und deshalb an die nachfolgende Schaltung, besser die zu übertragende Leistung abgibt (Leistungsanpassung). Die folgende kurze Erläuterung beschreibt den Sachverhalt eindeutig:

Gegenüberstellung:

Serienschaltung:	Parallelschaltung:
$\underline{Z} = j\omega L + \frac{1}{j\omega C} = j\left(\omega L - \frac{1}{\omega C}\right)$	$\underline{Y} = \frac{1}{j\omega L} + j\omega C = j\left(-\frac{1}{\omega L} + \omega C\right)$
$\|Z\| = \omega L - \frac{1}{\omega C}$	$\|Z\| = \frac{1}{\|Y\|} = \frac{1}{\omega C - \frac{1}{\omega L}}$
Im Resonanzfall:	Im Resonanzfall:
$\omega L = \frac{1}{\omega C}$	$\omega L = \frac{1}{\omega C}$
$\|Z\| = 0$	$\|Z\| = \frac{1}{0} = \infty$

Zusammenfassung

Ein verlustbehafteter Parallelschwingkreis wird als Parallelschaltung eines Widerstandes mit einem verlustfreien Schwingkreis, wie in Abb. 4.96 abgebildet, dargestellt.

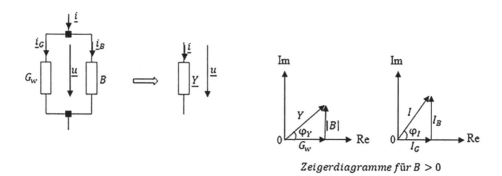

Zeigerdiagramme für B > 0

Abb. 4.96 Verlustbehafteter Parallelschwingkreis

Wirkleitwert:

$$G_w$$

Blindleitwert:

$$B$$

Scheinleitwert:

$$Y = \sqrt{G_w^2 + B^2} = \sqrt{G_w^2 + \left(\omega C - \frac{1}{\omega L}\right)^2}$$

Weiterhin:

$$I_G = G_w \cdot U$$

$$I_B = |B| \cdot U = \left(\omega C - \frac{1}{\omega L}\right) \cdot U$$

$$I = Y \cdot U$$

$$I = \sqrt{I_{:G}^2 + I_B^2}$$

Wirkwiderstand:

$$R_w = \frac{G_w}{Y^2}$$

Blindwiderstand:

$$X = -\frac{B}{Y^2}$$

Scheinwiderstand:

$$\underline{Z} = \frac{1}{\underline{Y}} = \frac{1}{G_w + j\left(\omega C - \frac{1}{\omega L}\right)} = \frac{G_w - j\left(\omega C - \frac{1}{\omega L}\right)}{G_w^2 + \left(\omega C - \frac{1}{\omega L}\right)^2} = \frac{G_w}{G_w^2 + \left(\omega C - \frac{1}{\omega L}\right)^2} - j\frac{\left(\omega C - \frac{1}{\omega L}\right)}{G_w^2 + \left(\omega C - \frac{1}{\omega L}\right)^2}$$

$$\underline{Z} = \frac{G_w}{Y^2} - j\frac{B}{Y^2} = R_W + jX$$

Weiterhin:

$$\tan \varphi_Y = \frac{\text{Im}\{\underline{Y}\}}{\text{Re}\{\underline{Y}\}} = \frac{\omega C - \frac{1}{\omega L}}{G_w} = -\tan \varphi_z = \frac{B}{G_w} = \frac{I_B}{I_C} = -\tan \varphi$$

$$\underline{Y} = G_w + j\omega C + \frac{1}{j\omega L} = G_w + jB = G_w + j\underbrace{\left(\omega C - \frac{1}{\omega L}\right)}_{B}$$

Scheinleitwert $=$ Wirkleitwert $+j$Blindleitwert

Resonanzfrequenz:

$$f_r = \frac{1}{2 \cdot \pi \cdot \sqrt{L \cdot C}}$$

4.10 Schaltungsberechnung für den eingeschwungenen Zustand

4.10.1 Einleitung

Gezeigt am Beispiel der Schwingkreise (Abb. 4.97):

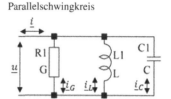

Abb. 4.97 Reihen- und Parallelschwingkreise mit eigenen Größenangaben

Reihenschwingkreis	Parallelschwingkreis
$\underline{Z} = R + j\left(\omega \cdot L - \frac{1}{\omega \cdot C}\right)$	$\underline{Y} = G + j\left(\omega \cdot C - \frac{1}{\omega \cdot L}\right)$
$Z = \sqrt{R^2 + \left(\omega \cdot L - \frac{1}{\omega \cdot C}\right)^2}$	$Y = \sqrt{G^2 + \left(\omega \cdot C - \frac{1}{\omega \cdot L}\right)^2}$
$\tan \varphi_z = \frac{\omega \cdot L - \frac{1}{\omega \cdot C}}{R}$	$\tan \varphi_Y = \frac{\omega \cdot C - \frac{1}{\omega \cdot L}}{G}$
$\varphi_z = \arctan\left(\frac{\omega \cdot L - \frac{1}{\omega \cdot C}}{R}\right)$	$\varphi_Y = \arctan\left(\frac{\omega \cdot C - \frac{1}{\omega \cdot L}}{G}\right)$
$\underline{u} = \underline{Z} \cdot \underline{i} = \left[R + j\left(\omega \cdot L - \frac{1}{\omega \cdot C}\right)\right] \cdot \underline{i}$	$\underline{i} = \underline{Y} \cdot \underline{u} = \left[G + j\left(\omega \cdot C - \frac{1}{\omega \cdot L}\right)\right] \cdot \underline{u}$
$\underline{u} = R \cdot \underline{i} + j \cdot \omega \cdot L \cdot \underline{i} - j\frac{1}{\omega \cdot C} \cdot \underline{i}$	$\underline{i} = G \cdot \underline{u} + j \cdot \omega \cdot C \cdot \underline{u} - j\frac{1}{\omega \cdot L} \cdot \underline{u}$

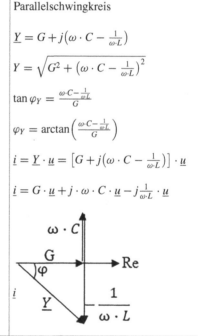

$\underline{Z}$ bzw. $\underline{Y}$ können abhängig von der Frequenz induktiven bzw. kapazitiven Charakter haben. Zwischen induktiven und kapazitiven Verhalten liegt eine Kreisfrequenz ω_0, bei der sich gerade die imaginären Teile aufheben. $\underline{Z}$ bzw. $\underline{Y}$ werden reell. Dieser Zustand wird wie in vorhergehenden Abschnitten erläutert als Resonanz bezeichnet.

$$\omega_0 \cdot L = \frac{1}{\omega_0 \cdot C} \rightarrow \text{für Reihenschaltung}$$

$$\omega_0 \cdot C = \frac{1}{\omega_0 \cdot L} \rightarrow \text{für Parallelschaltung}$$

Für beide Schaltungen gilt:

$$\omega_0 = \frac{1}{\sqrt{L \cdot C}} \text{ in } \left[\text{s}^{-1}\right] \text{ bzw. } f = \frac{1}{2 \cdot \pi \cdot \sqrt{L \cdot C}} \text{ in [Hz]}$$

$\underline{u}_L$ und $\underline{u}_C$ bzw. $\underline{i}_L$ und $\underline{i}_C$ heben sich im Resonanzfall auf.

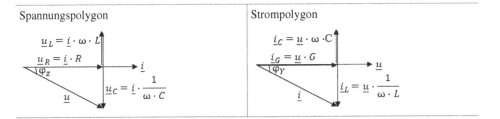

Spannungspolygon	Strompolygon

4.10.2 Normierte Größen

Um allgemeine Eigenschaften von Schaltungen zu untersuchen, ist es oft zweckmäßig mit normierten Größen zu arbeiten. Bei Benutzung einer normierten Ausdrucksweise tritt das qualitative Verhalten einer Größe klarer hervor. Eine normierte Größe ist eine bezogene Größe, d. h. eine veränderliche Größe wird auf einen Festwert gleicher Dimension bezogen.

Die Beziehungen zwischen Reihen- und Parallelschwingkreis werden durch Normierung übersichtlicher [2].

Für die Normierung der veränderlichen Kreisfrequenz ω auf die Resonanzkreisfrequenz

$$\omega_0 = \frac{1}{\sqrt{LC}}$$

gilt die normierte Kreisfrequenz

$$\Omega = \frac{\omega}{\omega_0}.$$

Umwandlung von $\omega \cdot L$ und $\omega \cdot C$:

Als Abkürzungen werden eingeführt:

Schwingwiderstand:

$$Z_0 = \sqrt{\frac{L}{C}} = \frac{1}{Y_0}$$

Schwingleitwert:

$$Y_0 = \sqrt{\frac{C}{L}} = \frac{1}{Z_0}$$

Damit wird:

$$U_{L0} = \omega_0 \cdot L \cdot I_0 = \frac{1}{\sqrt{LC}} \cdot L \cdot \frac{U}{R} = U \cdot \frac{\sqrt{\frac{L}{C}}}{R}$$

$$\omega \cdot L = \frac{\omega}{\omega_0} \cdot \omega_0 \cdot L = \Omega \cdot \sqrt{\frac{L}{C}} = \Omega \cdot Z_0$$

$$\omega \cdot C = \frac{\omega}{\omega_0} \cdot \omega_0 \cdot C = \Omega \cdot \sqrt{\frac{C}{L}} = \Omega \cdot Y_0$$

Die letzten Gleichungen werden in die vorher abgeleiteten Beziehungen eingesetzt (Abb. 4.98):

Reihenschwingkreis   Parallelschwingkreis

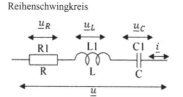 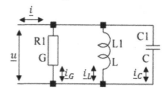

Abb. 4.98 Schwingwiderstand und -leitwert

Reihenschwingkreis	Parallelschwingkreis
$\underline{u} = \underline{Z} \cdot \underline{i} = \left[R + j\left(\omega \cdot L - \frac{1}{\omega \cdot C}\right)\right] \cdot \underline{i}$	$\underline{i} = \underline{Y} \cdot \underline{u} = \left[G + j\left(\omega \cdot C - \frac{1}{\omega \cdot L}\right)\right] \cdot \underline{u}$
$\underline{u} = \left[R + j \cdot Z_0\left(\Omega - \frac{1}{\Omega}\right)\right] \cdot \underline{i}$	$\underline{i} = \left[G + j \cdot Y_0\left(\Omega - \frac{1}{\Omega}\right)\right] \cdot \underline{u}$

Einführung der Dämpfung d und der Verstimmung v:
Es gilt für die Dämpfung die Beziehung:

$$d = \frac{U}{U_{L0}} = \frac{U}{U_{C0}} = \frac{R}{\sqrt{\frac{L}{C}}} = R \cdot \sqrt{\frac{C}{L}}$$

Daraus folgt:

$R = d \cdot Z_0$	$G = d \cdot Y_0$

Verstimmung (Abweichung vom Resonanzzustand):

Bei Resonanz wird der Blindwiderstand gleich null gesetzt.

$$\omega \cdot L - \frac{1}{\omega \cdot C} = \Omega \cdot Z_0 - \frac{1}{\Omega \cdot Y_0} = \Omega \cdot Z_0 - \frac{1}{\Omega} \cdot Z_0 = 0$$

Daraus folgt:

$$v = \Omega - \frac{1}{\Omega} = \frac{\omega}{\omega_0} - \frac{\omega_0}{\omega}.$$

Bestimmung der Dämpfung d des Parallelschwingkreises:

$$\underline{i}_C = j \cdot \omega \cdot C \cdot \underline{u} \rightarrow I_C = \omega \cdot C \cdot U$$

$$I_{C0} = \omega_0 \cdot C \cdot U = \omega_0 \cdot C \cdot R \cdot I$$

$$\underline{i}_L = \frac{1}{j \cdot \omega \cdot L} \cdot \underline{u} \rightarrow I_L = \frac{1}{\omega \cdot L} \cdot U \rightarrow I_{L0} = \frac{1}{\omega \cdot L} \cdot R \cdot I$$

$$d = \frac{I}{I_{L0}} = \frac{I}{I_{C0}} = \frac{I}{\frac{1}{\sqrt{LC}} \cdot C \cdot R \cdot I} = \frac{1}{\sqrt{\frac{C}{L}} \cdot R} = \frac{1}{R} \cdot \sqrt{\frac{L}{C}}$$

In die oberen Gleichungen eingesetzt:

Reihenschwingkreis	Parallelschwingkreis
$\underline{u} = \left[R + j \cdot Z_0 \left(\Omega - \frac{1}{\Omega} \right) \right] \cdot \underline{i}$	$\underline{i} = \left[G + j \cdot Y_0 \left(\Omega - \frac{1}{\Omega} \right) \right] \cdot \underline{u}$
$\underline{u} = (d + jv) \cdot Z_0 \cdot \underline{i}$	$\underline{i} = (d + jv) \cdot Y_0 \cdot \underline{u}$
$\varphi_Z = \arctan \frac{Z_0 \left(\Omega - \frac{1}{\Omega} \right)}{R} = \arctan \left(\frac{v}{d} \right)$	$\varphi_Y = \arctan \frac{Y_0 \left(\Omega - \frac{1}{\Omega} \right)}{G} = \arctan \left(\frac{v}{d} \right)$
Für die Beträge gilt:	Für die Beträge gilt:
$U = \sqrt{d^2 + v^2} \cdot Z_0 \cdot I$	$I = \sqrt{d^2 + v^2} \cdot Y_0 \cdot I$
Im Resonanzfall wird:	Im Resonanzfall wird:
$\omega = \omega_0;\ \Omega = 1;\ v = \Omega - \frac{1}{\Omega} = 0$	$\omega = \omega_0;\ \Omega = 1;\ v = \Omega - \frac{1}{\Omega} = 0$
$U = d \cdot Z_0 \cdot I_0$	$I = d \cdot Y_0 \cdot I_0$
Ist der Strom oder die Spannung eingeprägt (konst.)	Ist der Strom oder die Spannung eingeprägt (konst.)
$U = \text{konst.}$	$I = \text{konst.}$
Dann kann wieder eine Normierung durchgeführt werden:	Dann kann wieder eine Normierung durchgeführt werden:
$\frac{I}{I_0} = \frac{U}{(d+jv) \cdot Z_0} \cdot \frac{d \cdot Z_0}{U} = \frac{1}{1 + j\frac{v}{d}}$	$\frac{U}{U_0} = \frac{U}{(d+jv) \cdot Z_0} \cdot \frac{d \cdot Z_0}{U} = \frac{1}{1 + j\frac{v}{d}}$
$\frac{I}{I_0} = \frac{1}{\sqrt{1 + \left(\frac{v}{d} \right)^2}}$	$\frac{U}{U_0} = \frac{1}{\sqrt{1 + \left(\frac{v}{d} \right)^2}}$

Die Normierung der Größen des Schwingkreises zeigt, dass für den Reihen- und Parallelschwingkreis Übereinstimmung der Gleichungen besteht.

Aufzeichnung der Funktionen:

$$\frac{U}{U_0} = \frac{I}{I_0} = f\left(\frac{v}{d} \right)$$

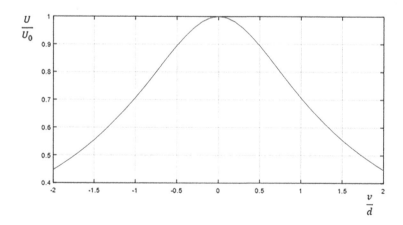

Abb. 4.99 Resonanzkurve

$$\varphi_z = \varphi_Y = f\left(\frac{v}{d}\right)$$

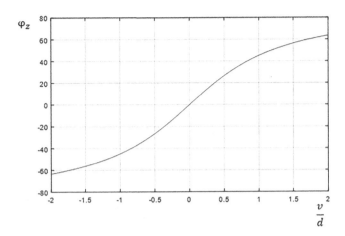

Abb. 4.100 Funktionscharakteristik

Erläuterungen zu den letzten beiden Aufzeichnungen (Abb. 4.99 und 4.100) der Funktionen:

Der Höchstwert der normierten Größe I_0 bzw. U_0 ist gleich 1. Diese Größe wird im Resonanzfall für

$\frac{v}{d} = 0$ bzw. $v = 0$

erreicht.

1. Für $v = 0$ ist $\varphi = 0$
2. Für $v = d$ wird
   $\frac{I}{I_0} = \frac{1}{\sqrt{2}}$ bzw. $\frac{U}{U_0} = \frac{1}{\sqrt{2}}$
3. Für
   $\frac{I}{I_0} = \frac{1}{\sqrt{2}}$ bzw. $\frac{U}{U_0} = \frac{1}{\sqrt{2}}$
   wird
   $\varphi = \arctan\left(\frac{v}{d}\right) = 45°$ bzw. $-45°$
4. Sind Dämpfung und Verstimmung betragsmäßig gleich, so ergeben sich für den Winkel 45°. Ströme und Spannungen haben den $\frac{1}{\sqrt{2}}$-fachen Wert des Höchstbetrages. Die Leistung hat in diesen Punkten den halben Wert.

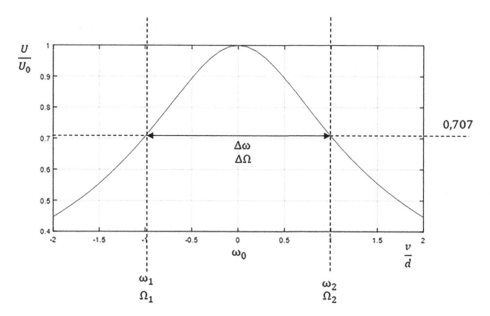

Abb. 4.101 Bandbreite

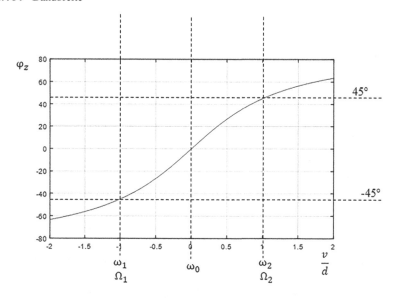

Abb. 4.102 Phasenwinkelcharakteristik

Die Abb. 4.101 und 4.102 zeigen die Bandbreite $\Delta\omega$ bzw. $\Delta\Omega$. Sie ist eine für den Schwingkreis kennzeichnende Größe. Die Bandbreite liegt zwischen einer oberen Grenzfrequenz ω_2 bzw. Ω_2 und einer unteren Grenzfrequenz ω_1 bzw. Ω_1. Die Phasenwinkel haben für diese Werte die Größen $\pm 45°$ und die Beträge der $\frac{I}{I_0}$ bzw. $\frac{U}{U_0}$ Werte sind um den Faktor $\frac{1}{\sqrt{2}}$ abgesunken.

Dabei gilt:
Für ω_2 bzw. Ω_2:

$$\frac{v}{d} = 1 \rightarrow v = d$$

$$d = \Omega_2 - \frac{1}{\Omega_2} \rightarrow \Omega_2^2 - d \cdot \Omega_2 - 1 = 0.$$

Für ω_1 bzw. Ω_1:

$$\frac{v}{d} = -1 \rightarrow v = -d$$

$$d = \Omega_1 - \frac{1}{\Omega_1} \rightarrow \Omega_1^2 + d \cdot \Omega_1 - 1 = 0.$$

Für die Grenzfrequenzen (45°-Frequenzen) gilt:

$$\Omega_1 = \frac{-d \pm \sqrt{d^2 + 4}}{2}$$

$$\Omega_2 = \frac{d \pm \sqrt{d^2 + 4}}{2}$$

Ω kann nur positive Werte annehmen.

Bandbreite $b(\Omega)$ bzw. $b(\omega)$:
Normierte Bandbreite:

$$\Omega_2 - \Omega_1 = \frac{+d \pm \sqrt{d^2 + 4}}{2} - \frac{-d \pm \sqrt{d^2 + 4}}{2} = \frac{d}{2} \mp \frac{\sqrt{d^2 + 4}}{2} + \frac{d}{2} - \left(\mp \frac{\sqrt{d^2 + 4}}{2} \right) = d = b(\Omega)$$

Physikalische Bandbreite:

$$\omega_1 - \omega_2 = \omega_0 \cdot d = b(\omega)$$

$$f_1 - f_2 = f_0 \cdot d = b(f).$$

Darüber hinaus gilt:

$$\Omega_2 \cdot \Omega_1 = \frac{+d \pm \sqrt{d^2 + 4}}{2} \cdot \frac{-d \pm \sqrt{d^2 + 4}}{2} = 1$$

$$\omega_1 \cdot \omega_2 = \omega_0^2 \rightarrow \omega_0 = \sqrt{\omega_1 \cdot \omega_2}$$

In der letzten Gleichung ist ω_0 das geometrische Mittel aus den beiden 45° Kreisfrequenzen. Näherungsgleichungen bei kleiner Verstimmung $\Delta\omega^*$ bzw. $\Delta\Omega^*$ sind die absolute Werte der Abweichung von der Resonanzfrequenz (Abb. 4.103).

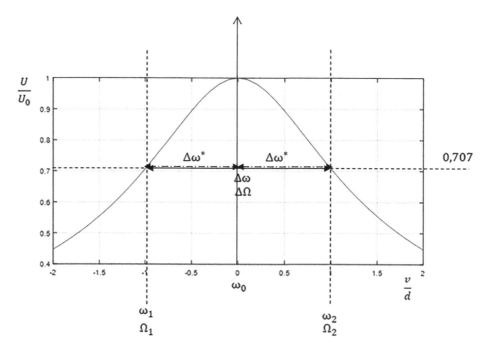

Abb. 4.103 Resonanzkurve mit Kenngrößen

Dafür gilt:

$$v \approx \frac{2 \cdot \Delta\omega^*}{\omega_0} \approx 2 \cdot \Delta\Omega^*$$

$$\frac{v}{d} \approx \frac{2 \cdot \Delta\Omega^*}{d}$$

wenn $|v| < 0{,}1$ ist.

$$\omega_2 \approx \omega_0 + \frac{b(\omega)}{2} \text{ bzw. } \omega_1 \approx \omega_0 - \frac{b(\omega)}{2}$$

$$\Omega_2 \approx 1 + \frac{b(\Omega)}{2} \text{ bzw. } \Omega_1 \approx 1 - \frac{b(\Omega)}{2}$$

Übung

Von einem Serienschwingkreis sind bekannt:

$$U_{\text{ges}} = 20\,\text{V};\, I_0 = 0{,}2\,\text{A};\, f_1 = 9900\,\text{Hz};\, f_2 = 10.100\,\text{Hz}$$

Gesucht sind die Größen:
Die Dämpfung d und die Werte von R, L und C.

Lösung

$$f_0 = \sqrt{f_1 \cdot f_2} \approx 10\,\text{kHz}$$

$$d = \frac{f_2 - f_1}{f_0} = 2 \cdot 10^{-2}$$

Für die Reihenschaltung wurde die folgende Beziehung abgeleitet und nach I_0 aufgelöst und ergibt:

$$U = d \cdot Z_0 \cdot I_0$$

$$Z_0 = \frac{U_{\text{ges}}}{d \cdot I_0} = 5\,\text{k}\Omega$$

Für die Bestimmung der Elemente des Reihenschwingkreises gehen wir wie folgt systematisch vor:

$$\underline{Z} = R + \underbrace{j \cdot \omega \cdot L}_{\underline{U}_L} + \underbrace{\frac{1}{j \cdot \omega \cdot C}}_{\underline{U}_C}$$

$$\underline{U}_0 = \underline{I}_0 \cdot \underline{Z} = R \cdot \underline{I}_0 + j \cdot \omega \cdot L \cdot \underline{I}_0 + \frac{1}{j \cdot \omega \cdot C} \cdot \underline{I}_0$$

$$\underline{U}_0 = \underline{U}_{R0} + \underline{U}_0 + \underline{U}_{C0}$$

$$U_{L0} = \omega_0 \cdot L \cdot I_0 \rightarrow L = \frac{U_{L0}}{I_0} \cdot \frac{1}{\omega_0} = \frac{Z_0}{\omega_0} = 79{,}6\,\text{mH}$$

$$U_{C0} = \frac{1}{\omega_0 \cdot L} \cdot \frac{1}{\omega_0} \rightarrow C = \frac{I_0}{U_{C0}} \cdot \frac{1}{\omega_0} = \frac{1}{\omega_0 \cdot Z_0} = 3{,}18\,\text{nF}$$

Aus der Beziehung abgeleitet gilt für den Widerstand:

$$U = d \cdot Z_0 \cdot I_0$$

$$R = d \cdot Z_0 = 100\,\Omega$$

4.10.3 Güte des Schwingkreises

Serienschaltung	Parallelschaltung
 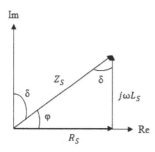	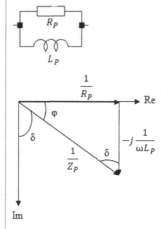
δ : Verlustwinkel	δ : Verlustwinkel
$\tan \delta = \frac{R_S}{\omega \cdot L_S}$: Verlustfaktor	$\tan \delta = \frac{\omega \cdot L_P}{R_P}$: Verlustfaktor
$\frac{1}{\tan \delta} = \frac{\omega \cdot L_S}{R_S} = Q_L$: Spulengüte	$\frac{1}{\tan \delta} = \frac{R_P}{\omega \cdot L_P} = Q_L$: Spulengüte

Wird ein Schwingkreis zum Trennen verschiedener Frequenzen zur sogenannten Selektion mittels Siebschaltungen benutzt, dann ist er für diese Aufgabe gut geeignet, wenn seine Dämpfung klein ist, d. h., wenn seine Resonanzkurve schmal ist.

4.10.4 Zusammenhang zwischen Dämpfung *d* und Güte *Q* eines Schwingkreises

Allgemein wird als Güte definiert:

$$\text{Güte} = 2 \cdot \pi \cdot \frac{\text{Höchstwert der gespeicherten Energie}}{\text{Verlustenergie pro Periode}} .$$

Der Höchstwert der gespeicherten Energie ergibt sich durch die folgenden Beziehungen:

Spule:	Kondensator:
$\hat{W}_L = \frac{L \cdot \hat{i}^2}{2}$	$\hat{W}_C = \frac{C \cdot \hat{u}^2}{2}$

Verlustenergie pro Periode ist definiert durch:

Spule:	Kondensator:
$W_V = \frac{1}{f} \cdot (I^2 \cdot R) = \frac{1}{f} \cdot \left(\frac{\hat{i}}{\sqrt{2}}\right)^2 \cdot R$	$W_V = \frac{1}{f} \cdot (U^2 \cdot G) = \frac{1}{f} \cdot \left(\frac{\hat{u}}{\sqrt{2}}\right)^2 \cdot G$

Daraus ergibt sich die Güte zu.

Spule:	Kondensator:
$Q_L = 2 \cdot \pi \cdot \dfrac{\frac{1}{2} \cdot L \cdot \hat{i}^2 \cdot f}{\frac{1}{2} \cdot \hat{i}^2 \cdot R}$	$Q_C = 2 \cdot \pi \cdot \dfrac{\frac{1}{2} \cdot C \cdot \hat{u}^2 \cdot f}{\frac{1}{2} \cdot \hat{u}^2 \cdot G}$
$Q_L = \dfrac{\omega \cdot L}{R} = \dfrac{1}{\tan \delta_L}$	$Q_L = \dfrac{\omega \cdot C}{G} = \dfrac{1}{\tan \delta_L} = \omega \cdot C \cdot R \cdot \dfrac{1}{\tan \delta_L}$

Zur Bestimmung der Güte der Schwingkreise ist es zweckmäßig, beim Reihenkreis den Zeitpunkt zu betrachten, für den alle Energien in L gespeichert sind, d. h. $U_C(t) = 0$ ist. Beim Parallelkreis sollen alle Energien in C gespeichert werden, d. h. $U_C(t) = 0$.

Reihenschwingkreis:	Parallelschwingkreis:
$\hat{W}_L = \dfrac{L \cdot \hat{i}^2}{2}$	$\hat{W}_C = \dfrac{C \cdot \hat{u}^2}{2}$
$\hat{W}_V = \dfrac{1}{f} \cdot \left(\dfrac{\hat{i}}{\sqrt{2}}\right)^2 \cdot R$	$\hat{W}_V = \dfrac{1}{f} \cdot \left(\dfrac{\hat{u}}{\sqrt{2}}\right)^2 \cdot G$
$Q_R = Q_L = \dfrac{\omega \cdot L}{R} = \dfrac{Z_0}{R} = \dfrac{1}{d}$	$Q_P = Q_C = \dfrac{\omega \cdot C}{G} = \dfrac{Y_0}{D} = \dfrac{1}{d}$

Die Güte ist der Kehrwert der Dämpfung und ist frequenzabhängig.
Gesamtgüte eines Reihenschwingkreises:
Die für die Güte eines Schwingkreises aufgestellten Gleichungen sind Näherungsgleichungen, die nur für kleine Verluste und damit für große Güte gelten. Die Verluste sind u. a. von der Frequenz abhängig. Ein Schwingkreis ist im Regelfall für die Übertragung eines schmalen Frequenzbereiches ausgelegt. Für diesen Fall darf der in der Ersatzschaltung angesetzte Verlustwiderstand als konstant angenommen werden. Die Berechnung wird für den Resonanzfall durchgeführt (Abb. 4.104).

Abb. 4.104 Güte des Reihenschwingkreises

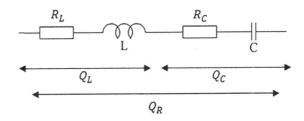

$$Q_R = \frac{Z_0}{R} = \frac{Z_0}{R_L + R_C}$$

$$R_L = \frac{Z_0}{Q_L} = \frac{\omega_0 \cdot L}{Q_L}$$

$$R_C = \frac{Z_0}{Q_C} = \frac{\frac{1}{\omega_0 \cdot C}}{Q_C} = \frac{1}{\omega_0 \cdot C \cdot Q_C}$$

$$R = R_L + R_C = \frac{Z_0}{Q_L} + \frac{Z_0}{Q_C} = \frac{Z_0}{Q_R}$$

$$\frac{1}{Q_L} + \frac{1}{Q_C} = \frac{1}{Q_R}$$

Für den Parallelschwingkreis folgt aus einer entsprechenden Überlegung:

$$\frac{1}{Q_L} + \frac{1}{Q_C} = \frac{1}{Q_P}$$

Übung

Gegeben ist ein Parallelschwingkreis für eine Zwischenfrequenz von $f = 468\,\text{kHz}$ und einem reellen Widerstand im Resonanzfall $R_P = 250\,\text{k}\Omega$ sowie einer Güte von $Q_P = 120$.
   Gesucht sind die Größen für L und C.

Lösung

$$\omega_0 \cdot C = \Omega \cdot Y_0$$

$$\frac{1}{\omega_0 \cdot L} = \frac{Y_0}{\Omega}$$

$$Y_0 = \frac{Q_P}{R_P} = 480\,\mu\text{S}$$

$$C = \frac{\Omega \cdot Y_0}{\omega_0} = 163\,\text{pF}$$

Ω ist im Resonanzfall gleich 1.

$$L = \frac{\Omega}{Y_0 \cdot \omega_0} = 0{,}708\,\text{mH}$$

Übung

Gegeben ist eine Parallelschaltung mit den Elementen $G = 6,5\,\mu\text{S}$; $L = 2\,\text{mH}$; $C = 125\,\text{pF}$.
 Gesucht:

a) Resonanzfrequenz

b) Güte

c) Werte der 45° Frequenzen bei Verstimmung $v < 0,1$

Lösung

a) $f_0 = \dfrac{1}{2 \cdot \pi \cdot \sqrt{L \cdot C}} = 318,3\,\text{kHz}$

b) $Q_P = \dfrac{Y_0}{G} = \dfrac{\omega_0 \cdot C}{G} = 38,5$

c) Es gilt wie vorher abgeleitet

$$\Omega_1 \cdot \Omega_2 = 1 \text{ und } \Omega_2 - \Omega_1 = d = \frac{1}{Q_P}.$$

Für Aufstellung einer quadratischen Gleichung mit den Lösungen Ω_1 und Ω_2 genügt als Ansatz in dieser Aufgabe die Näherungsgleichungen:

$$\Omega_1 = \left[1 - \frac{b(\Omega)}{2}\right] \text{ und } \Omega_2 = \left[1 + \frac{b(\Omega)}{2}\right].$$

Es wird in diesem Fall die Resonanzfrequenz als geometrisches Mittel zwischen den beiden 45°-Frequenzen durch das arithmetische Mittel ersetzt.

$$b(\Omega) = d = \frac{1}{Q_P} = 0,026$$

$$\Omega_1 = 1 - \frac{0,026}{2} = 0,987 \text{ und } \Omega_1 = 1 + \frac{0,026}{2} = 1,013$$

$$\omega_1 = \omega_0 \cdot \Omega_1 \rightarrow f_1 = f_0 \cdot \Omega_1 = 314,35\,\text{kHz}$$

$$\omega_2 = \omega_0 \cdot \Omega_2 \rightarrow f_2 = f_0 \cdot \Omega_2 = 322,64\,\text{kHz}$$

4.10.5 Resonanzüberhöhung

Bei der Kurvendiskussion der Resonanzkurven (-verläufe) ergibt sich für I bzw. U im Resonanzfall ein Maximum. Es soll nun für den Resonanzfall das Verhalten der Teilspannungen in Reihenschwingkreis und die Teilströme in Parallelschwingkreis untersucht werden.

Reihenschwingkreis	Parallelschwingkreis
$\dfrac{U_C}{U} = \dfrac{\frac{1}{j \cdot \omega \cdot C}}{R + j\left(\omega \cdot L - \frac{1}{\omega \cdot C}\right)}$	$\dfrac{I_L}{I} = \dfrac{\frac{1}{j \cdot \omega \cdot L}}{G + j\left(\omega \cdot C - \frac{1}{\omega \cdot L}\right)}$
Mit bekannten Normierungen und Abkürzungen lauten die Gleichungen:	Mit bekannten Normierungen und Abkürzungen lauten die Gleichungen:
$\dfrac{U_C}{U} = \dfrac{-j \cdot \frac{Z_0}{\Omega}}{\left[d + j\left(\Omega - \frac{1}{\Omega}\right)\right] \cdot Z_0}$	$\dfrac{I_L}{I} = \dfrac{-j \cdot \frac{Y_0}{\Omega}}{\left[d + j\left(\Omega - \frac{1}{\Omega}\right)\right] \cdot Y_0}$
Im Resonanzfall wird $\omega = \omega_0$ und $\Omega = 1$	Im Resonanzfall wird $\omega = \omega_0$ und $\Omega = 1$
$\dfrac{U_C}{U} = \dfrac{-j}{d} = -j \cdot Q_R$	$\dfrac{I_L}{I} = \dfrac{-j}{d} = -j \cdot Q_P$
Für den Betrag gilt:	Für den Betrag gilt:
$U_C = Q_R \cdot U$	$I_L = Q_P \cdot I$
Diese Gleichung gibt die Resonanzüberhöhung an. Der Ansatz für U_L und I_C wird in gleicher Weise durchgeführt	Diese Gleichung gibt die Resonanzüberhöhung an. Der Ansatz für U_L und I_C wird in gleicher Weise durchgeführt
$\dfrac{U_L}{U} = \dfrac{j \cdot \omega \cdot L}{R + j\left(\omega \cdot L - \frac{1}{\omega \cdot C}\right)}$	$\dfrac{I_C}{I} = \dfrac{j \cdot \omega \cdot C}{G + j\left(\omega \cdot C - \frac{1}{\omega \cdot L}\right)}$
$\dfrac{U_L}{U} = \dfrac{j \cdot \Omega \cdot Z_0}{\left[d + j\left(\Omega - \frac{1}{\Omega}\right)\right] \cdot Z_0}$	$\dfrac{I_C}{I} = \dfrac{j \cdot \Omega \cdot Y_0}{\left[d + j\left(\Omega - \frac{1}{\Omega}\right)\right] \cdot Y_0}$
$\dfrac{U_L}{U} = \dfrac{j}{d} = j \cdot Q_R$	$\dfrac{I_C}{I} = \dfrac{j}{d} = j \cdot Q_P$
$U_L = Q_R \cdot U$	$I_C = Q_P \cdot I$

Aus den letzten Gleichungen folgt, dass im Reihenkreis U_C und U_L und im Parallelkreis I_C und I_L gleichberechtigt sind. Es ist anzunehmen, dass U_C, U_L und I_C, I_L in Abhängigkeit von der Frequenz Höchstwerte erreichen, d. h. sich wie bei den Größen U_R und I_G verhalten, die ihr Maximum im Resonanzfall haben.

Um die Extremwerte der vier Größen zu erhalten, werden die folgenden Beziehungen berücksichtigt:

Abgeleitet wurden bereits die folgenden Gleichungen für Reihen- und Parallelschwingkreise. Um die Extremwerte dieser vier Größen zu erhalten, müssen diese vier Gleichungen nach Ω abgeleitet und die Ableitungen gleich null gesetzt werden.

Reihenschwingkreis	Parallelschwingkreis
$\dfrac{U_C}{U} = \dfrac{-j \cdot \frac{Z_0}{\Omega}}{\left[d + j\left(\Omega - \frac{1}{\Omega}\right)\right] \cdot Z_0}$	$\dfrac{I_L}{I} = \dfrac{-j \cdot \frac{Y_0}{\Omega}}{\left[d + j\left(\Omega - \frac{1}{\Omega}\right)\right] \cdot Y_0}$
$\dfrac{U_L}{U} = \dfrac{j \cdot \Omega \cdot Z_0}{\left[d + j\left(\Omega - \frac{1}{\Omega}\right)\right] \cdot Z_0}$	$\dfrac{I_C}{I} = \dfrac{j \cdot \Omega \cdot Y_0}{\left[d + j\left(\Omega - \frac{1}{\Omega}\right)\right] \cdot Y_0}$

Die Rechnung hat folgendes Ergebnis:

$$\left(\frac{U_C}{U}\right)_{max} = \left(\frac{U_L}{U}\right)_{max} = \left(\frac{I_C}{I}\right)_{max} = \left(\frac{I_L}{I}\right)_{max} = \frac{1}{d \cdot \sqrt{1 - \frac{d^2}{2}}}$$

Bemerkung

Bei Schwingkreisen muss unterschieden werden zwischen Resonanzfrequenz f_0 und den Frequenzen für die größten Teilspannungen bzw. Teilströme. Die Eigenkreisfrequenz ω_e wird wie folgt definiert:

Wird ein Schwingkreis durch einen Impuls angestoßen und sich dann selbst überlassen, so schwingt er mit einer Kreisfrequenz aus, die von der Dämpfung abhängt.

Reihenschwingkreis	Parallelschwingkreis
$\omega_e = \sqrt{\dfrac{1}{L \cdot C} - \dfrac{R^2}{4 \cdot L^2}}$	$\omega_e = \sqrt{\dfrac{1}{L \cdot C} - \dfrac{R^2}{4 \cdot L^2}}$

Übung

Gegeben ist ein Parallelschwingkreis, abgestimmt auf $f_0 = 50\,\text{Hz}$, Güte $Q_P = 2$ und $U = \text{cont}$.

Gesucht:

a) 45° Frequenzen

b) Für die Teilströme

$$\frac{I_L}{I} \ \text{und} \ \frac{I_C}{I}$$

sind Größe und Lage der Extremwerte zu bestimmen. Die Funktion

$$\frac{I_0}{I}$$

ist in der Umgebung der Resonanz über der normierten Verstimmung

$$\frac{v}{d}$$

zu skizzieren.

Lösung

a)

$$Q_P = \frac{1}{d} \rightarrow d = \frac{1}{Q_P} = 0{,}5$$

$$\Omega_1 = -\frac{d}{2} + \sqrt{\frac{d^2}{4} + 1} = 0{,}779\,\text{S}$$

$$f_1 = \Omega_1 \cdot f_0 = 38{,}9\,\text{Hz}$$

$$\Omega_2 = \frac{d}{2} + \sqrt{\frac{d^2}{4} + 1} = 1{,}28\,\text{S}$$

$$f_2 = \Omega_2 \cdot f_0 = 63{,}9\,\text{Hz}$$

$$f_0 \cdot d = 25\,\text{Hz}$$

b)

Das Maximum für die Funktionen

$$\frac{I_L}{I} \text{ und } \frac{I_C}{I}$$

liegt bei

$$\Omega = \sqrt{1 \mp \frac{d^2}{2}} \text{ bzw. } v = \mp \frac{d^2}{2}.$$

Für die normierte Verstimmung

$$\frac{v}{d}$$

liegen die Maximalwerte bei

$$\frac{v}{d} = \mp \frac{d}{2}$$

Die Beträge ergeben sich dann

$$\left(\frac{I_C}{I}\right)_{\text{max}} = \left(\frac{I_L}{I}\right)_{\text{max}} = \frac{1}{d \cdot \sqrt{1 - \frac{d^2}{2}}} \approx 2{,}14$$

Im Resonanzfall sind die Beträge wie folgt zu ermitteln:

$$I_C = Q_P \cdot I \rightarrow \frac{I_C}{I} = Q_P = 2 \text{ bzw. } I_L = Q_P \cdot I \rightarrow \frac{I_L}{I} = Q_P = 2$$

Im Resonanzfall ist

$$\frac{I_0}{I} = 1$$

Dabei gilt für

$$I = \sqrt{d^2 + v^2} \cdot Y_0 \cdot U = d \cdot \sqrt{1 + \left(\frac{v}{d}\right)^2} \cdot Y_0 \cdot U$$

Für I_0 wird $v = 0$ gesetzt:

$$I_0 = d \cdot Y_0 \cdot U$$

$$\frac{I_0}{I} = \frac{1}{\sqrt{1 + \left(\frac{v}{d}\right)^2}}$$

Diese Funktion hat für $v = 0$ ihr Maximum bei 1 (Abb. 4.105).

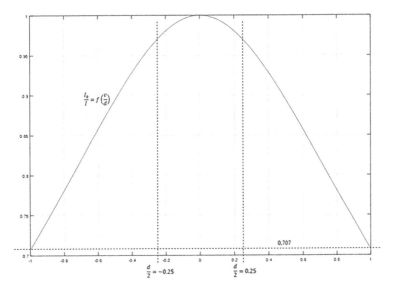

Abb. 4.105 Resonanzkurve

4.11 Vierpole

4.11.1 Allgemeines

Ein Vierpol (VP) ist ein beliebiges elektrisches Netzwerk mit vier Klemmen (Polen, Anschlüssen). Der Zweieingangsspannung wird Energie zugeführt und an den anderen Zweiausgangsspannung wird Energie abgegeben, wie Abb. 4.106 zeigt.

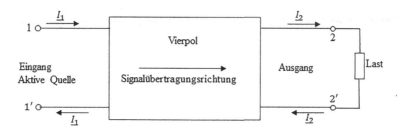

Abb. 4.106 VP in Blockschaltbild

Vierpolarten:

1. Aktiver Vierpol: Der VP gibt am Ausgang eine größere Wirkleistung ab, als er am Eingang aufnimmt. Er enthält Energiequellen.
2. Passiver Vierpol: Der VP überträgt Energien mit Verlusten.
3. Nichtlinearer Vierpol: Der VP enthält Widerstände, deren Werte von Strom und Spannung abhängig sind.
4. Linearer Vierpol: Der VP enthält nur lineare Schaltglieder. Zwischen Strömen und Spannungen am Ein- und Ausgang des VP besteht Proportionalität.
5. Symmetrischer Vierpol (Längssymmetrie): Symmetrie in Energieflussrichtung. Der VP, bei welchem seine Eingangs- und Ausgangsklemmen ohne Änderung seiner Eigenschaften vertauscht werden dürfen.
6. Quersymmetrischer und Querunsymmetrischer VP: Die Quersymmetrie hat in der VP-Theorie eine untergeordnete Bedeutung.

Schaltungsbeispiele:
Quersymmetrie (Abb. 4.107):

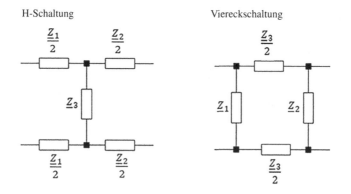

Abb. 4.107 Quersymmetrie

Querunsymmetrische Schaltungen:
Quersymmetrie (Abb. 4.108):

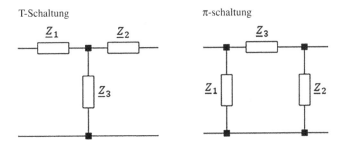

Abb. 4.108 Querunsymmetrie

Für die Kennzeichnung der Übertragungseigenschaften von Vierpol sind die VP-Kenngrößen festzulegen, die nur Funktionen seiner Schaltelemente sind, und zwar unabhängig von äußeren Anschlüssen. Darüber hinaus sollen die Zusammenhänge zwischen den Kenngrößen und den Schaltelementen sowie den allgemeinen Eigenschaften eines Vierpols aufgestellt werden. Komplizierte VP-Schaltungen können als einfache äquivalente Ersatzschaltungen dargestellt werden. Die wichtigsten VP-Ersatzschaltungen sind T- oder Sternschaltung, π- oder Dreieckschaltung sowie überbrückte T- oder Sternschaltung und X-, Kreuz- oder Brückenschaltung. Die letzteren Zwei sind in Abb. 4.109 dargestellt.

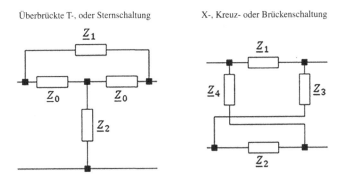

Abb. 4.109 T- und Brückenschaltungen

T- und π-Schaltungen werden überwiegend als Dämpfungsglieder und Filter für breite Frequenzbänder eingesetzt. Überbrückte T-Schaltungen haben als Entzerrer für den Dämpfungsausgang von Leitungen (VP mit konstantem Wellenwiderstand und vorgeschriebenem Frequenzgang des Übertragungsmaßes) ihren Einsatz. Die X-Schaltungen werden als Laufzeitglieder eingesetzt.

4.11.2 Gleichungen linearer Vierpole

4.11.2.1 Vierpolgleichungen mit Kettenparametern
Zur Aufstellung der Grundgleichungen des VP soll eine T-Schaltung in Betracht gezogen.

Abb. 4.110 Kettenparameter

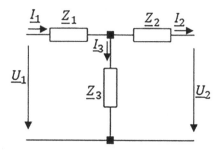

Die T-Schaltung in Abb. 4.110 verfügt über zwei Maschen. Für die Aufstellung der charakteristischen Gleichungen des VP wird angenommen, dass die Richtung der Kreis-ströme der Maschen im Uhrzeigersinn verlaufen. Es lassen sich für die T-Schaltungen zwei Gleichungen aufstellen, in denen die Spannungen und Ströme am Eingang und Ausgang miteinander verknüpft sind. Nach Maschen- und Knotensatz gelten folgende Beziehungen:

$$\underline{I}_1 = \underline{I}_2 + \underline{I}_3$$

$$\underline{U}_1 = \underline{Z}_1 \cdot \underline{I}_1 + \underline{Z}_3 \cdot \underline{I}_3$$

$$\underline{Z}_2 \cdot \underline{I}_2 - \underline{Z}_3 \cdot \underline{I}_3 + \underline{U}_2 = 0$$

Die letzte Gleichung wird nach $\underline{I}_3$ aufgelöst und in ersten beiden eingesetzt.

$$\underline{I}_3 = \frac{\underline{Z}_2}{\underline{Z}_3} \cdot \underline{I}_2 + \underline{U}_2 \cdot \frac{1}{\underline{Z}_3}$$

$$\underline{I}_1 = \underline{I}_2 \cdot \left(1 + \frac{\underline{Z}_2}{\underline{Z}_3}\right) + \underline{U}_2 \cdot \frac{1}{\underline{Z}_3}$$

$$\underline{U}_1 = \underline{Z}_1 \cdot \underline{I}_1 + \underline{Z}_2 \cdot \underline{I}_2 + \underline{U}_2$$

$\underline{I}_1$ der vorletzten Gleichung wird in die letzte Gleichung eingesetzt.

$$\underline{U}_1 = \underline{Z}_1 \cdot \left(\underline{I}_2 \cdot \left(1 + \frac{\underline{Z}_2}{\underline{Z}_3}\right) + \underline{U}_2 \cdot \frac{1}{\underline{Z}_3}\right) + \underline{Z}_2 \cdot \underline{I}_2 + \underline{U}_2$$

$$\underline{U}_1 = \underline{Z}_1 \cdot \underline{I}_2 \cdot \left(1 + \frac{\underline{Z}_2}{\underline{Z}_3}\right) + \underline{U}_2 \cdot \frac{\underline{Z}_1}{\underline{Z}_3} + \underline{Z}_2 \cdot \underline{I}_2 + \underline{U}_2$$

Damit erhalten wir die Beziehungen für $\underline{U}_1$ und $\underline{I}_1$ aus den letzten Gleichungen wie folgt:

$$\underline{U}_1 = \left(1 + \frac{\underline{Z}_1}{\underline{Z}_3}\right) \cdot \underline{U}_2 + \left(\underline{Z}_1 + \underline{Z}_2 + \frac{\underline{Z}_1 \cdot \underline{Z}_2}{\underline{Z}_3}\right) \cdot \underline{I}_2$$

$$\underline{I}_1 = \frac{1}{\underline{Z}_3} \cdot \underline{U}_2 + \left(1 + \frac{\underline{Z}_2}{\underline{Z}_3}\right) \cdot \underline{I}_2$$

Die Widerstandsausdrücke werden zu konstanten zusammengefasst. Die Gleichungen lauten allgemein

$$\underline{U}_1 = \underline{A}_{11} \cdot \underline{U}_2 + \underline{A}_{12} \cdot \underline{I}_2$$

$$\underline{I}_1 = \underline{A}_{21} \cdot \underline{U}_2 + \underline{A}_{22} \cdot \underline{I}_2$$

Und werden als Vierpolgleichungen mit Kettenform bezeichnet. Die Konstanten $\underline{A}_{11}, \underline{A}_{12}, \underline{A}_{21}$ und $\underline{A}_{22}$ heißen Kettenparameter. Die letzten Gleichungen haben sich bei der Berechnung von VP als zweckmäßig herausgestellt. Damit ergeben sich die Einheiten der Kettenparametern wie folgt:

$$\underline{A}_{11} = 1 + \frac{\underline{Z}_1}{\underline{Z}_3} \rightarrow \text{Einheit } 1$$

$$\underline{A}_{12} = \underline{Z}_1 + \underline{Z}_2 + \frac{\underline{Z}_1 \cdot \underline{Z}_2}{\underline{Z}_3} \rightarrow \text{Einheit } \Omega$$

$$\underline{A}_{21} = \frac{1}{\underline{Z}_3} \rightarrow \text{Einheit S}$$

$$\underline{A}_{22} = 1 + \frac{\underline{Z}_2}{\underline{Z}_3} \rightarrow \text{Einheit } 1$$

4.11.2.2 Vierpolgleichungen mit Widerstandsparametern

Nach Maschen- und Knotensatz wurden bereits für die T-Schaltung wie folgt abgeleitet:

$$\underline{I}_1 = \underline{I}_2 + \underline{I}_3 \rightarrow \underline{I}_3 = \underline{I}_1 - \underline{I}_2$$

$$\underline{U}_1 = \underline{Z}_1 \cdot \underline{I}_1 + \underline{Z}_3 \cdot \underline{I}_3$$

$$\underline{Z}_2 \cdot \underline{I}_2 - \underline{Z}_3 \cdot \underline{I}_3 + \underline{U}_2 = 0$$

Durch Umformen und Einsetzen entstehen daraus folgende Gleichungen:

$$\underline{U}_1 = \underline{Z}_1 \cdot \underline{I}_1 + \underline{Z}_3 \cdot \left(\underline{I}_1 - \underline{I}_2\right)$$

$$\underline{U}_2 = -\underline{Z}_2 \cdot \underline{I}_2 + \underline{Z}_3 \cdot \left(\underline{I}_1 - \underline{I}_2\right)$$

Durch Umformen entsteht:

$$\underline{U}_1 = \left(\underline{Z}_1 + \underline{Z}_3\right) \cdot \underline{I}_1 - \underline{Z}_3 \cdot \underline{I}_2$$

$$\underline{U}_2 = \underline{Z}_3 \cdot \underline{I}_1 - \left(\underline{Z}_2 + \underline{Z}_3\right) \cdot \underline{I}_2$$

Die in den letzten Gleichungen entstehenden konstanten Widerstände heißen Widerstandsparameter und lauten in allgemeiner Form:

$$\underline{U}_1 = \underline{Z}_{11} \cdot \underline{I}_1 - \underline{Z}_{12} \cdot \underline{I}_2$$

$$\underline{U}_2 = \underline{Z}_{21} \cdot \underline{I}_1 - \underline{Z}_{22} \cdot \underline{I}_2$$

Damit entsteht eine Vierpolgleichung in Widerstandsform.

4.11.2.3 Vierpolgleichungen mit Leitwertparametern

Nach Maschen- und Knotensatz wurden bereits für die T-Schaltung wie folgt abgeleitet:

$$\underline{I}_1 = \underline{I}_2 + \underline{I}_3 \rightarrow \underline{I}_3 = \underline{I}_1 - \underline{I}_2$$

$$\underline{U}_1 = \underline{Z}_1 \cdot \underline{I}_1 + \underline{Z}_3 \cdot \underline{I}_3$$

$$\underline{Z}_2 \cdot \underline{I}_2 - \underline{Z}_3 \cdot \underline{I}_3 + \underline{U}_2 = 0$$

Durch Umformen und Einsetzen entstehen daraus folgende Gleichungen:

$$\underline{I}_1 = \underline{Y}_{11} \cdot \underline{U}_1 - \underline{Y}_{12} \cdot \underline{U}_2$$

$$\underline{I}_2 = \underline{Y}_{21} \cdot \underline{U}_1 - \underline{Y}_{22} \cdot \underline{U}_2$$

Damit entsteht eine Vierpolgleichung in Leitwertform.

4.11.2.4 Vierpolgleichungen mit Hybridparametern

Sind $\underline{U}_2$ und $\underline{I}_1$ von einem VP bekannt und nach $\underline{U}_1$ und $\underline{I}_2$ gesucht, so wird die VP-Gleichung in Hybridform aufgestellt.

$$\underline{U}_1 = \underline{h}_{11} \cdot \underline{I}_1 + \underline{h}_{12} \cdot \underline{U}_2$$

$$\underline{I}_2 = \underline{h}_{21} \cdot \underline{I}_1 + \underline{h}_{22} \cdot \underline{U}_2$$

Bedeutung der h-Parameter:

$\underline{h}_{11}$: primär Kurzschlussparameter

$\underline{h}_{12}$: Spannungsräckwirkung(Leerlauf)

$\underline{h}_{21}$: Stromverstärkung

$\underline{h}_{22}$: sekundärer Leerlaufleitwert

Die Gleichungen in Hybridform werden z. B. bei der Berechnung von Verstärkern mit Transistoren verwendet. Alle bisher abgeleiteten Vierpolgleichung in allen Formen geben den gleichen physikalischen Zusammenhang an, unterscheiden sich aber in der mathematischen Darstellung. Die verschiedenen Parameter können ineinander umgerechnet werden, wenn der Übergang von einer Gleichungsform in eine andere zweckmäßig ist. Dafür existieren bereits Umrechnungstafeln in der Nachrichtentechnik.

4.11.2.5 Ermittlung der Kettenparameter aus Strom- und Spannungsmessung

Sind von einem VP nur die Außenklemmen zugänglich, so können die Konstanten durch Strom- und Spannungsmessung bestimmt werden. Für die Kettenparameter ergibt sich bei Leerlauf auf die Sekundärseite, d. h. für $I_2 = 0$:

$$\underline{U}_1 = \underline{A}_{11} \cdot \underline{U}_2 + \underbrace{\underline{A}_{12} \cdot \underline{I}_2}_{=0} = \underline{A}_{11} \cdot \underline{U}_2$$

$$\underline{I}_1 = \underline{A}_{21} \cdot \underline{U}_2 + \underbrace{\underline{A}_{22} \cdot \underline{I}_2}_{=0} = \underline{A}_{21} \cdot \underline{U}_2$$

Und bei Kurzschluss auf der Sekundärseite, d. h. $U_2 = 0$:

$$\underline{U}_1 = \underbrace{\underline{A}_{11} \cdot \underline{U}_2}_{=0} + \underline{A}_{12} \cdot \underline{I}_2 = \underline{A}_{12} \cdot \underline{I}_2$$

$$\underline{I}_1 = \underbrace{\underline{A}_{21} \cdot \underline{U}_2}_{=0} + \underline{A}_{22} \cdot \underline{I}_2 = \underline{A}_{22} \cdot \underline{I}_2$$

Für die Konstanten gilt dann:

$$\underline{A}_{11} = \frac{\underline{U}_1}{\underline{U}_2}; \text{ Leerlaufübersetzungsverhältnis der Spannungen } \left(\underline{I}_2 = 0 \right)$$

$$\underline{A}_{21} = \frac{\underline{I}_1}{\underline{U}_2}; \text{ Verhältnis des Eingangsstromes zur Ausgangsspannung } \left(\underline{I}_2 = 0 \right)$$

$$\underline{A}_{12} = \frac{\underline{U}_1}{\underline{I}_2}; \text{ Verhältnis der Eingangsspannung zum Ausgangsstrom } \left(\underline{U}_2 = 0 \right)$$

$$\underline{A}_{22} = \frac{\underline{I}_1}{\underline{I}_2}; \text{ Kurzschlussübersetzungsverhältnis der Ströme } \left(\underline{U}_2 = 0 \right)$$

Diese letzten Beziehungen gelten unabhängig vom inneren Aufbau der Schaltung für jeden VP.

Die Gegenüberstellung der Kettenparameter lassen sich aus der folgenden Tabelle für verschieden Schaltungsaufbauten entnehmen.

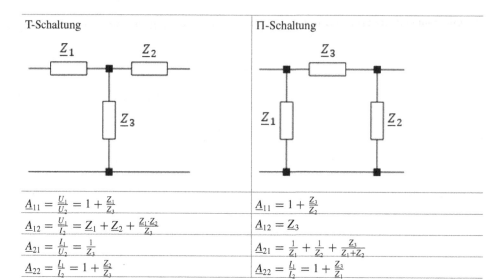

T-Schaltung	Π-Schaltung
$\underline{A}_{11} = \frac{U_1}{U_2} = 1 + \frac{Z_1}{Z_3}$	$\underline{A}_{11} = 1 + \frac{Z_3}{Z_2}$
$\underline{A}_{12} = \frac{U_1}{I_2} = \underline{Z}_1 + \underline{Z}_2 + \frac{Z_1 \cdot Z_2}{Z_3}$	$\underline{A}_{12} = \underline{Z}_3$
$\underline{A}_{21} = \frac{I_1}{U_2} = \frac{1}{Z_3}$	$\underline{A}_{21} = \frac{1}{Z_1} + \frac{1}{Z_2} + \frac{Z_3}{Z_1 + Z_2}$
$\underline{A}_{22} = \frac{I_1}{I_2} = 1 + \frac{Z_2}{Z_3}$	$\underline{A}_{22} = \frac{I_1}{I_2} = 1 + \frac{Z_3}{Z_1}$

X-Schaltung

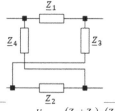

$$\underline{A}_{11} = \frac{U_1}{U_2} = \frac{(\underline{Z}_1 + \underline{Z}_3) \cdot (\underline{Z}_2 + \underline{Z}_4)}{Z_3 \cdot Z_4 - Z_1 \cdot Z_2}$$

$$\underline{A}_{12} = \frac{U_1}{I_2} = \frac{Z_1 \cdot Z_2 \cdot Z_3 + Z_2 \cdot Z_3 \cdot Z_4 + Z_3 \cdot Z_1 \cdot Z_4 + Z_4 \cdot Z_1 \cdot Z_2}{Z_3 \cdot Z_4 - Z_1 \cdot Z_2}$$

$$\underline{A}_{21} = \frac{I_1}{U_2} = \frac{Z_1 + Z_2 + Z_3 + Z_4}{Z_3 \cdot Z_4 - Z_1 \cdot Z_2}$$

$$\underline{A}_{22} = \frac{I_1}{I_2} = \frac{(\underline{Z}_1 + \underline{Z}_4) \cdot (\underline{Z}_2 + \underline{Z}_3)}{Z_3 \cdot Z_4 - Z_1 \cdot Z_2}$$

4.11.2.6 Die Vierpoldeterminante

Es lässt sich nachweisen, dass zwischen den Kettenparametern eines passiven Vierpols stets die Beziehung gilt:

$$\underline{A}_{11} \cdot \underline{A}_{22} - \underline{A}_{12} \cdot \underline{A}_{21} = 1$$

Diese letzte Gleichung wird als VP-Determinante Δ bezeichnet und hat eine allgemeine Gültigkeit. Die Gleichung sagt aus, dass von vier Parametern drei willkürlich wählbar sind.

4.12 Der Transformator

Ein Transformator, der auch als Übertrager oder Wandler genannt wird, gehört zum Bereich elektrische Maschinen, obwohl er über keine beweglichen Teile verfügt. Die Funktion des Transformators beruht auf den Gesetzen der elektromagnetischen Induktion. In ihm werden mindestens zwei Stromkreise über ein zeitveränderliches magnetisches Feld miteinander gekoppelt. Die dafür erforderlichen gekoppelten Spulen können dabei sowohl auf einem magnetischen Kern als auch auf einem nicht-magnetischen Wickelkörper aufgebracht sein. Dies beinhaltet grundsätzlich die Möglichkeit zur galvanischen, d. h. elektrisch leitfähigen Trennung von Stromkreisen, was insbesondere zum Schutz des Menschen und von Anlagenteilen in großem Umfang genutzt wird (Trenntrafo). Darüber hinaus lassen sich in den verschiedenen Stromkreisen Strom- und Spannungswerte unabhängig voneinander wählen [1].

4.12.1 Die Transformatorgleichungen

Zum Verständnis des Transformators werden zwei magnetisch gekoppelte Leiterschleifen betrachtet, abgebildet (siehe Abb. 4.111).

Abb. 4.111 Magnetisch gekoppelte Leiterschleifen

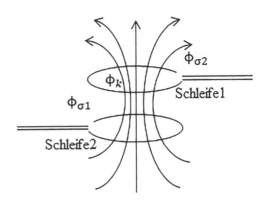

Prinzipiell ist zwischen dem beide Schleifen durchsetzenden Koppelfluss ϕ_k und den jeweils nur eine Schleife durchsetzenden, wesentlich kleineren Streuflüssen $\phi_{\sigma1}$ und $\phi_{\sigma2}$ zu unterscheiden. Letztere liefern keinen Beitrag zur magnetischen Kopplung der Schleifen und stellen somit unerwünschte Verluste dar. Anstelle der einzelnen Schleifen werden beim Transformator Spulen mit den Windungszahlen N_1 bzw. N_2 eingesetzt und der magnetische Fluss wird von einem magnetischen Kern geführt (Abb. 4.112).

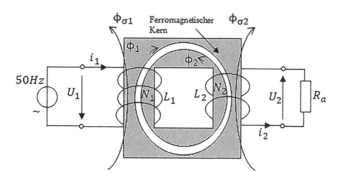

Abb. 4.112 Transformator

Der Koppelfaktor k gibt das Verhältnis der beiden Leiterschleifen verbindenden Koppelfluss zum Gesamtfluss an, also

$$k = \frac{\phi_k}{\phi_k + \phi_{\sigma 1}}.$$

k kann Werte zwischen eins (feste Kopplung) und null (Entkopplung) annehmen. Bei Zwischenwerten spricht man von loser Kopplung. Die in der Schleife 2 infolge einer räumlichen oder zeitlichen Änderung des Koppelfeldes bewirkte Spannungsinduktion ergibt sich zu

$$u_{i2} = M \cdot \frac{di_1}{dt}$$

mit

$$M = k \sqrt{L_1 \cdot L_2}$$

der Koppel- oder Gegeninduktivität.

Wie schon erwähnt werden gekoppelte Spulen in der Technik zur Übertragung elektrischer Energie oder häufig auch zur Übertragung von Informationen aus einem Leiterkreis in einen anderen Leiterkreis genutzt. Im ersten Fall spricht man von einem Transformator, im zweiten von einem Übertrager. In jedem Fall erfolgt die Kopplung über das Magnetfeld und ist in der Regel auch noch mit einer Spannungsänderung (Vergrößerung oder Verminderung) verbunden. Die elektrischen Vorgänge sind in beiden Systemen die gleichen, sodass im Folgenden stellvertretend die Vorgänge im Transformator beschrieben werden. Den prinzipiellen Aufbau zeigt Abb. 4.113.

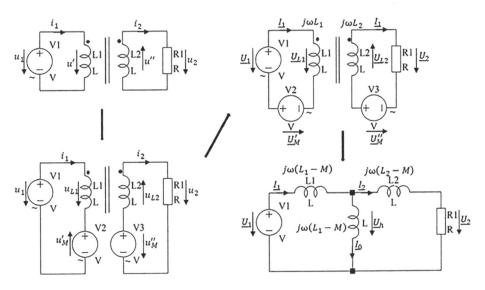

Abb. 4.113 Prinzipieller Aufbau des Transformators

Der Transformator besteht in der Regel aus zwei Spulen, die über ein in einem Eisenkern geführten Magnetfluss miteinander fest verkoppelt sind. Üblicherweise weichen die Windungszahlen in charakteristischer Weise voneinander ab. Die Spule L_1 mit der Windungszahl N_1, die den Erregerfluss ϕ_1 infolge des Betriebs an der Spannungsquelle u_1 erzeugt (wird vom Strom i_1 durchströmt), wird als Primärwicklung bezeichnet. Die mit N_2-Windungen ausgestattete Spule L_2 ist die Sekundärwicklung. In ihr wird infolge des zeitveränderlichen Magnetfeldes eine Spannung induziert (Induktionsgesetz), die bei angeschlossenem Lastwiderstand R_1 einen Stromfluss i_2 im Sekundärkreis in der in Abb. 4.113 dargestellten Richtung bewirkt. Mit diesem Stromfluss ist aber wiederum ein Magnetfluss verbunden, der dem Erregerfluss genau entgegengesetzt gerichtet sein muss (Lenzsche Regel). Berücksichtigt man nun noch die jeweilig zu erwartenden Streuflüsse ϕ_σ, dann ist die Anordnung vollständig beschrieben.

In Abb. 4.113 wird der Transformator nunmehr nur noch durch seine Ersatzschaltbilder charakterisiert. Punkte an den Schaltzeichen der Spulen symbolisieren Orte momentan gleicher (positiver) Polarität. Bei rechtssinnig gewickelten Spulen weist dann der Magnetfluss dieselbe Richtung wie der Strom durch die Spule auf und umgekehrt. Des Weiteren ist bei gleichsinnig gewickelten Transformatoren die Sekundärspannung zur Primärspannung um 189° phasenverschoben.

Die vorangegangenen Abbildungen des Transformators zeigen die elektrische Ersatzschaltungen des Transformators, einmal im Zeitraum und dann im Frequenzraum. Zunächst sollen die Betrachtungen ohne Berücksichtigung ohmscher Verluste in den Wicklungen bzw. im Kern erfolgen. Danach ergeben sich am Transformator folgende Beziehungen:

Zeitraum:

$$u_{L1}(t) - u'_M = u_1(t)$$

$$-u''_M + u_{L2}(t) = -u_2(t)$$

und somit:

$$L_1 \frac{di_1}{dt} - M \frac{di_2}{dt} = u_1$$

$$-M \frac{di_1}{dt} + L_2 \frac{di_2}{dt} = -u_2$$

bzw. mit der symbolischen Methode für den Frequenzraum:

$$j\omega L_1 \underline{I}_1 - j\omega M \underline{I}_2 = \underline{U}_1$$

$$-j\omega M \underline{I}_1 - j\omega L_2 \underline{I}_2 = -\underline{U}_2$$

Durch geschicktes Erweitern dieser Gleichungen, ohne deren Wert zu verändern, gelangt man schließlich zu einem Gleichungssystem, das es ermöglicht, rein formal das in der letzten Darstellung abgebildete T-Ersatzschaltbild des Transformators aus zu stellen. Mithilfe des Maschen- und Knotenpunktsatzes lässt sich nämlich ohne Weiteres feststellen, dass gilt:

$$\underline{U}_1 = j\omega(L_1 - M)\underline{I}_1 + j\omega M \left(\underline{I}_1 - \underline{I}_2\right)$$

$$\underline{U}_2 = j\omega M \left(\underline{I}_1 - \underline{I}_2\right) - j\omega(L_2 - M)\underline{I}_2$$

Diese Beziehung ist aber identisch mit der vorherigen. $\underline{I}_1 - \underline{I}_2$ ist dann der durch die Koppelinduktivität M fließende Querstrom I_0. Für eng gekoppelte Spulen ($k \approx 1$) kann für die in den Klammerausdrücken stehenden Differenzen zwischen Selbstinduktivität L und Gegeninduktivität M eine Längstinduktivität L_σ, die sogenannte Streuinduktivität, eingeführt werden.

Wird nur noch berücksichtigt, dass reale Spulen neben magnetischen Streuverlusten auch elektrische Verluste in den Spulenwicklungen (Kupferverluste → Erwärmung der Wicklung) und dem Kernmaterial (Ummagnetisierungsverluste → Erwärmung des Eisenkerns) aufweisen, lässt sich folgendes erweitertes Transformatorersatzschaltbild aufstellen.

Abb. 4.114 zeigt das Ersatzschaltbild des realen Transformators.

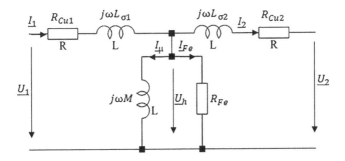

Abb. 4.114 Ersatzschaltbild des realen Transformators

$\underline{I}_\mu$ ist der Magnetisierungsstrom, der zur Aufrechterhaltung des Magnetfeldes (Hauptfeld: entspricht dem Koppelfluss, der Primär- und Sekundärwicklung gleichermaßen durchsetzt) benötigt wird. $\underline{I}_{Fe}$ ist der sogenannte Eisenverluststrom. Dieser gibt die Wirbelstrom- und Ummagnetisierungsverluste im Eisenkern an, die durch den Eisenverlustwiderstand R_{Fe} im Ersatzschaltbild berücksichtigt wurde und die neben den Leistungsverlusten in den Kupferwiderständen der Wicklungen zur Erwärmung des Kernmaterials des Transformators im Betrieb betragen. Beide Ströme zusammen bilden den sogenannten Leerlaufstrom $\underline{I}_0$ des Transformators.

$$\underline{I}_0 = \underline{I}_\mu + \underline{I}_{Fe}$$

$\underline{U}_h$ bezeichnet die Hauptfeldspannung. Sie erzwingt über die Koppelinduktivität M den erforderlichen Koppelfluss gemäß:

$$\underline{U}_h = j\omega M \underline{I}_\mu \text{ und } M = \frac{N\phi_k}{\underline{I}_\mu} \text{ womit } \underline{U}_h = j\omega\phi_k \text{ wird.}$$

Dieses Ersatzschaltbild wird nun noch weiter umgeformt. Dazu führt man auf der Sekundärseite sogenannte reduzierte Größen ein, indem man diese mit einem Maßstabfaktor so umrechnet, dass die Transformatorgleichungen erhalten bleiben (der Reduktionsfaktor muss sich in den Transformatorgleichungen herauskürzen), jedoch wurde der Transformator auf das Windungszahlverhältnis 1 normiert. Meist wird hierfür deshalb das aus dem Windungszahlverhältnis der Primär- zur Sekundärwicklung sich ergebende Übersetzungsverhältnis

$$\ddot{u} = \frac{N_1}{N_2}$$

als Reduktionsfaktor verwendet. Die Regeln für die Reduktion der Sekundärgrößen lautet:

▶ „Multipliziere der sekundären Widerstände (aus dem Außenwiderstand R_1) mit $\ddot{u}^2$, die sekundären Spannungen und die Koppelgrößen M mit $\ddot{u}$ und dividierenden Sekundärstrom durch ü. Die Strom- und Spannungsgrößen im Koppelglied erfahren nicht die Reduktion mit ü."

Also sind:

$$R'_{Cu2} = \ddot{u}^2 \cdot R_{Cu2}$$

$$L'_{\sigma2} = \ddot{u}^2 \cdot L_{\sigma2}$$

$$M' = \ddot{u} \cdot M \cdot \underline{U}'_2 = \ddot{u} \cdot \underline{U}_2$$

$$\underline{I}'_2 = \frac{\underline{I}_2}{\ddot{u}}$$

(R_{Fe} bleibt unverändert).

Die Kennzeichnung der reduzierten Größen erfolgt in der elektrotechnischen Literatur in der Regel durch ein hochgestelltes Kreuz, hier im Werk durch einen Apostroph. Das Ersatzschaltbild mit reduzierten Sekundärgrößen stellt sich nunmehr wie folgt dar (Abb. 4.115):

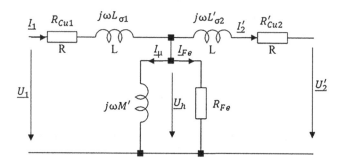

Abb. 4.115 Ersatzschaltbild des Transformators mit reduzierten Sekundärgrößen

Damit könne die Transformatorgleichungen endgültig wie folgt formuliert werden:

$$\underline{U}_1 = (R_{Cu1} + j\omega L_{\sigma1})\underline{I}_1 + \underline{U}_h$$

$$\underline{U}'_2 = \left(R'_{Cu2} + j\omega L'_{\sigma2}\right)\underline{I}'_2 + \underline{U}_h$$

Die Folge der Reduktion ist weiterhin, dass die beiden Längsinduktivitäten gleich sind $L_{\sigma1} = L'_{\sigma2}$ und zwar vom Wert $L_1(1-k) \approx \sigma L_1/2$. Σ ist mithilfe von k definierbare Streufaktor

$$\sigma = 1 - k^2 = 1 - \frac{M^2}{(L_1 L_2)}.$$

Auch gilt, was häufig der Fall ist, dass bei gleichem Wickelquerschnitt für die Primär-
und Sekundärspule die Kupferwiderstände gleich sind:

$$R_{Cu1} = R'_{Cu2}.$$

Für die Konstruktion des Zeigerdiagramms des realen Trafos beginnt man zweckmäßig
beim passiven Belastungswiderstand $\underline{Z}_a$ an der Sekundärspule und legt $\underline{I}'_2$ fest. Damit
ergibt sich ein entsprechendes phasenverschobenes $\underline{U}'_2$ (Abb. 4.116).

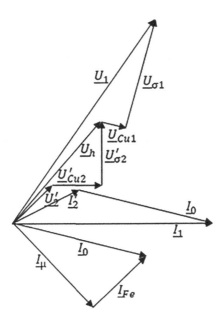

Abb. 4.116 Zeigerdiagramme

Im nächsten Schritt wird die Maschengleichung des Sekundärkreises durch die
weiteren Spannungszeiger resultierend aus $\underline{I}'_2$ dargestellt. Die Spannungszeigersumme
liefert dann $\underline{U}_h$. Damit sind die Orientierungen der Stromzeiger $\underline{I}_\mu$ und $\underline{I}_{Fe}$ eindeutig.
Deren Zeigersumme führt zu $\underline{I}_1$. Jetzt können aus Kenntnis von $\underline{I}_1$ die Spannungen des
Primärkreises konstruiert werden, die sich geometrisch zur Primärspannung $\underline{U}_1$ auf-
addieren müssen. Damit ist das Strom-Spannungszeiger-Diagramm erstellt [1].

4.12.2 Der ideale Transformator

Folgende Eigenschaften kennzeichnen den idealen Transformator:

- Kein Streufeld, d. h. $k = 1$ bzw. $\sigma = 0$, also $\phi_1 = \phi_2$ und damit $M = \sqrt{L_1 L_2}$
- Keine Verlustwiderstände (keine Kupfer- und Ummagnetisierungsverluste) und damit
  kein $\underline{I}_0$ (für die Aufrechterhaltung des Feldes wird kein Strom benötigt)

Für die Spannungen gilt dann wegen

$$u_2 = N_2 \frac{d\phi}{dt} \text{ und } u_1 = N_1 \frac{d\phi}{dt}$$

dass

$$\frac{u_2}{u_1} = \frac{N_2}{N_1} = \frac{1}{\ddot{u}}$$

sein muss. Mit anderen Worten, die Spannungen verhalten sich am idealen Transformator proportional zu den Windungszahlen der Spulen, an denen sie auftreten.

Für die Ströme gilt wegen der im Kern verschwindenden Durchflutung ($\theta = 0 \, da \, \phi_1 = \phi_2$), dass $\theta_1 = \theta_2$ sein muss, damit ist aber auch $N_1 \cdot i_1 = N_2 \cdot i_2$ und somit

$$\frac{i_2}{i_1} = \frac{N_1}{N_2} = \ddot{u}.$$

Die Ströme verhalten sich somit umgekehrt zu den Windungszahlen, durch die sie strömen. Damit gilt aber auch, dass wegen $P_1 = u_1 \cdot i_1 = u_2 \cdot i_2 = P_2$ der Wirkungsgrad η 100 % betragen muss. Der Transformator verbraucht also selbst keine Energie, sondern stellt sie in vollem Umfang an der Sekundärwicklung zur Verfügung.

Das Ersatzschaltbild des idealen Transformators besteht demzufolge nur aus der Koppelinduktivität M' (Abb. 4.117).

Abb. 4.117 Ersatzschaltbild des idealen Transformators

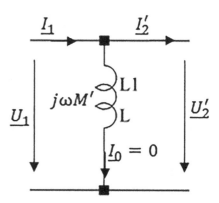

Besonderer Bedeutung erlangt der Transformator in der Elektronik (dann als Übertrager zu bezeichnen), da er infolge seiner Spannung-Strom-Übersetzung Widerstände der Sekundärseite, so z. B. einen angeschlossenen Lastwiderstand

$$R_L = \frac{U_2}{I_2}$$

Mit dem Quadrat seines Übersetzungsverhältnisses auf die Eingangsseite überträgt.

$$R_{L,e} = R_L' = \ddot{u}^2 \cdot R_L.$$

Damit können unterschiedliche Verbraucherwiderstände im Sinne der Leistungsanpassung an den Innenwiderstand einer Quelle angepasst werden.

4.12.3 Der reale Transformator

Der reale Transformator weist einen Wirkungsgrad $<100\,\%$ auf (Kleinleistungstransformatoren 96...99 %; Hochleistungstransformatoren in der Energiewirtschaft $>99\,\%$).

Wichtige Daten des Transformators werden auf dem Leistungsschild (eine an jeder Maschine üblicherweise befestigte Blechtafel) oder in den Herstellerunterlagen angegeben, u. a. die Nennleistung S_n (Scheinleistung), der Leistungsfaktor $\cos\varphi_{1n}$, die Nennübersetzung $\ddot{u}$ und die Nennfrequenz f.

Für die Messung der Ersatzschaltelemente des realen Transformators ist die Kenntnis der Ersatzschaltelemente zur Beschreibung eines elektrischen Betriebsverhaltens von grundsätzlicher Bedeutung. Sie ermöglichen u. a. die Aussagen zu

- Zeigerdiagrammen
- Belastungsabhängigkeit von $\underline{U}_2$
- abgebbarer Wirkleistung P_2
- Wirkungsgrad des Transformators η sowie
- primärem Leistungsfaktor $\cos\varphi_1$

für alle Belastungsfälle. Die Bestimmung der Ersatzschaltbildgrößen ist somit zur Charakterisierung des Transformators wesentlich.

Wicklungs- und Kupferwiderstände R_{Cu1} bzw. R_{Cu2}:
Die Messung erfolgt durch eine Strom-Spannungs-Messung der Primär- und Sekundärseite bei Gleichspannung oder direkt mit dem Ohmmeter. Der Transformator darf auf gar keinen Fall in Betrieb sein.

Impedanzmessung zur gleichzeitigen Bestimmung von Induktivität und Kupferwiderstand sowohl primär- als auch sekundärseitig:
Durch Messung von Effektivwert und Phasenverschiebung von Strom und Spannung bei einer Sinusstrommessung des ansonsten unbeschalteten Transformators werden nacheinander $\underline{Z}_1$ und $\underline{Z}_2$ ermittelt. Wegen

$$\frac{U_1}{I_1} \cdot e^{j\varphi_1} = R_1 + j\omega L_1$$

ergeben sich

$$R_1 = \frac{U_1}{I_1} \cdot \cos\varphi_1 \text{ sowie } L_1 = \frac{U_1}{\omega I_1} \cdot \sin\varphi_1 \text{ usw.}$$

Gegeninduktivität M:
Hierzu sind der Primärstrom und die sekundäre Leerlaufspannung bei Nennspannung am Eingang zu messen:

$$\underline{U}_{21} = j\omega M I_0.$$

Besser jedoch ist es, die Verlustleistungen des Transformators unter verschiedenen
Belastungsfällen zu messen und aus den daraus ableitbaren Zeigerdiagrammen die entsprechenden Netzwerkgrößen zu ermitteln.

4.13   Tiefpass (TP)

Abb. 4.118   RC-TP

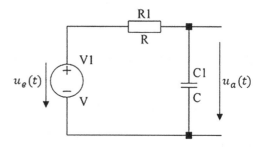

Die Schaltung in Abb. 4.118 zeigt das RC-Glied in TP-Schaltung. Für den Kondensator
wurde die Impedanz

$$\underline{Z}_C = \frac{1}{j\omega C}$$

abgeleitet. Das bedeutet, dass die Impedanz des Kondensators bei hohen Frequenzen der
Eingangsspannung

$$u_e(t)$$

kurzgeschlossen und damit die Ausgangsspannung

$$u_a(t) = 0$$

ist. Bei tiefen Frequenzen der Eingangsspannung ist die Impedanz

$$\underline{Z}_C = \frac{1}{j\omega C} = \frac{1}{0} = \infty$$

und stellt einen offenen Ausgang dar. In diesem Fall ist die Ausgangsspannung fast
identisch mit der Eingangsspannung

$$u_a(t) = u_e(t).$$

Damit lässt sich zurückfolgern, dass der Tiefpass die tiefen Frequenzen passieren und
Spannung mit hohen Frequenzen sperren.

Möchte man feststellen, wie ein TP-Verhalten bei Erregerspannung am Eingang
fungiert, erregt man den Eingang der zu untersuchenden Schaltung nacheinander mit
sinusförmigen Signalen verschiedener Frequenz und gleicher Eingangsamplitude. Das
jeweils am Ausgang zu beobachtende Signal ist auch sinusförmig und hat die gleiche
Frequenz wie das Eingangssignal. Nur die Ausgangssignalamplituden und die Phasen-

lage zwischen Eingangs- und Ausgangssignalen haben bei verschiedenen Erregungs-
frequenzen verschiedene Größen. Zur Veranschaulichung des Sachverhaltes soll in
Abb. 4.119 am Eingang eine sinusförmige Wechselspannungsquelle mit variabler
Frequenz eingesetzt und das Signal am Ausgang beobachtet:

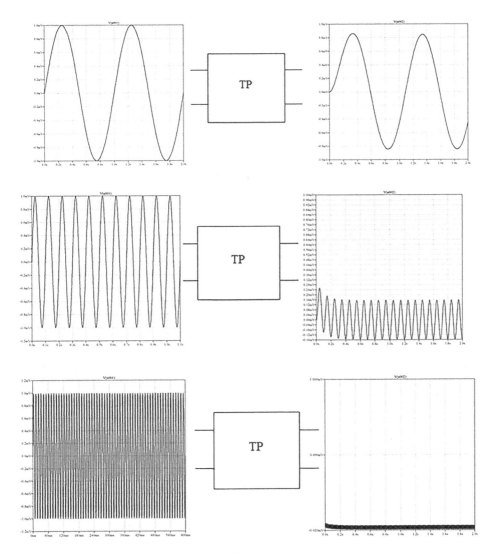

Abb. 4.119 Ein- und Ausgangssignale des TP

Es wurde die Untersuchung des TP bei verschiedenen Frequenzen durchgeführt und
der Verstärkungsfaktor als Verhältnis der Ausgangsgröße zur Eingangsgröße über der
Frequenz aufgetragen. Damit erreicht man eine grafische Darstellung des sogenannten
Amplituden-Frequenzganges des TP. In der Technik ist es üblich, die Frequenzachse im
Zehner-Logarithmus geteilt darzustellen.

An diesen Frequenzgang Abb. 4.120 erkennen wir, dass die bei kleinen Frequenzen konstante Verstärkung mit steigender Erregungsfrequenz geringer wird. Der Bereich von 0 Hz bis zu der Stelle, wo die Grenzfrequenz f_g erreicht wird, nennt man Verstärkungsbandbreite des TP.

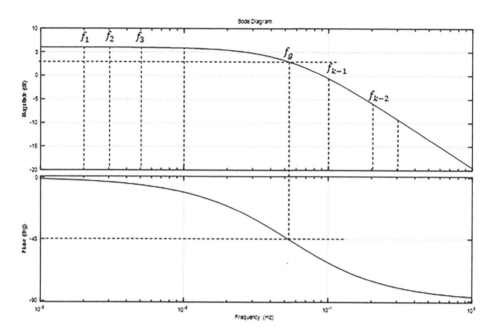

Abb. 4.120 Frequenz- und Phasengang des TP

Die Analyse der Funktion des Tiefpasses wird in vier charakteristischen Merkmalen untersucht. Dazu werden die Kennlinien des Amplituden- und Phasenganges in Bode-Diagramm, der Ortskurve und der Sprungantwort ermittelt.

a) Bode-Diagramm, Amplitudengang:
Legt man am Eingang des TP als Übertragungssystem nacheinander sinusförmige Eingangssignale verschiedener Frequenzen mit unterschiedlichen Amplituden und misst man nach Beendigung des Einschwingvorganges die Ausgangssignalamplituden und Phasenverschiebungsverhalten, dann kann man bei verschiedenen Frequenzen ω das Verstärkungsverhalten

$$\frac{u_a(j\omega)}{u_e(j\omega)}$$

(hier in komplexe Darstellung) und das Phasenverschiebungsverhalten φ des Übertragungssystems bestimmen. Trägt man diese Größen als Funktion der Frequenz ω auf, so erhält man einen Graphen, der das Frequenzverhalten des Übertragungssystems beschreibt.

Es soll der qualitative Verlauf der komplexen Übertragungsfunktion in Abhängigkeit der Frequenz gebildet werden. Die Übertragungsfunktion des Tiefpasses ist das Verhältnis der Ausgangsspannung zur Eingangsspannung, die in der Darstellung in Abb. 4.120 anhand der Spannungsteilerformel zu bestimmen ist:

$$F(j\omega) = \frac{u_a(j\omega)}{u_e(j\omega)} = \frac{\frac{1}{j\omega C}}{\frac{1}{j\omega C} + R} = \frac{1}{1 + j\omega CR} = \frac{1}{1 + j\omega\tau}$$

mit

$$\tau = T = RC \text{ als Zeitkonstante.}$$

Bei Gleichspannung ($\omega = 0$) wird das Eingangssignal ungedämpft zum Ausgang übertragen. Erhöht man die Frequenz, so wird die Dämpfung stärker. Wie noch zu sehen ist, beginnt die Phasenverschiebung bei Gleichspannung bei null und geht für hohe Frequenzen gegen $-90°$. Daher wird das Bode-Diagramm in Amplitudengang und Phasengang getrennt bearbeitet. Gewöhnlich wird der Amplitudengang nicht direkt als

$$F(j\omega) = \frac{u_a(j\omega)}{u_e(j\omega)}$$

aufgetragen, sondern in Dezibel (dB) angegeben. Dieses Maß ist wie folgt charakterisiert:

$$|F(j\omega)| = \left|\frac{u_a(j\omega)}{u_e(j\omega)}\right| = 20\log|F(j\omega)| = 20\log\left|\frac{u_a(j\omega)}{u_e(j\omega)}\right| = |F(j\omega)|_{dB} = \left|\frac{u_a(j\omega)}{u_e(j\omega)}\right|_{dB}$$

Bildet man den Betrag der Übertragungsfunktion in dB, so geht man entweder nach dem gewöhnlichen Verfahren der komplexen Berechnung vor

$$|F(j\omega)| = \left|\frac{u_a(j\omega)}{u_e(j\omega)}\right| = \frac{1}{\sqrt{1 + (\omega\tau)^2}}$$

$$|F(j\omega)|_{dB} = \left|\frac{u_a(j\omega)}{u_e(j\omega)}\right|_{dB} = \underbrace{20\log 1}_{=0} - 20\log\sqrt{1 + (\omega\tau)^2} = -20\log\sqrt{1 + (\omega\tau)^2}$$

oder die Übertragungsfunktion wird konjugiert komplex erweitert:

$$F(j\omega) = \frac{u_a(j\omega)}{u_e(j\omega)} = \frac{1}{1 + j\omega\tau} \cdot \frac{1 - j\omega\tau}{1 - j\omega\tau} = \underbrace{\frac{1}{1 + (\omega\tau)^2}}_{\text{Re}\{F(j\omega)\}} - j\underbrace{\frac{\omega\tau}{1 + (\omega\tau)^2}}_{\text{Im}\{F(j\omega)\}}$$

$$|F(j\omega)| = \left|\frac{u_a(j\omega)}{u_e(j\omega)}\right| = \sqrt{\left(\frac{1}{1 + (\omega\tau)^2}\right)^2 + \left(\frac{\omega\tau}{1 + (\omega\tau)^2}\right)^2} = \frac{1}{1 + (\omega\tau)^2} \cdot \sqrt{1 + (\omega\tau)^2} = \frac{1}{\sqrt{1 + (\omega\tau)^2}}$$

$$|F(j\omega)|_{dB} = \left|\frac{u_a(j\omega)}{u_e(j\omega)}\right|_{dB} = \underbrace{20\log 1}_{=0} - 20\log\sqrt{1 + (\omega\tau)^2} = -20\log\sqrt{1 + (\omega\tau)^2}$$

Da für die Darstellung der Ortskurve der Real- und Imaginärteil der Übertragungsfunktion benötigt wird, ist hier die Lösung nach der konjugiert komplexen
Erweiterung zu bevorzugen. Für die qualitativen Aufzeichnung des Amplituden- und
Phasenganges sowie der Ortskurve in Abhängigkeit der Frequenz sind die Angaben
von drei ω-Werte ausreichend, wie unten zu sehen ist:

ω	$|F(j\omega)|_{\text{dB}}$	$\text{Re}\{F(j\omega)\}$	$\text{Im}\{F(j\omega)\}$	$\varphi°$
0	0	1	0	0°
$\frac{1}{\tau}$	-3 dB	$+0{,}5$	$-0{,}5$	$-45°$
∞	$-\infty$	0	0	$-90°$

Bemerkung
$$\text{Im}\{F(j\omega)\} = -\frac{\omega\tau}{1+(\omega\tau)^2} = \frac{1}{\frac{1}{\omega\tau}+\omega\tau}$$

Der TP aus RC-Glied ist ein Verzögerungsglied 1. Ordnung (VZ1-Glied). Man
nennt ihn auch PT1-Glied. Die Übertragungsverhältnisse zwischen Eingangs-
und Ausgangsgrößen lässt sich durch Differenzialgleichung (DFGL) 1. Ordnung
beschrieben.

$$u_a(t) \cdot k_p = u_e(t) + T_1 \cdot \dot{u}_e(t)$$

Dabei ist T_1 als Zeitkonstante und der Faktor k_p als Verstärkungsfaktor oder als Über-
tragungskonstante definiert. Aus der Beziehung des formalen Überganges

$$j\omega \to s \to \frac{d}{dt}$$

(s: Laplace-Variable) lässt sich die Übertragungsfunktion des Tiefpasses aus der
DFGL ableiten. Um die Kennlinien des Amplituden- und des Phasenganges zu ver-
anschaulichen, wurde als Beispiel folgende Beziehung angenommen.

$$F(j\omega) = \frac{u_e(j\omega)}{u_a(j\omega)} = \frac{k_p}{1+j\omega T_1} = \frac{2}{1+j\omega 3}$$

Der Verstärkungsfaktor $k_p = 2$ wird in dB umgewandelt zu

$$20\log 2 = 6{,}02\,\text{dB}.$$

b) Bode-Diagramm, Phasengang:

$$\varphi = \arctan\frac{\text{Im}\{F(j\omega)\}}{\text{Re}\{F(j\omega)\}} = \arctan\frac{\frac{-\omega\tau}{1+(\omega\tau)^2}}{\frac{1}{1+(\omega\tau)^2}} = \arctan(-\omega\tau)$$

Matlab:

```
plotoptions = bodeoptions();

plotoptions.Grid = 'on';

plotoptions.FreqUnits = 'Hz';

plotoptions.XLim = [10, 100000];

Zaehler = [2];

Nenner = [0 3 1];

PT1 = tf(Zaehler, Nenner);

bodeplot(PT1,plotoptions);
```

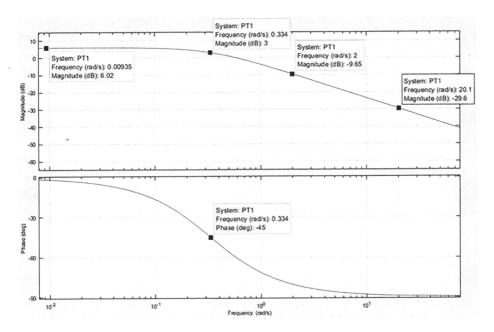

Abb. 4.121 Grenzfrequenz des TP

Aus der Kennlinie des Amplitudenganges ist der $k_p = 6{,}02\,\text{dB}$ zu erkennen. Die Phasengangskennlinie belegt den Bereich der Phase zwischen $0°$ und $-90°$. Die Grenzfrequenz des Tiefpasses ergibt sich bei der Phase $\varphi = -45°$. Für Frequenzen oberhalb der Grenzfrequenz fällt die Kennlinie mit $-20\,\text{dB/Dek}$ ab (Abb. 4.121).
Die Bedeutung, warum für

$$\omega = \frac{1}{\tau}$$

eingesetzt wurde, hat mehrere Gründe.

Erstens: Diese Frequenz entspricht der Grenzfrequenz ω_g des Tiefpasses

$$\omega_g = \frac{1}{\tau} = \frac{1}{3} = 0,334$$

Zweitens: Die Phasenverschiebung zwischen Ein- und Ausgangsgrößen beträgt |45°|
Drittens: An der Grenzfrequenz ist der Verstärkungsfaktor im Amplitudengangdia-
gramm um |3 dB| verschieden und viertens: Bei dieser Frequenz sind der Real- und
Imaginärteil der Übertragungsfunktion betragsmäßig identisch (siehe nachfolgend
Ortskurve).

c) Ortskurve:

Eine Sinusschwingung am Eingang des Tiefpasses als Übertragungsglied erzeugt an
dessen Ausgang ebenfalls eine Sinusschwingung gleicher Frequenz allerdings unterschiedlicher Amplitude und Phasenlage. Möchte man das Verhalten eines Über-
tragungsgliedes durch sinusförmiges Erregungssignal am Eingang beurteilen, so muss
die Amplitude und die Phasenlage bezogen auf die Eingangsgröße für Frequenzen
von $\omega = 0$ bis $\omega = \infty$ in Betracht gezogen werden. Wird anstelle Liniendiagramme
der Eingangs- und Ausgangsgrößen die äquivalenten Zeigerdarstellungen für jede
Frequenz angewendet, so hat man die Darstellung der Ortskurve des Frequenzganges.
Die Längen und die Lagen des Ausgangszeigers ändern sich in Abhängigkeit von der
Frequenz. Zeichnet man die bei den verschiedenen Frequenzen erhaltenen Ausgangs-
zeiger in ein Schaubild und verknüpft man die Endpunkte der Zeiger durch einen
geschlossenen Kurvenform, so stellt dieser die Ortskurve des Frequenzganges dar.
Der komplexe Ausdruck der Übertragungsfunktion wird dabei in Real- und Imaginärteil zerlegt und für verschiedene Frequenzen in die Gaußsche Ebene eingetragen (im
unteren Beispiel „Halbkreis") (Abb. 4.122).

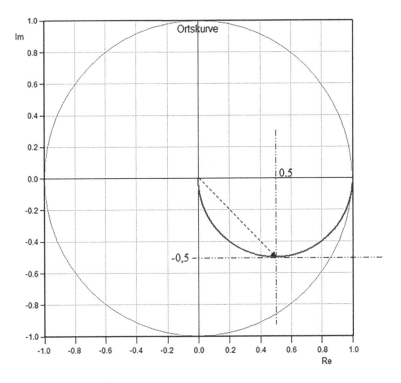

Abb. 4.122 Ortskurve des TP

d) Sprungantwort:

   Am Eingang des Tiefpasses liegt eine Sprungfunktion als Testfunktion, die mathematisch durch folgende Gleichung zu beschreiben ist:

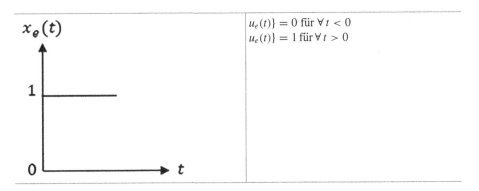

$u_e(t)\} = 0$ für $\forall\, t < 0$
$u_e(t)\} = 1$ für $\forall\, t > 0$

Setzt man die Sprungfunktion als Testfunktion in die DFGL ein und löst man die DFGL nach der Ausgangsgröße auf, so erhält man die Sprungantwort. Für die Lösung der DFGL wird die Laplace-Transformation herangezogen. Nach dem genannten formalen Übergang wird für die komplexe Variable

$$j\omega \rightarrow s$$

die Laplace-Variable s eingesetzt:

$$F(s) = \frac{U_a(s)}{U_e(s)} = \frac{k_p}{1 + sT_1} = \frac{2}{1 + s3}.$$

Löst man diese DFGL im sogenannten Bildbereich nach

$$U_a(s) = U(s)\frac{k_p}{1 + sT_1}$$

und setzt nach der Korrespondenztabelle für

$$u_e(t) = 1 \rightarrow U_e(s) = \frac{1}{s}$$

ein, so gilt für die letzte Beziehung

$$U_a(s) = \frac{1}{s} \cdot \frac{k_p}{1 + sT_1} = \frac{1}{T_1} \cdot \frac{1}{s\left(s + \frac{1}{T_1}\right)}.$$

Ebenfalls nach der Korrespondenztabelle gilt für die Rück-Laplace-Transformation

$$\frac{1}{s(s + a)} \rightarrow \frac{1}{a}\left(1 - e^{-at}\right)$$

$$u_a(t) = \frac{1}{T_1} \cdot \frac{1}{\frac{1}{T_1}}\left(1 - e^{-\frac{t}{T_1}}\right) = 1 - e^{-\frac{t}{3}}$$

Die Abb. 4.123 illustriert den Verlauf der Sprungantwort im Zeitbereich. Dabei ist T_1 die Zeitkonstante
und

$$\omega_g = \frac{1}{T_1} = 0{,}334 \text{ die Grenzfrequenz}$$

des Tiefpasses.

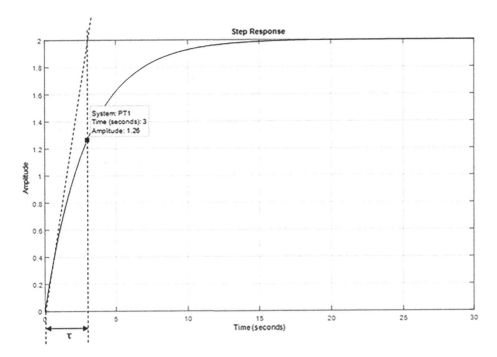

Abb. 4.123 Sprungantwort des TP

Bemerkung

Der Übergang vom Laplace-Bereich in den Frequenzbereich geschieht durch Null-
setzen des Realteils δ der Laplace-Variable

$$s = \delta + j\omega$$

sodass die Variable s in die Variable $j\omega$ übergeht.

4.14   Hochpass (HP)

Abb. 4.124 zeigt den Schaltungsaufbauten eines RC-Hochpasses.

Abb. 4.124 RC-HP

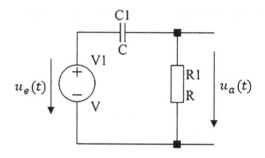

Für Spannungen mit hohen Frequenzen stellt der Kondensator fast einen Kurz-schluss dar, sodass die Ausgangsspannung etwa gleich der Eingangsspannung ist ($u_a(t) = u_e(t)$ für $t = \infty$). Hochfrequenzspannungen können den Hochpass ungehindert passieren und für Niederfrequenzspannungen sperrt der Hochpass.

a) Bode-Diagramm, Amplitudengang

$$F(j\omega) = \frac{u_a(j\omega)}{u_e(j\omega)} = \frac{R}{R + \frac{1}{j\omega C}} = \frac{j\omega CR}{1 + j\omega CR}$$

$$|F(j\omega)| = \frac{\omega CR}{\sqrt{1 + (\omega CR)^2}}$$

$$|F(j\omega)|_{dB} = 20\log \omega CR - 20\log \sqrt{1 + (\omega CR)^2}$$

oder

$$F(j\omega) = \frac{j\omega CR}{1 + j\omega CR} \cdot \frac{1 - j\omega CR}{1 - j\omega CR} = \frac{+(\omega CR)^2 + j\omega CR}{1 + (\omega CR)^2} = \underbrace{\frac{(\omega CR)^2}{1 + (\omega CR)^2}}_{\text{Re}\{F(j\omega)\}} + j \underbrace{\frac{\omega CR}{1 + (\omega CR)^2}}_{\text{Im}\{F(j\omega)\}}$$

$$|F(j\omega)| = \sqrt{\left[\frac{(\omega CR)^2}{1 + (\omega CR)^2}\right]^2 + \left[\frac{\omega CR}{1 + (\omega CR)^2}\right]^2} = \frac{\omega CR}{1 + (\omega CR)^2}\sqrt{1 + (\omega CR)^2} = \frac{\omega CR}{\sqrt{1 + (\omega CR)^2}}$$

$$|F(j\omega)|_{dB} = 20\log \omega CR - 20\log \sqrt{1 + (\omega CR)^2}$$

Grenzfrequenz:

$$f_g = \frac{1}{2\pi \tau} \text{ mit } \tau = RC \text{ die Zeitkonstante}$$

DFGL:

$$u_a(t) + \dot{u}_a(t) \cdot \tau = \dot{u}_e(t) \cdot \tau$$

b) Bode-Diagramm, Phasengang (Abb. 4.125)

$$\varphi = \arctan \frac{\mathrm{Im}\{F(j\omega)\}}{\mathrm{Re}\{F(j\omega)\}} = \arctan \frac{\frac{\omega\tau}{1+(\omega\tau)^2}}{\frac{(\omega\tau)^2}{1+(\omega\tau)^2}} = \arctan\left(\frac{1}{\omega\tau}\right)$$

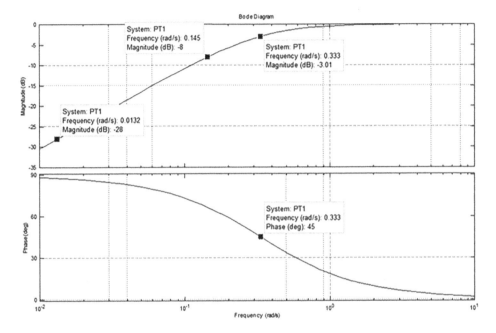

Abb. 4.125 Frequenz- und Phasengang des HP

Bemerkung

ω	$|F(j\omega)|_{\mathrm{dB}}$	$\mathrm{Re}\{F(j\omega)\}$	$\mathrm{Im}\{F(j\omega)\}$	$\varphi°$
0	$-\infty$	0	0	90°
$\frac{1}{\tau}$	-3 dB	$+0{,}5$	0,5	45°
∞	0	1	0	0

c) Ortskurve (Abb. 4.126)

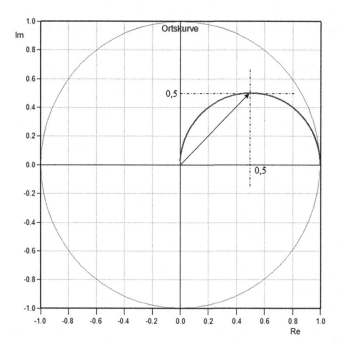

Abb. 4.126 Ortskurve des HP

d) Sprungantwort

$$u_a(t) + \dot{u}_a(t) \cdot \tau = \dot{u}_e(t) \cdot \tau \rightarrow U_a(s) + s \cdot U_a(s) \cdot \tau = sU_e(s) \cdot \tau$$

$$U_a(s) = U_e(s) \frac{s \cdot \tau}{1 + s \cdot \tau} = \frac{1}{s} \cdot \frac{s \cdot \tau}{1 + s \cdot \tau} = \frac{1}{s + \frac{1}{\tau}}$$

Korrespondenztabelle (Abb. 4.127):

$$\frac{1}{s+a} \rightarrow e^{-at}$$

$$u_a(t) = e^{-\frac{t}{\tau}}$$

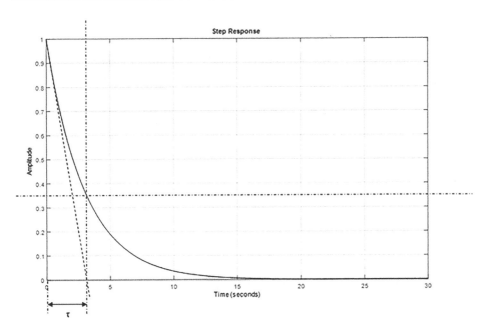

Abb. 4.127 Sprungantwort des HP

4.15 HP/TP aus LR

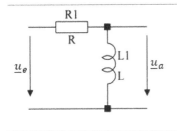 In der nebenstehenden Schaltung wird der Scheinwiderstand der Spule ωL für Ströme hoher Frequenzen sehr groß ($Z_L = \omega L = \infty$ für $\omega = \infty$). Das bedeutet, dass der Ausgang „offen" ist und damit die Ausgangsspannung $\underline{u}_a$ etwa gleich der Eingangsspannung $\underline{u}_e$ ist. Der Strom durch den Widerstand und der Spannungsabfall am Widerstand ist gleich null. Die Schaltung stellt einen HP dar
$$F(j\omega) = \frac{u_a(j\omega)}{U_e(j\omega)} = \frac{j\omega L}{R+j\omega L}$$

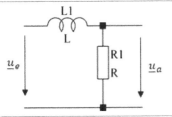 In der nebenstehenden Schaltung wird der Scheinwiderstand der Spule ωL für Ströme tiefer Frequenzen fast null ($Z_L = \omega L = 0$ für $\omega = 0$). Das bedeutet, dass die Ausgangsspannung $\underline{u}_a$ etwa gleich der Eingangsspannung $\underline{u}_e$ ist. Der Spannungsabfall an der Spule ist etwa gleich null. Die Schaltung stellt einen TP dar
$$F(j\omega) = \frac{u_a(j\omega)}{U_e(j\omega)} = \frac{R}{R+j\omega L} = \frac{1}{1+j\omega \frac{L}{R}}$$

Bezüglich der vorangegangenen Abschnitte werden im Folgenden die Übungsaufgaben berücksichtigt.

Übung

Eine Spule mit dem in Reihe geschalteten ohmschen Widerstand haben die folgenden Werte $L = 0,25\,\text{H}$ und $R = 8\,\Omega$ und liegen an einer Wechselspannungsquelle mit der Frequenz von $f = 50\,\text{Hz}$.

Wie groß sind der Scheinwiderstand und der Phasenwinkel?

Lösung

$$Z = \sqrt{R^2 + (\omega \cdot L)^2} = 79,3\,\Omega.$$

$$\tan \varphi = \frac{\omega \cdot L}{R} = 84,2°$$

Übung

Ein verlustfreier Kondensator hat die Kapazität $C = 6\,\text{F}$ und liegt mit einem Widerstand $R = 600\,\Omega$ in Reihe an. Über die Reihenschaltung liegt die Spannung $U = 125\,\text{V}$ für $f = 50\,\text{Hz}$ an.

Gesucht sind der Scheinwiderstand, der Phasenwinkel, der Gesamtstrom und die Teilspannungen.

Lösung

$$Z = \sqrt{R^2 + \left(\frac{1}{\omega \cdot C}\right)^2} = 801\,\Omega$$

$$\cos \varphi = \frac{R}{Z} = 0,745 \rightarrow \varphi = 41,5°$$

$$I = \frac{U}{Z} = 0,156\,\text{A}$$

$$U_R = I \cdot R = 93,6\,\text{V}$$

$$U_C = I \cdot \frac{1}{\omega \cdot C} = 82,9\,\text{V}$$

Übung

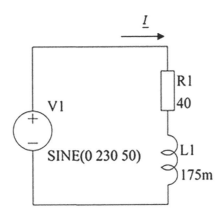

Abb. 4.128 Beispielschaltung

Die Reihenschaltung einer Spule mit einem Widerstand ist an einer sinusförmigen Wechselspannung mit dem Effektivwert $U = 230\,\text{V}$ und $f = 50\,\text{Hz}$ angeschlossen. Wie groß ist der Effektivwert I und welcher Phasenverschiebungswinkel φ besteht zwischen der Spannung $\underline{U}$ und dem Strom $\underline{I}$ (Abb. 4.128)?

Lösung
Die in der Schaltung existierende Spule hat den Blindwiderstand

$$\omega \cdot L = 2 \cdot \pi \cdot f \cdot L = 2 \cdot \pi \cdot 50\,\text{Hz} \cdot 175 \cdot 10^{-3}\,\text{H} = 55\,\Omega$$

Damit ergibt sich die Impedanz der RL-Reihenschaltung in komplexer Darstellungsweise

$$\underline{Z} = R + j \cdot \omega \cdot L = 40\,\Omega + j \cdot 55\,\Omega = 68\,\Omega \cdot e^{j54°}$$

Wendet man das ohmsche Gesetz an und wird die Spannung $\underline{U}$ als reelle Bezugsgröße angenommen, so gilt für den Strom (Abb. 4.129)

$$\underline{I} = \frac{\underline{U}}{\underline{Z}} = \frac{230\,\text{V}}{68\,\Omega \cdot e^{j54°}} = 3{,}38\,\text{A} \cdot e^{-j54°}$$

Abb. 4.129 I-Zeiger

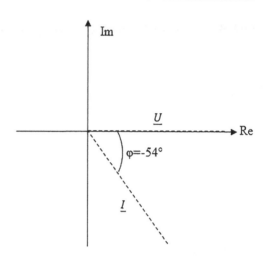

Bemerkung zur Übung:

Die Teilspannungen $\underline{U}_L$ und $\underline{U}_R$ lassen sich komplex wie folgt ermitteln (Abb. 4.130):

$$\underline{U}_R = \underline{I} \cdot R = 3,38\,\text{A} \cdot e^{-j54°} \cdot 40\,\Omega = 135,33\,\text{V} \cdot (\cos 54° - j \sin 54°)$$

$$\underline{U}_R = 79,6 - j109,44 = 135,33\,\text{V} \cdot e^{-j54°}$$

$$\underline{U}_L = \underline{I} \cdot j \cdot \omega \cdot L = 3,38\,\text{A} \cdot e^{-j54°} \cdot j \cdot 55\,\Omega = 3,38\,\text{V} \cdot (\cos 54° - j \sin 54°) \cdot j \cdot 55\,\Omega$$

$$\underline{U}_L = 150,33 + j109,34 = 185,88\,\text{V} \cdot e^{j36°}$$

$$\underline{U} = \underline{U}_R + \underline{U}_L = 79,6 - j109,44 + 150,33 + j109,34$$

$$\underline{U} = 229,93 - j0,1 = 229 \cdot e^{-j0,02°}$$

Abb. 4.130 U-Zeiger

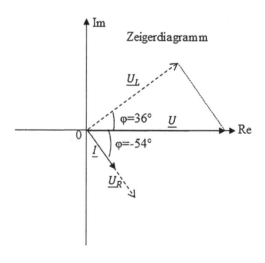

Übung

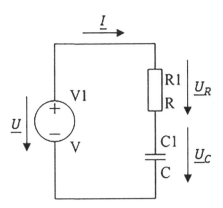

Abb. 4.131 Beispielschaltung

In Abb. 4.131 ist ein ohmscher Widerstand von $R = 700\,\Omega$ mit einem Kondensator der Kapazität $C = 200\,\text{nF}$ in Reihe geschaltet und die Reihenschaltung von einem sinusförmigen Strom mit dem Betrag $I = 40\,\text{mA}$ und der Frequenz $f = 700\,\text{Hz}$ durchflossen.

Wie groß sind die Teilspannungen $\underline{U}_R$ und $\underline{U}_C$ sowie die Gesamtspannung U. Welcher Phasenverschiebungswinkel φ ergibt sich zwischen den Spannungen $\underline{U}$ und $\underline{U}_C$?

Lösung
Der Blindwiderstand des Kondensators.

$$\frac{1}{\omega \cdot C} = \frac{1}{2 \cdot \pi \cdot 700\,\text{Hz} \cdot 200 \cdot 10^{-9}\,\text{F}} = 1136{,}82\,\Omega$$

Wird $\underline{I}$ als Bezugsgröße reell und willkürlich eingesetzt, dann betragen die gesuchten Teilspannungen $\underline{U}_R$ und $\underline{U}_C$ in komplexer Schreibweise

$$\underline{U}_R = \underline{I} \cdot R = 40 \cdot 10^{-3}\,\text{A} \cdot 700\,\Omega = 28\,\text{V}$$

$$\underline{U}_C = \underline{I} \cdot \frac{1}{j \cdot \omega \cdot C} = \underline{I} \cdot \left(-j\frac{1}{\omega \cdot C}\right) = 40 \cdot 10^{-3}\,\text{A} \cdot (-j1136{,}82\,\Omega)$$
$$= -j45{,}47\,\text{V} = 45{,}47\,\text{V} \cdot e^{-j90°}$$

$$\underline{U} = \underline{U}_R + \underline{U}_C = 28\,\text{V} + 45{,}47\,\text{V} \cdot e^{-j90°} = 28\,\text{V} - j45{,}47\,\text{V} = 53{,}39\,\text{V} \cdot e^{-j58{,}37°}$$

Damit sind die Effektivwerte

$$U_R = 28\,\text{V}; \; U_C = 45{,}47\,\text{V} \text{ und } U = 53{,}39\,\text{V}$$

oder

$$U = \sqrt{U_R^2 + U_C^2} = \sqrt{(28\,\text{V})^2 + (45,47\,\text{V})^2} = 53,39\,\text{V}$$

und der Phasenverschiebungswinkel

$$\varphi = -58,37° - (-90°) = 31,63°$$

Zeigerdarstellung (Abb. 4.132).

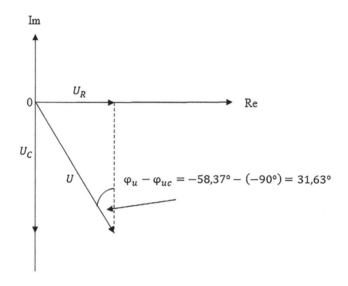

Abb. 4.132 Zeigerdarstellung

Übung

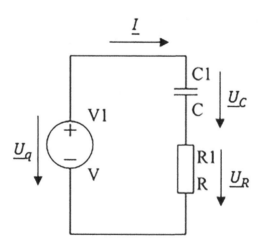

Abb. 4.133 Beispielschaltung

In der Schaltung in Abb. 4.133 soll die Spannung $\underline{U}_R = 230\,\text{V}$ über den Widerstand $R = 57\,\Omega$ konstant gehalten werden. Wie groß darf der Wert des Kondensators C gewählt werden, damit die Teilspannung am Widerstand konstant bleibt, wenn $\underline{U}_q = 430\,\text{V}$ der Frequenz $f = 50\,\text{Hz}$ beträgt?

(Grafische Lösung gewünscht.)

Lösung

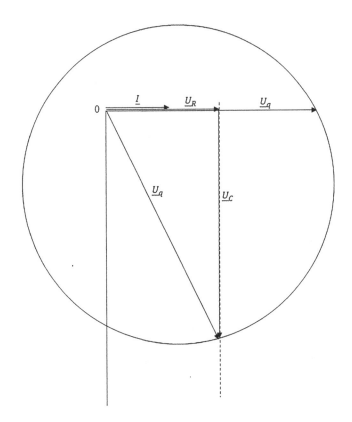

Abb. 4.134 Zeigerdiagramm

Der fließende Strom beträgt

$$I = \frac{U_R}{R} = \frac{230\,\text{V}}{57\,\Omega} = 4{,}03\,\text{A}.$$

Für die grafische Bestimmung der Kondensatorspannung $\underline{U}_C$ stellen wir zunächst den Zeiger des Stromes $\underline{I}$ willkürlich waagerecht dar. Darüber hinaus berücksichtigen wir, dass die Spannung $\underline{U}_C$ gegenüber dem Strom $\underline{I}$ um 90° nacheilt, während $\underline{U}_R$ und $\underline{I}$ in

Phase sind. Die geometrische Summe aus $\underline{U}_C$ und $\underline{U}_R$ ergibt die Spannung $\underline{U}_q$. Aus der Darstellung in Abb. 4.134 erhalten wir durch Anwendung des Satzes von Pythagoras

$$U_C = \sqrt{U_q^2 - U_R^2} = 363{,}31\,\text{V}$$

$$I = U_C \cdot \omega \cdot C \rightarrow C = \frac{I}{U_C \cdot \omega} = 35{,}3\,\mu\text{F}.$$

Alternative Lösung:

$$U_q = 430\,\text{V} = I \cdot \left(R - j\frac{1}{\omega \cdot C}\right) = \frac{U_R}{R}\sqrt{R^2 + \left(\frac{1}{\omega \cdot C}\right)^2}$$

$$= \frac{230\,\text{V}}{57\,\Omega}\sqrt{57\,\Omega^2 + \left(\frac{1}{2 \cdot \pi \cdot 50\,\text{Hz} \cdot C}\right)^2}$$

$$C = 35{,}3\,\mu\text{F}.$$

Übung

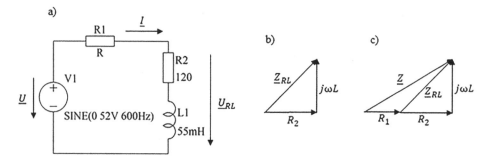

Abb. 4.135 Beispielschaltung

Eine Spule L_1 liegt in Reihe mit dem ohmschen Widerstand R_2, wie in Abb. 4.135 dargestellt ist. Diese Reihenschaltung soll über einen ohmschen Vorschaltwiderstand R_1 mit einer Wechselspannungsquelle verbunden werden. Welchen Wert muss der Widerstand R_1 haben, damit die an der Reihenschaltung von R_2 und L_1 liegende Spannung $U_{RL} = 32\,\text{V}$ wird?

Lösung

Bei der vorgegebenen Frequenz beträgt der Blindwiderstand der Spule

$$\omega \cdot L = 2 \cdot \pi \cdot f \cdot L = 207{,}3\,\Omega.$$

Damit beträgt die Impedanz der RL-Reihenschaltung nach b)

$$\underline{Z}_{RL} = R_2 + j \cdot \omega \cdot L = 120\,\Omega + j207{,}3\,\Omega = 239{,}5\,\Omega \cdot e^{j60°}$$

Wird die Gesamtimpedanz berücksichtigt, so gilt

$$\underline{Z} = R_1 + \underline{Z}_{RL} = R_1 + 120\,\Omega + j207{,}3\,\Omega = R_1 + 239{,}5\,\Omega \cdot e^{j60°}$$

und für den fließenden Strom

$$\underline{I} = \frac{\underline{U}}{\underline{Z}} = \frac{\underline{U}_{RL}}{\underline{Z}_{RL}}$$

Damit erhalten wir den erforderlichen Betrag der Gesamtimpedanz als

$$Z = Z_{RL} \cdot \frac{U}{U_{RL}} = 239{,}5\,\Omega \cdot \frac{52\,\text{V}}{32\,\text{V}} = 389{,}1\,\Omega$$

Aus c) ist ersichtlich, wie sich die Gesamtimpedanz nach dem Satz von Pythagoras zusammensetzt:

$$Z^2 = (R_1 + R_2)^2 + (\omega \cdot L)^2$$

$$R_1 = \sqrt{Z^2 - (\omega \cdot L)^2} - R_2 = 209{,}2\,\Omega.$$

Alternative Lösung nach der Beziehung:

Übung

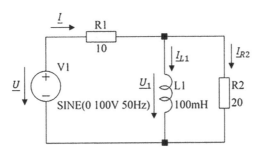

Abb. 4.136 Beispielschaltung

In der Abb. 4.136 liegt ein ohmscher Widerstand R_2 und eine Spule L_1 parallel über den Widerstand R_1 an einer Spannungsquelle $\underline{U}$.

Es sollen die Teilströme $\underline{I}_{L1}$ und $\underline{I}_{R2}$ sowie der Gesamtstrom $\underline{I}$ ermittelt werden.

Lösung

Der Blindwiderstand der Spule.

$$\omega \cdot L = 31,4\,\Omega.$$

Damit beträgt die Impedanz aus L_1 und R_2 bestehende Parallelschaltung

$$\underline{Z}_2 = \frac{R_2 \cdot j \cdot \omega \cdot L}{R_2 + j \cdot \omega \cdot L} \cdot \underbrace{\frac{R_2 - j \cdot \omega \cdot L}{R_2 - j \cdot \omega \cdot L}}_{\text{konj. kompl. erweit.}} = 14,22\,\Omega + j9,06\,\Omega = 16,9\,\Omega \cdot e^{j32,5^\circ}$$

Wenn die Spannung $\underline{U}$ als Bezugsgröße angenommen wird, lässt sich die Gesamt-stromstärke bestimmen:

$$\underline{I} = \frac{U}{R_1 + \underline{Z}_2} = \frac{100\,\text{V}}{10\,\Omega + 14,22\,\Omega + j9,06\,\Omega} = 3,62\,\text{A} - j1,35\,\text{A} = 3,86\,\text{A} \cdot e^{-j20,45^\circ}.$$

Und daraus folgt:

$$\underline{U}_1 = \underline{I} \cdot \underline{Z}_2 = (3,62\,\text{A} - j1,35\,\text{A}) \cdot (14,22\,\Omega + j9,06\,\Omega)$$

$$\underline{U}_1 = 63,7\,\text{V} + j13,6\,\text{V} = 65,13\,\text{V} \cdot e^{j12,05^\circ}$$

$$\underline{I}_{L1} = \frac{U_1}{j \cdot \omega \cdot L} = \frac{63,7\,\text{V} + j13,6\,\text{V}}{j31,4\,\Omega} = 0,433\,\text{A} - j2,02\,\text{A} = 2,07\,\text{A} \cdot e^{-j77,9^\circ}$$

$$\underline{I}_{R2} = \frac{U_1}{R_2} = \frac{63,7\,\text{V} + j13,6\,\text{V}}{20\,\Omega} = 3,18\,\text{A} - j0,68\,\text{A} = 3,25\,\text{A} \cdot e^{j12^\circ}$$

Effektivwerte:

$$I = 3,86\,\text{A}; \; I_{L1} = 2,07\,\text{A}; \; I_{R2} = 3,25\,\text{A}$$

Bemerkung

Summe der Steilströme ist größer als der Gesamtstrom!

Übung

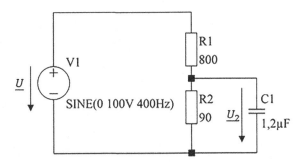

Abb. 4.137 Beispielschaltung

In der gegebenen Schaltung (Abb. 4.137) handelt es um eine kapazitive Belastung der Quelle. Es soll die Ausgangsspannung $\underline{U}_2$ sowie der Phasenverschiebungswinkel φ zwischen $\underline{U}_2$ und $\underline{U}$ bestimmt werden.

Lösung
Der gegebene Kondensator hat den Blindwiderstand.

$$\frac{1}{\omega \cdot C} = 331,5\,\Omega.$$

Damit hat die aus R_2 und C_1 bestehende Parallelschaltung die Impedanz

$$\underline{Z}_2 = \frac{R_2 \cdot \frac{1}{j \cdot \omega \cdot C}}{R_2 - j\frac{1}{\omega \cdot C}} \cdot \frac{R_2 + j\frac{1}{\omega \cdot C}}{R_2 + j\frac{1}{\omega \cdot C}} = 83{,}82\,\Omega - j22{,}7\,\Omega = 86{,}85\,\Omega \cdot e^{-j15{,}18°}$$

Durch Anwendung der Spannungsteilerformel gilt:

$$\underline{U}_2 = \underline{U} \cdot \frac{\underline{Z}_2}{R_1 + \underline{Z}_2} = 100\,\text{V} \cdot \frac{83{,}82\,\Omega - j22{,}7\,\Omega}{800\,\Omega + 83{,}82\,\Omega - j22{,}7\,\Omega} = \frac{83{,}82\,\Omega - j22{,}7\,\Omega}{883{,}82\,\Omega - j22{,}7\,\Omega}$$

$$\underline{U}_2 = 100\,\text{V} \cdot \frac{83{,}82\,\Omega - j22{,}7\,\Omega}{883{,}82\,\Omega - j22{,}7\,\Omega} = 100\,\text{V} \cdot \frac{86{,}83 \cdot e^{-j15{,}15°}}{884{,}11 \cdot e^{-j1{,}47}} = 100\,\text{V} \cdot 0{,}098 \cdot e^{-j13{,}68°}$$

$$\underline{U}_2 = 9{,}8\,\text{V} \cdot e^{-j13{,}68°}$$

$\underline{U}_2$ eilt $\underline{U}$ um $\varphi = 13{,}68°$ nach.

Übung

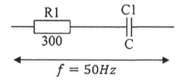

Abb. 4.138 Beispielschaltung

Der Leistungsfaktor in der obigen Schaltung beträgt $\cos\varphi = 0{,}6018$ (Abb. 4.138).
Gesucht ist der Wert der Kapazität C.

Lösung
Der Leistungsfaktor (Wirkfaktor) ist in den vorherigen Abschnitten als.

$$\text{Leistungsfaktor} = \frac{\text{Wirkleistung}}{\text{Scheinleistung}} \to \cos\varphi = \frac{P}{S}$$

definiert. Φ ist dabei der Phasenverschiebungswinkel der Spannung gegenüber dem
Strom. Schon abgeleitet ist auch die Wirkleistung als

$$\text{Wirkleistung} = \text{Spannung} \cdot \text{Strom} \cdot \cos\varphi$$

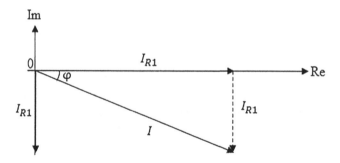

Dabei wird die von der Quelle als Erzeuger abgegebene Wirkleistung P vollständig in
den ohmschen Widerständen R in Wärme als Verlust umgesetzt. Diese Verluste lassen
sich durch den Leistungsfaktor

$$\cos\varphi = 1 \to \varphi = \arctan 1 = 45°$$

kompensieren.
Laut Aufgabenstellung wurde gegeben:

$$\cos\varphi = 0{,}6018.$$

Damit beträgt der Phasenverschiebungswinkel

$$\varphi = \arctan(0{,}6018) = 53°$$

$$\tan \varphi = 1{,}327.$$

Der komplexe Gesamtwiderstand obiger Schaltung beträgt

$$\underline{Z} = R_1 + jX = R_1 + \frac{1}{j \cdot \omega \cdot C} = R_1 - j\frac{1}{\omega \cdot C}.$$

Der Phasenverschiebungswinkel der obigen komplexen Beziehung leitet sich ab durch

$$\tan \varphi = -\frac{\frac{1}{\omega \cdot C}}{R_1} = -\frac{1}{\omega \cdot C \cdot R_1}$$

$$C = -\frac{1}{\tan \varphi \cdot \omega \cdot R_1} = 0{,}8\,\mu\text{F}.$$

Das Vorzeichen $(-)$ deutet nur hin, dass die Phasenverschiebung negativ ist. Bei der Ermittlung von C wird das Vorzeichen $(+)$ berücksichtigt.

Übung

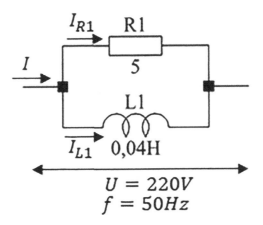

Abb. 4.139 Beispielschaltung

Für die in Abb. 4.139 angegebene Parallelschaltung an sinusförmiger Wechselspannung sind gesucht

a) Amplituden der Ströme I, I_{R1} und I_{L1}
b) Scheinwiderstand $\underline{Z}$
c) Phasenwinkel φ zwischen U und I
d) Leistungsaufnahme
e) Stromdreieck

Lösung

a)

$$I_{L1} = \frac{\hat{u}}{\omega \cdot L_1} = \frac{U_{\text{eff}} \cdot \sqrt{2}}{\omega \cdot L_1} = 24,68\,\text{A}$$

$$I_{R1} = \frac{\hat{u}}{R_1} = \frac{U_{\text{eff}} \cdot \sqrt{2}}{R_1} = 62,02\,\text{A}$$

$$I = \sqrt{I_{R1}^2 + I_{L1}^2} = 66,7\,\text{A}$$

b) Um den Scheinwiderstand zu bestimmen gehen wir grafisch mit dem Leitwerkdreieck der Parallelschaltung vor.

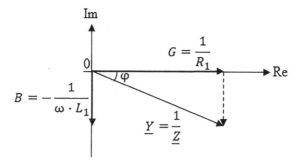

Für die Leitwerte gilt:

$$\underline{Y} = G + jB$$

$$\left(\frac{1}{\underline{Z}}\right)^2 = \left(\frac{1}{R_1}\right)^2 + \left(\frac{1}{\omega \cdot L_1}\right)^2$$

$$\frac{1}{\underline{Z}} = \sqrt{\left(\frac{1}{R_1}\right)^2 + \left(\frac{1}{\omega \cdot L_1}\right)^2} = 0,215\,\text{S}$$

$$\underline{Z} = 4,64\,\Omega$$

c) Aus dem oberen Widerstandsdreieck ist zu entnehmen

$$\cos\varphi = \frac{G}{\underline{Y}} = \frac{\frac{1}{R_1}}{\underline{Y}} = 0,9302$$

$$\varphi = \arccos(0,9302) = 21,53°$$

d)

$$P = \frac{U^2}{R_1} = 9,68\,\text{kW}$$

Übung

Gesucht:

$$Leistungsaufnahme: 0{,}4kW$$

$$I = 8A \quad \text{R1} \qquad \text{L1}$$

$$U = 220V$$
$$f = 50\text{Hz}$$

Abb. 4.140   Beispielschaltung

Leistungsfaktor $\cos\varphi$, Scheinwiderstand Z und R_1, L_1 (Abb. 4.140).

Lösung

$$P = U \cdot I \cdot \cos\varphi$$

$$\cos\varphi = \frac{P}{U \cdot I} = 0{,}417$$

$$\varphi = \arccos(0{,}417) = 65{,}7°$$

$$Z = \frac{U}{I} = 15\,\Omega$$

$$\underline{Z} = R_1 + j \cdot \omega \cdot L_1$$

Widerstandsdreieck:

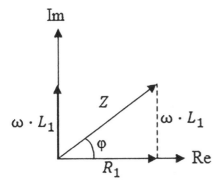

Aus dem Widerstandsdreieck folgt:

$$\cos\varphi = \frac{R_1}{Z} \rightarrow R_1 = 6{,}25\,\Omega$$

$$\tan \varphi = \frac{\omega \cdot L_1}{R_1} \rightarrow L_1 = 0{,}044\,\text{H}.$$

Übung

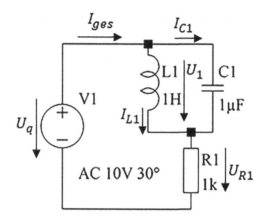

Abb. 4.141 Beispielschaltung

Gegeben ist die Schaltung (Abb. 4.141).

a) Wie groß ist die Spannung U_{R1} nach Betrag und Phase?
b) Wie groß sind die Ströme $\underline{I}_{\text{ges}}, \underline{I}_{C1}$ und $\underline{I}_{L1}$ nach Betrag und Phase?
c) Aufgezeichnet sollen die Zeigerdiagramme für $\underline{I}_{\text{ges}}, \underline{I}_{C1}$ und $\underline{I}_{L1}$ sowie für $\underline{U}_q, \underline{U}_1$ und $\underline{U}_{R1}$

Lösung

a)

$$\underline{U}_{R1} = \underline{U}_q \cdot \frac{R_1}{\underline{Z}_{\text{ges}}}$$

mit

$$\underline{Z}_{\text{ges}} = \frac{j \cdot \omega \cdot L_1 \cdot \frac{1}{j \cdot \omega \cdot C_1}}{j \cdot \omega \cdot L_1 + \frac{1}{j \cdot \omega \cdot C_1}} + R_1 = 1000\,\Omega + j348{,}56\,\Omega = 1059\,\Omega \cdot e^{j19{,}21°}$$

$$\underline{Z}_1 = \frac{j \cdot \omega \cdot L_1 \cdot \frac{1}{j \cdot \omega \cdot C_1}}{j \cdot \omega \cdot L_1 + \frac{1}{j \cdot \omega \cdot C_1}} = 348{,}56\,\Omega \cdot e^{j90°}$$

$$\underline{U}_{R1} = 10\,\text{V} \cdot e^{j30°} \cdot \frac{1000\,\Omega}{1059\,\Omega \cdot e^{j19{,}21°}} = 9{,}44\,\text{V} \cdot e^{j10{,}79°} = 9{,}27\,\text{V} + j1{,}76\,\text{V}$$

b)
$$\underline{I}_{L1} = \frac{\underline{U}_1}{j \cdot \omega \cdot L_1}$$

mit

$$\underline{U}_1 = \underline{U}_q \cdot \frac{\underline{Z}_1}{\underline{Z}_{ges}} = \underline{U}_q \cdot \frac{\frac{j \cdot \omega \cdot L_1 \cdot \frac{1}{j \cdot \omega \cdot C_1}}{j \cdot \omega \cdot L_1 + \frac{1}{j \cdot \omega \cdot C_1}}}{\frac{j \cdot \omega \cdot L_1 \cdot \frac{1}{j \cdot \omega \cdot C_1}}{j \cdot \omega \cdot L_1 + \frac{1}{j \cdot \omega \cdot C_1}} + R_1} = 10\,\text{V} \cdot e^{j30°} \cdot \frac{348{,}56\,\Omega \cdot e^{j90°}}{1059\,\Omega \cdot e^{j19{,}21°}}$$

$$\underline{U}_1 = 3{,}29\,\text{V} \cdot e^{j100{,}79°}$$

$$\underline{I}_{L1} = \frac{\underline{U}_1}{j \cdot \omega \cdot L_1} = \frac{3{,}29\,\text{V} \cdot e^{j100{,}79°}}{j \cdot 314{,}16} = 10{,}28\,\text{mA} + j1{,}96\,\text{mA} = 10{,}47\,\text{mA} \cdot e^{j10{,}79°}$$

$$\underline{I}_{ges} = \frac{\underline{U}_q}{\underline{Z}_{ges}} = \frac{10\,\text{V} \cdot e^{j30°}}{1059\,\Omega \cdot e^{j19{,}21°}} = 9{,}27\,\text{mA} + j1{,}76\,\text{mA} = 9{,}44\,\text{mA} \cdot e^{j10{,}79°}$$

$$\underline{I}_{C1} = \underline{I}_{ges} - \underline{I}_{L1} = 9{,}27\,\text{mA} + j1{,}76\,\text{mA} - 10{,}28\,\text{mA} - j1{,}96\,\text{mA}$$

$$\underline{I}_{C1} = -1{,}01\,\text{mA} - 0{,}2j\,\text{mA} = 1{,}03\,\text{mA} \cdot e^{j11{,}09°}$$

c) Siehe Abb. 4.142.

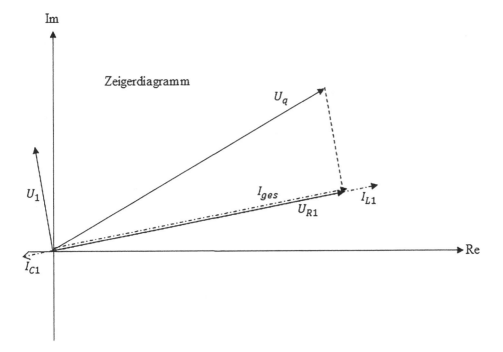

Abb. 4.142 Zeigerdiagramm

Übung

Skizziert sollen die Zeigerdiagramme für folgende Beziehungen:

a) U_R, U_L, U_C: $U_R = U_L = U_C$

b) U_R, U_L, U_C: $U_L > U_C$

c) U_R, U_L, U_C: $U_L < U_C$

d) Für b) und c) sollen die Gleichungen für die Berechnung des Phasenverschiebungs-
winkels φ aufgestellt werden.

e) Für b) und c) sollen die Gleichungen für die Gesamtspannung aufgestellt werden (Die
Spannungen haben die gleiche Frequenz).

f) Beispiele

Lösung (Abb. 4.143)

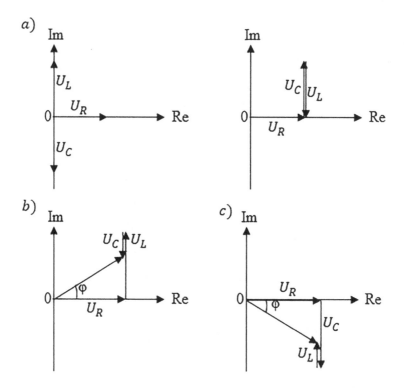

Abb. 4.143   Zeigerdiagramme

d) Zu b)

$$\tan \varphi = \frac{U_L - U_C}{U_R}$$

zu c)

$$\tan \varphi = \frac{U_C - U_L}{U_R}$$

e) Zu b)

$$U = \sqrt{U_R^2 + (U_L - U_C)^2}$$

zu c)

$$U = \sqrt{U_R^2 + (U_C - U_L)^2}$$

f) Betrachtet man z. B. eine Reihenschaltung bestehend aus $R = 2\,\Omega, L = 11\,\mathrm{H}$ und $C = 1\,\mu\mathrm{F}$ für einen gemeinsamen Strom $I = 1\,\mathrm{A}$ und für $f = 50\,\mathrm{Hz}$, dann ist die Spannung am Reihenkreis:

$$U = I \cdot Z = I \cdot \sqrt{R^2 + \left(\omega \cdot L - \frac{1}{\omega \cdot C}\right)^2} = 2{,}075\,\mathrm{V}$$

Für die Teilspannungen U_R, U_L und U_C und Phasenwinkel φ zwischen U und I gilt (Abb. 4.144):

$$U_R = I \cdot R = 1\,\mathrm{A} \cdot 2\,\Omega = 2\,\mathrm{V}$$

$$U_L = I \cdot \omega \cdot L = 3455{,}75\,\mathrm{V}$$

$$U_C = I \cdot \frac{1}{\omega \cdot C} = 3183\,\mathrm{V}$$

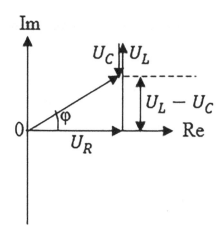

Abb. 4.144 Zeigerdiagramme

$$\varphi = \arctan(136{,}37) = 89{,}57°$$

$$\tan\varphi = \frac{U_L - U_C}{U_R} = 136{,}37$$

Handelt es sich um eine Parallelschaltung bestehend aus $R = 2\,\Omega, L = 11\,\text{H}$ und $C = 1\,\mu\text{F}$ für einen gemeinsamen Strom $I = 1\,\text{A}$ und für $f = 50\,\text{Hz}$, dann ist der Gesamtstrom I_{ges} und der Phasenverschiebungswinkel φ wie folgt ermittelt werden (Berechnung mit Leitwerten einfacher!).

$$\underbrace{\frac{1}{\underline{Z}}}_{\underline{Y}} = \underbrace{\frac{1}{R}}_{G} + \underbrace{\frac{1}{j \cdot \omega \cdot L} + j \cdot \omega C}_{jB}$$

$$\frac{1}{\underline{Z}} = \underline{Y} = \frac{1}{R} + j\left(\omega \cdot C - \frac{1}{\omega \cdot L}\right)$$

$$|\underline{Y}| = \sqrt{\left(\frac{1}{R}\right)^2 + \left(\omega \cdot C - \frac{1}{\omega \cdot L}\right)^2}$$

$$I_{\text{ges}} = U \cdot |\underline{Y}| = U \cdot \sqrt{\left(\frac{1}{R}\right)^2 + \left(\omega \cdot C - \frac{1}{\omega \cdot L}\right)^2}$$

Zeigerdiagramme (Stromdreieck) für I (Abb. 4.145):

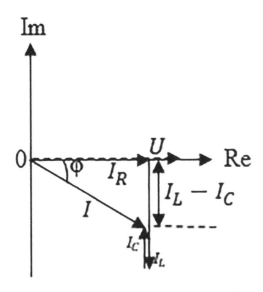

Abb. 4.145 Zeigerdiagramme

$$\tan \varphi = \frac{I_L - I_C}{I_R}$$

$$I_{\text{ges}}^2 = I_R^2 + (I_L - I_C)^2$$

Übung

Eine Spule ist mit einem Widerstand in Reihe an einer Spannungsquelle $U = 120\,\text{V}, f = 50\,\text{Hz}$ geschaltet. Durch die Serienschaltung fließt ein Strom von $I = 4\,\text{A}$ und die Wirkleistung beträgt $P = 280\,\text{W}$. Man bestimme den Schein-, Blind- und Wirkwiderstand, die Induktivität, die aufgenommene Schein- und Blindleistung sowie den Leistungsfaktor.

Lösung (Abb. 4.146)

Abb. 4.146 Zeigerdiagramm

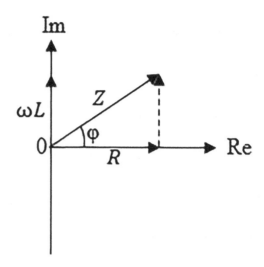

Der Gesamtwiderstand ergibt sich zu

$$Z = \sqrt{R^2 + (\omega L)^2}$$

Die Wirkleistung am ohmschen Widerstand

$$P = I^2 \cdot R$$

Daraus ergibt sich der ohmsche Widerstand zu

$$R = \frac{P}{I^2} = 17{,}5\,\Omega$$

Der Blindwiderstand ermittelt sich aus der Gleichung der Wirkleistungsformel mit dem Leistungsfaktor:

$$P = U \cdot I \cdot \cos\varphi$$

$$\cos\varphi = \frac{P}{U \cdot I} = 0{,}5833 \rightarrow \varphi = 54{,}7°$$

Nun lässt sich der Blindwiderstand ermitteln:

$$\tan\varphi = \frac{\omega \cdot L}{R} \rightarrow L = \frac{\tan\varphi \cdot R}{\omega} = 0{,}0789\,\mathrm{H}$$

Der Scheinwiderstand ergibt sich aus:

Für die Blindleistung gilt:

$$Q = I^2 \cdot \omega \cdot L = 396{,}93\,\text{W}$$

Und für die Scheinleistung

$$S = \frac{U^2}{Z} = 480\,\text{W}$$

oder alternativ

$$S^2 = P^2 + Q^2$$

Schließlich der Leistungsfaktor:

$$\cos\varphi = \frac{R}{Z} = 0{,}5833$$

Übung

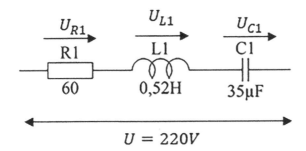

Abb. 4.147 Beispielschaltung

Für den in Abb. 4.147 angegebenen Serienschwingkreis sind die folgenden Größen gesucht:

a) Resonanzfrequenz
b) U_R, U_L und U_C im Resonanzfall

Lösung
a) Im Resonanzfall ist der Blindwiderstand gleich null, d. h.

$$Z = \sqrt{R^2 + \underbrace{\left(\omega \cdot L - \frac{1}{\omega \cdot C}\right)^2}_{=0}}$$

$$\omega \cdot L = \frac{1}{\omega \cdot C}$$

$$f_0 = \frac{1}{2\pi\sqrt{L \cdot C}} = 53{,}8\,\text{Hz}$$

b) Im Resonanzfall gilt

$$I = \frac{U}{R} = 3{,}66\,\text{A}$$

$$U_R = I \cdot R = 220\,\text{V}$$

$$U_{C0} = \frac{1}{\omega_0 \cdot C} \cdot I = 309{,}35\,\text{V}$$

mit $\omega_0 = 2 \cdot \pi \cdot f_0$: Resonanzfrequenz

$$U_{L0} = \omega_0 \cdot L \cdot I = 643{,}34\,\text{V}$$

Im Resonanzfall

$$\omega \cdot L - \frac{1}{\omega \cdot C} = 0$$

$$I_0 = \frac{U}{R} = 3{,}66\,\text{A}$$

Übung

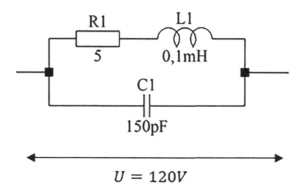

Abb. 4.148 Beispielschaltung

Es soll die Resonanzfrequenz der Schaltung in Abb. 4.148 ermittelt werden.

Lösung

$$\underline{Y} = \frac{1}{\underline{Z}} = \frac{1}{R + j \cdot \omega \cdot L} + j \cdot \omega \cdot C = \underbrace{\frac{R - j \cdot \omega \cdot L}{R^2 + (\omega \cdot L)^2}}_{\text{konj. kompl. erw.}} + j \cdot \omega \cdot C$$

$$\underline{Y} = \frac{R}{R^2 + (\omega \cdot L)^2} + j \cdot \left(\omega \cdot C - \frac{\omega \cdot L}{R^2 + (\omega \cdot L)^2} \right)$$

Im Resonanzfall:

$$\omega_0 \cdot C = \frac{\omega_0 \cdot L}{R^2 + (\omega_0 \cdot L)^2}$$

$$\omega_0 = 2 \cdot \pi \cdot f_0 = \sqrt{\frac{1}{L \cdot C} - \left(\frac{R}{L} \right)^2}$$

$$f_0 = 1300 \, \text{Hz}.$$

Übung

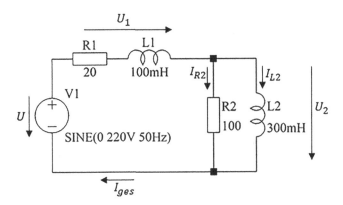

Abb. 4.149 Beispielschaltung

Für die Schaltung in Abb. 4.149 sind zu berechnen:

a) $\underline{Z}_1$ der Reihenschaltung, $\underline{Z}_1$ der Parallelschaltung und $\underline{Z}_{\text{ges}}$
b) $\underline{U}_1$ und $\underline{U}_2$
c) I_{R2}, I_{L2} und I_{ges}
d) Zeigerdiagramm

Lösung

a)
$$\underline{Z}_1 = R_1 + j \cdot \omega \cdot L_1 = 20\,\Omega + j31,4\,\Omega = 37,24\,\Omega \cdot e^{j57,3°}$$

$$\underline{Z}_2 = \frac{R_2 \cdot (\omega \cdot L_2)^2}{R_2^2 + (\omega \cdot L_2)^2} + j\frac{\omega \cdot L_2 \cdot R_2^2}{R_2^2 + (\omega \cdot L_2)^2} = 47\,\Omega + j49,9\,\Omega = 68,6\,\Omega \cdot e^{j46,4°}$$

$$\underline{Z}_{\text{ges}} = \underline{Z}_1 + \underline{Z}_2 = 67\,\Omega + j81,3\,\Omega = 105\,\Omega \cdot e^{j50,3°}$$

b)
$$\underline{U}_1 = U\frac{\underline{Z}_1}{\underline{Z}_{\text{ges}}} = 220\,\text{V}\frac{37,24\,\Omega \cdot e^{j57,3°}}{105\,\Omega \cdot e^{j50,3°}} = 78,02\,\text{V} \cdot e^{j7°} = 77,43\,\text{V} + j9,5\,\text{V}$$

$$\underline{U}_2 = U\frac{\underline{Z}_2}{\underline{Z}_{\text{ges}}} = 220\,\text{V}\frac{68,6\,\Omega \cdot e^{j46,4°}}{105\,\Omega \cdot e^{j50,3°}} = 143,7\,\text{V} \cdot e^{-j3,9°} = 143,39\,\text{V} - j9,52\,\text{V}$$

oder
$$\underline{U}_2 = U - \underline{U}_1 = 220\,\text{V} - 77,43\,\text{V} - j9,5\,\text{V} = 142,57\,\text{V} - j9,5\,\text{V} = 143,7\,\text{V} \cdot e^{-j3,9}$$

c)
$$\underline{I} = \frac{U}{Z_{\text{ges}}} = \frac{220\,\text{V}}{105\,\Omega \cdot e^{j50,3°}} = 2,09\,\text{A} \cdot e^{-j50,3°} = 1,33\,\text{A} - j1,6\,\text{A}$$

$$\underline{I}_{R2} = \frac{\underline{U}_2}{R_2} = \frac{143,7\,\text{V} \cdot e^{-j3,9°}}{100\,\Omega} = 1,437\,\text{A} \cdot e^{-j3,9°} = 1,43\,\text{A} - j0,0097\,\text{A}$$

$$\underline{I}_{L2} = \underline{I} - \underline{I}_{R2} = 1,33\,\text{A} - j1,6\,\text{A} - 1,43\,\text{A} + j0,0097\,\text{A} = -0,1 - j1,5 = 1,5\,\text{A} \cdot e^{j86,18°}$$

d) Siehe Abb. 4.150.

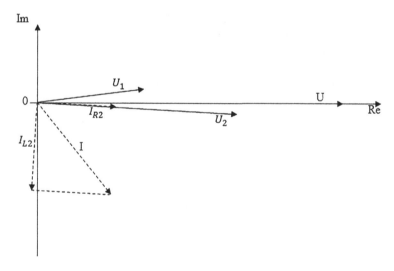

Abb. 4.150 Zeigerdiagramme

Übung

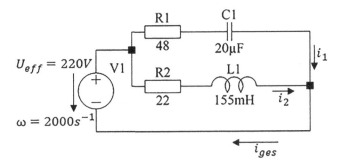

Abb. 4.151 Beispielschaltung

Gegeben ist die in Abb. 4.151 abgebildete Schaltung.

Gesucht: i_1, i_2 und i_{ges}.

Lösung

$$U_{\text{eff}} = 220\,\text{V} \rightarrow \hat{u} = \sqrt{2} \cdot 220\,\text{V} \rightarrow \underline{u} = \sqrt{2} \cdot 220\,\text{V} \cdot \cos{(\omega \cdot t)} = \sqrt{2} \cdot 220\,\text{V} \cdot e^{j\omega t}$$

$$\underline{Z}_1 = R_1 - j\frac{1}{\omega \cdot C_1} = 48\,\Omega - j25\,\Omega$$

$$\underline{Y}_1 = \frac{1}{\underline{Z}_1} = \frac{1}{48\,\Omega - j25\,\Omega} = 0{,}0163\,\text{S} + j0{,}008\,\text{S} = 0{,}018\,\text{S} \cdot e^{j26{,}14°}$$

$$\underline{Z}_2 = R_2 + j \cdot \omega \cdot L_1 = 22\,\Omega + j310\,\Omega = 310{,}77\,\Omega \cdot e^{j85{,}9°}$$

$$\underline{Y}_2 = \frac{1}{\underline{Z}_2} = \frac{1}{310{,}77\,\Omega \cdot e^{j85{,}9°}} = 0{,}0022\,\text{S} - j0{,}00319\,\text{S} = 0{,}0032\,\text{S} \cdot e^{-j85{,}9°}$$

$$\underline{Y}_{\text{ges}} = \underline{Y}_1 + \underline{Y}_2 = 0{,}0163\,\text{S} + j0{,}008\,\text{S} + 0{,}0022\,\text{S} - j0{,}00319\,\text{S}$$
$$= 0{,}0162\,\text{S} + j0{,}00417\,\text{S} = 0{,}0168 \cdot e^{j16{,}21°}$$

$$\underline{i}_1 = \underline{u} \cdot \underline{Y}_1 = \sqrt{2} \cdot 220\,\text{V} \cdot e^{j\omega t} \cdot 0{,}018\,\text{S} \cdot e^{j26{,}14°} = 5{,}6\,\text{A} \cdot e^{j(\omega t + 26{,}14°)}$$

$$\underline{i}_2 = \underline{u} \cdot \underline{Y}_2 = \sqrt{2} \cdot 220\,\text{V} \cdot e^{j\omega t} \cdot 0{,}0032\,\text{S} \cdot e^{-j85{,}9°} = 0{,}99\,\text{A} \cdot e^{j(\omega t - 85{,}9°)}$$

$$\underline{i}_{\text{ges}} = \underline{u} \cdot \underline{Y}_{\text{ges}} = \sqrt{2} \cdot 220\,\text{V} \cdot e^{j\omega t} \cdot 0{,}0168 \cdot e^{j16{,}21°} = 5{,}22\,\text{A} \cdot e^{j(\omega t + 16{,}21°)}$$

Der Drehstromkreis

5

Schlüsselwörter

Drehstrom · Wicklung · Leiterstrom · Sternschaltung · Dreieckschaltung

5.1 Grundlagen

5.1.1 Erzeugung phasenverschobener Wechselspannungen

Drei gleichartige Wicklungen mit den Anfängen U, V und W und den Enden X, Y und Z sind in die Nuten eines Stators aus lamelliertem Stahlblech eingelegt und um je 120° gegeneinander versetzt. Abb. 5.1 zeigt die schematische Darstellung der Anordnung.

Innerhalb des Stators dreht sich ein Polrad, das z. B. nur aus einem elektromagnetischen Nord- und Südpol bestehen kann. Seine Polschuhe sind so geformt, dass die magnetische Flussdichte sinusförmig verteilt ist. Dadurch ändert sich der

© Springer Fachmedien Wiesbaden GmbH, ein Teil von Springer Nature 2021
C. Karaali, *Grundlagen der Elektrotechnik*, https://doi.org/10.1007/978-3-658-31829-1_5

Abb. 5.1 Wicklungen um
120° versetzt

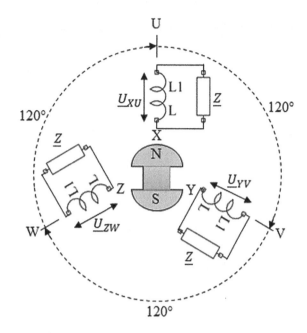

mit einer Wicklung verkettete magnetische Fluss sinusförmig und in jeder Wicklung wird eine sinusförmige Wechselspannung induziert. Die Zeiger der Effektivwerte $\underline{U}_{XU}$, $\underline{U}_{YV}$ und $\underline{U}_{ZW}$ sind um je 120° in der Phase verschoben, haben jedoch den gleichen Betrag, sodass gilt

$$U_{XU} = U_{YV} = U_{ZW},$$

wie Abb. 5.2 zeigt.

Auch der Verlauf der Momentanwerte in Abhängigkeit vom Drehwinkel ωt ist aus Abb. 5.2 zu entnehmen.

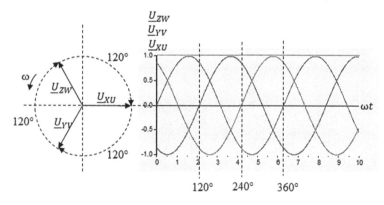

Abb. 5.2 Phasenverschobene Signale

Die Amplitude ist stets dieselbe, die Momentanwerte sind jedoch um je 120° gegeneinander verschoben. Hat ein Pol eine Wicklung passiert, so ist eine halbe Periode der Ursprung in dieser Wicklung abgelaufen. Hat das Polrad 2*p* Pole *(p : Polpaare)* und hat es sich einmal gedreht, so hat die Urspannung einer Wicklung

$$2\frac{p}{2}\text{Perioden oder } p \text{ ganze Perioden}$$

durchlaufen. Dreht sich das Polrad *n Mal* in der Minute, also

$$\frac{n}{60}\text{Malinder Sekunde,}$$

so ergeben sich damit

$$p\frac{n}{60}\text{Perioden je Sekunde.}$$

Die Frequenz der induzierten Wechselspannung in jeder Wicklung für sich beträgt demnach

$$f = \frac{p \cdot n}{60}\,mit\,[n] = \frac{U}{min}.$$

5.1.2 Die Verkettung

Bei dem Aufbau in Abb. 5.2 sind drei voneinander unabhängige Wechselstromgeneratoren in einer Maschine vereinigt. Jeder Generator ist mit dem gleichen komplexen Scheinwiderstand $\underline{Z}$ belastet. Sinngemäß sind hier demnach sechs Leiter erforderlich. Man kommt jedoch mit wenigen Leitern aus, wenn man die drei einphasigen Systeme zu einem mehrphasigen System verkettet. Damit ergibt sich bei der verketteten Belastung und unter der Voraussetzung einer bestimmten räumlichen Anordnung ein magnetisches Drehfeld (Drehstrom). Dieser Effekt wird bei den Drehstrommotoren ausgenutzt. Die beiden Verkettungen sind (Abb. 5.3):

a) Sternschaltung (Abb. 5.3)

Abb. 5.3 Aufbau zur
Verkettung eines Systems

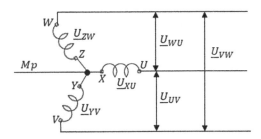

Die drei Wicklungsenden sind zusammengeschaltet und bilden den Mittelpunkt oder Sternpunkt *Mp*. Durch diese Verkettung ändert sich nichts an den induzierten Urspannungen. Die Zeiger der Effektivwerte sind:

$$\underline{U}_{XU}$$
$$\underline{U}_{YV} = \underline{U}_{XU} \cdot e^{-j120°}$$
$$\underline{U}_{ZW} = \underline{U}_{YV} \cdot e^{-120°} = \underline{U}_{XU} \cdot e^{-j240°}$$

Die Wicklungen oder Stränge sind nicht hintereinander, sondern gegeneinander geschaltet. Daher gilt für die resultierenden Urspannungen:

$$\underline{U}_{UV} = \underline{U}_{XU} - \underline{U}_{YV} = \underline{U}_{XU} - \underline{U}_{XU} \cdot e^{-j120°} = \underline{U}_{XU}\left(1 - e^{-j120°}\right)$$

$$\underline{U}_{UV} = \underline{U}_{XU}\left[1 - (\cos 120° - j\sin 120°)\right] = \underline{U}_{XU}\left[1 - \left(-\frac{1}{2} - j\frac{\sqrt{3}}{2}\right)\right]$$

$$\underline{U}_{UV} = \underline{U}_{XU}\left[1 - (\cos 120° - j\sin 120°)\right] = \underline{U}_{XU}\left(\frac{3}{2} + j\frac{\sqrt{3}}{2}\right)$$

Die komplexe Zahl

$$a = \frac{3}{2} + j\frac{\sqrt{3}}{2}$$

kann durch Betrag und Argument dargestellt werden:

Betrag:

$$|a| = \sqrt{\left(\frac{3}{2}\right)^2 + \left(\frac{\sqrt{3}}{2}\right)^2} = \sqrt{3}$$

Argument:

$$\varphi = \arctan \frac{\frac{\sqrt{3}}{2}}{\frac{3}{2}} = 30°$$

Damit folgt aus der obigen Gleichung:

$$\underline{U}_{UV} = \underline{U}_{XU} \cdot \sqrt{3} \cdot e^{j30°}$$

Der resultierende Zeiger $\underline{U}_{UV}$ ist das $\sqrt{3}$-fache des Zeigers $\underline{U}_{XU}$ und eilt $\underline{U}_{XU}$ um 30° voraus.

$$\underline{U}_{UV} = \underline{U}_{XU} \cdot \sqrt{3}$$

Weiter gilt für die verkettete Urspannung

$\underline{U}_{YV}$ und $\underline{U}_{ZW}$:

$$\underline{U}_{VW} = \underline{U}_{YV} - \underline{U}_{ZW} = \underline{U}_{XU} \cdot e^{-j120°} - \underline{U}_{XU} \cdot e^{-j240°} = \underline{U}_{XU} \cdot \left(e^{-j120°} - e^{-j240°}\right)$$

$$\underline{U}_{VW} = \underline{U}_{XU} \cdot (\cos 120° - j\sin 120° - \cos 240° + j\sin 240°)$$

$$\underline{U}_{VW} = \underline{U}_{XU} \cdot \left(-j\sqrt{3}\right) = -j\underline{U}_{XU} \cdot \sqrt{3}$$

Betrag:

$$\sqrt{3}$$

Argument:

$$\varphi = \arctan \frac{-\sqrt{3}}{0} = -90°$$

Damit wird:

$$U_{VW} = U_{XU} \cdot \sqrt{3}$$

Der rotierende Zeiger $\underline{U}_{VW}$ ist das $\sqrt{3}$-fache von U_{XU} und eilt U_{XU} um 90° nach.

Entsprechend gilt:

$$\underline{U}_{WU} = \underline{U}_{ZW} - \underline{U}_{XU} = \underline{U}_{XU} \cdot e^{-j240°} - \underline{U}_{XU} = \underline{U}_{XU} \cdot \left(e^{-j240°} - 1\right)$$

$$\underline{U}_{WU} = \underline{U}_{XU} \cdot (\cos 240° - j\sin 240° - 1)$$

$$\underline{U}_{WU} = \underline{U}_{XU} \cdot \left(-\frac{1}{2} - j\frac{\sqrt{3}}{2} - 1\right) = \underline{U}_{XU} \cdot \left(-\frac{3}{2} + j\frac{\sqrt{3}}{2}\right)$$

Betrag:

$$|a| = \sqrt{\left(-\frac{3}{2}\right)^2 + \left(\frac{\sqrt{3}}{2}\right)^2} = \sqrt{3}$$

Argument:

$$\varphi = \arctan \frac{\frac{\sqrt{3}}{2}}{-\frac{3}{2}} = 150°$$

Damit wird:

$$\underline{U}_{WU} = \underline{U}_{XU} \cdot \sqrt{3} \cdot e^{j150°}$$

Der rotierende Zeiger $\underline{U}_{WU}$ ist gegen den Zeiger $\underline{U}_{XU}$ entgegen dem Uhrzeigersinn bzw. 210° im Uhrzeiger gedreht. Der Zeiger ist auch hier wieder das $\sqrt{3}$-fache von U_{XU}.

Für die Beträge ergibt sich:

$$U_{WU} = U_{XU} \cdot \sqrt{3}$$

Die Resultate der abgeleiteten Gleichungen zeigen, dass für die Beträge der verketteten Urspannungen gilt:

$$U_{UV} = U_{VW} = U_{WU}.$$

Grafische Darstellung Abb. 5.4:

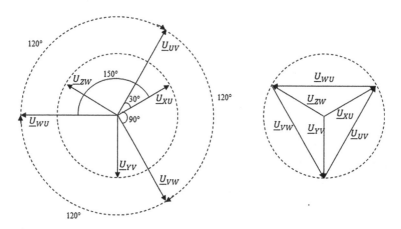

Abb. 5.4 Zeigerdiaramm der verketteten Spannungen

Sternschaltung für Generator und Belastung:

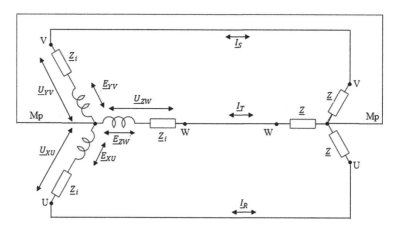

Abb. 5.5 Generator und in Stern geschaltete Belastung

In der Schaltung in Abb. 5.5 ist eine in Stern geschaltete Belastung, deren Stränge jeweils dem komplexen Scheinwiderstand $\underline{Z}$ haben, an einen im Stern geschalteten Generator angeschlossen. Jeder Strang des Generators (Phase) hat den inneren

komplexen Scheinwiderstand $\underline{Z}_i$. Generator und Belastung sind durch die widerstands-
freien Leiter R, S, T und dem Mittelpunkt Mp verbunden. Durch den Mp-Leiter werden
schaltungsmäßig die Mittelpunkte vom Generator und Schaltung zusammengefasst. Es
entsteht dadurch eine Ersatzschaltung wie folgt.

Abb. 5.6 Drei unabhängige
einphasige Wechselstromkreise

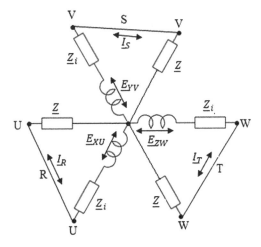

Abb. 5.6 zeigt, dass die Anordnung aus drei voneinander unabhängigen einphasigen
Wechselstromkreisen besteht. Die Ströme $\underline{I}_R, \underline{I}_S$ und $\underline{I}_T$, die man als Leiterströme
bezeichnet und die hier gleich an Strangströmen sind, können einfacherweise aus den
Urspannungen und den Scheinwiderständen berechnet werden. Danach gilt für die
Ströme:

$$\underline{I}_R = \frac{\underline{E}_{XU}}{\underline{Z}_i + \underline{Z}}$$

$$\underline{I}_S = \frac{\underline{E}_{YV}}{\underline{Z}_i + \underline{Z}} = \frac{\underline{E}_{XU}}{\underline{Z}_i + \underline{Z}} \cdot e^{-j120°} = \underline{I}_R \cdot e^{-j120°}$$

$$\underline{I}_T = \frac{\underline{E}_{ZW}}{\underline{Z}_i + \underline{Z}} = \frac{\underline{E}_{XU}}{\underline{Z}_i + \underline{Z}} \cdot e^{-j240°} = \underline{I}_R \cdot e^{-j240°}$$

Die drei Leiterströme haben den gleichen Effektivwert (Betrag) zu

$$I_R = I_S = I_T = I$$

Die drei Leiterströme sind wie die Urspannungen der Stränge um je 120° in der Phase
verschoben, wie Abb. 5.7 zeigt.

Abb. 5.7 180°
phasenverschobene
Leiterströme

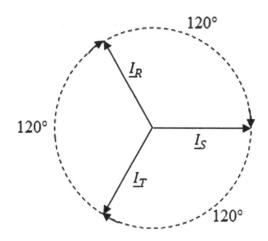

Um festzustellen, ob im Mp-Leiter ein Wechselstrom fließt, kann man sich anstelle der Drehstromschaltung in der Abb. 5.5 eine gleichwertige Gleichstromschaltung denken. In diesem Falle zeigt es sich, dass in dem, mit dem Mp-Leiter vergleichbaren Leiter, der drei von den drei Systemen herrührenden Gleichströme die gleiche Richtung haben. Das heißt, die drei Gleichströme addieren sich. Für die Schaltung darf daraus geschlossen werden, dass die Stromstärkezeiger $\underline{I}_R, \underline{I}_S$ und $\underline{I}_T$ in Bezug auf dem Mp-Leiter ebenfalls addiert werden müssen. Abb. 5.7 zeigt aber, dass die Zeigersumme null ist. Das heißt, im Mp-Leiter fließt kein Strom. Er darf daher bei absoluter Symmetrie weggelassen werden. Dies gilt nicht für unsymmetrische Belastungen, da im MP-Leiter ein Ausgangsstrom fließt.

Es gilt:

$$\underline{I}_R \cdot \underline{Z} = \underline{E}_{XU} - \underline{I}_R \cdot \underline{Z}_i = \underline{U}_{XU}$$

$$\underline{I}_S \cdot \underline{Z} = \underline{E}_{YV} - \underline{I}_S \cdot \underline{Z}_i = \underline{U}_{VY}$$

$$\underline{I}_T \cdot \underline{Z} = \underline{E}_{ZW} - \underline{I}_T \cdot \underline{Z}_i = \underline{U}_{WZ}$$

Daraus folgt:

$$\underline{U}_{VY} = \underline{I}_S \cdot \underline{Z} = \underbrace{\underline{I}_R \cdot \underline{Z}}_{\underline{U}_{UX}} \cdot e^{-j120°} = \underline{U}_{UX} \cdot e^{-j120°}$$

$$\underline{U}_{WZ} = \underline{I}_T \cdot \underline{Z} = \underbrace{\underline{I}_R \cdot \underline{Z}}_{\underline{U}_{UX}} \cdot e^{-j240°} = \underline{U}_{UX} \cdot e^{-j240°}$$

Die drei Spannungszeiger $\underline{U}_{UX}, \underline{U}_{WZ}$ und $\underline{U}_{VY}$ sind um je 120° gegeneinander in der Phase verschoben und haben den gleichen Betrag:

$$\underline{U}_{UX} = \underline{U}_{WZ} = \underline{U}_{VY}.$$

Da die drei Strangspannungen $\underline{U}_{UX}, \underline{U}_{WZ}$ und $\underline{U}_{VY}$ die gleiche Eigenschaften haben wie die der Urspannungen in den drei Strängen, so müssen für die verketteten Spannungen, die in der Sternschaltung auch gleich den Spannungen zwischen den Leitern R, S und T, den sogenannten Leiterspannungen sind, die gleichen Beziehungen gelten [2].

Daraus folgt:

$$\underline{U}_{UV} = \underline{U}_{UX} \cdot \sqrt{3} \cdot e^{j30°}$$

$$\underline{U}_{VW} = -j \cdot \underline{U}_{UX} \cdot \sqrt{3}$$

$$\underline{U}_{WU} = \underline{U}_{UX} \cdot \sqrt{3} \cdot e^{j150°}$$

$$U_{UV} = U_{UX} \cdot \sqrt{3}$$

$$U_{VW} = U_{UX} \cdot \sqrt{3}$$

$$U_{WU} = U_{UX} \cdot \sqrt{3}$$

Die letzten Gleichungen besagen, dass bei Sternschaltung die Leiterspannung gleich dem $\sqrt{3}$-fachen der Strangspannung ist.

Setzt man für den reellen Teil von $\underline{Z}_{reell} = R$ und den imaginären Teil $\underline{Z}_{imag} = X$ ein, so ist $\underline{Z} = R + jX$.

Entsprechend ist

$$\underline{Z}_i = R_i + jZ_i.$$

Damit gilt:

$$\underline{U}_{UX} = \underline{I}_R(R + jX) = \underline{I}_R \cdot R + j \cdot \underline{I}_R \cdot X$$

und weiterhin

$$\underline{E}_{XU} = \underline{U}_{UX} + \underline{I}_R \cdot \underline{Z}_i = \underline{U}_{UX} + \underline{I}_R \cdot R_i + j \cdot \underline{I}_R \cdot X_i$$
$$\underline{U}_{UX} = \underline{E}_{XU} - \underline{I}_R \cdot R_i - j \cdot \underline{I}_R \cdot X_i = \underline{E}_{XU} - \underline{I}_R \cdot (R_i + j \cdot X_i) = \underline{E}_{XU} - \underline{I}_R \cdot \underline{Z}_i$$

Für andere Strangspannungen gilt entsprechend:

$$\underline{U}_{VY} = \underline{E}_{YV} - \underline{I}_S \cdot \underline{Z}_i$$
$$\underline{U}_{WZ} = \underline{E}_{ZW} - \underline{I}_T \cdot \underline{Z}_i$$

Abb. 5.8 zeigt die Zeigerdiagramme der letzten Gleichungen für die Strangspannungen.

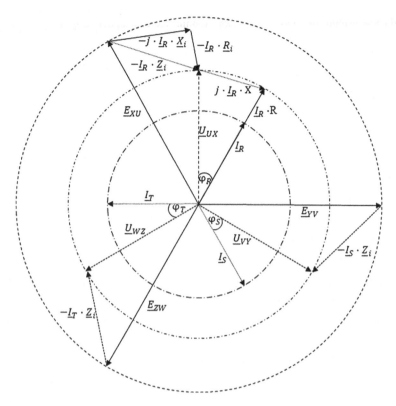

Abb. 5.8 Zeigerdiagramme

Für die Leiterspannungen $\underline{U}_{UV}, \underline{U}_{VW}$ und $\underline{U}_{WU}$, die hier verkettete Spannungen sind, gilt Abb. 5.9.

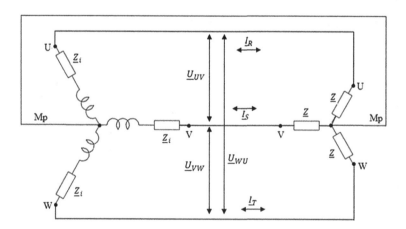

Abb. 5.9 Verkettete Spannungen

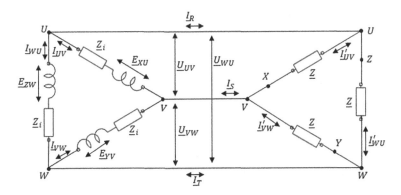

Abb. 5.10 Drehstromgenerator und Last in Dreieckschaltung

b) Dreieckschaltung

Abb. 5.10 zeigt die Dreieckschaltung eines Drehstromgenerators mit Last in Dreieck-schaltung. Jeder Strang des Generators hat den inneren Scheinwiderstand $\underline{Z}_i$. An dem Generator ist eine Belastung aus drei in Dreieck geschalteten Strängen, die jede den komplexen Scheinwiderstand $\underline{Z}$ haben, angeschlossen. Die Leiter sind R, S und T, der Leiter Mp fehlt. Die Stromstärken in den Generatorsträngen sind $\underline{I}_{UV}, \underline{I}_{VW}$ und $\underline{I}_{WU}$. Die Strängen der Leiterströme sind $\underline{I}_R, \underline{I}_S$ und $\underline{I}_T$. In den Strängen der Belastung sind die Stromstärken $\underline{I}'_{UV}, \underline{I}'_{VW}$ und $\underline{I}'_{WU}$ vorhanden.

Anstelle der Abb. 5.10 darf ersatzweise Abb. 5.11 eingesetzt werden.

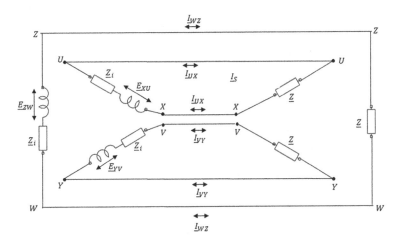

Abb. 5.11 Äquivalente Darstellung zur Abb. 5.10

Dadurch entstehen drei voneinander getrennte Einphasen-Wechselstromkreise, die man sich anschließend wieder zusammengesetzt denken kann. Da die beiden Schaltungen elektrisch gleichwertig sind, folgt für die Ströme:

$$\underline{I}_{UV} = \underline{I}_{UX} = \underline{I}'_{UV}$$

$$\underline{I}_{VW} = \underline{I}_{VY} = \underline{I}'_{VW}$$

$$\underline{I}_{WU} = \underline{I}_{WZ} = \underline{I}'_{WU}$$

Das heißt also, die Strangstromstärken des Generators sind den entsprechenden Strangstrom-stärken der Belastung nach Betrag und Phase gleich. Ferner zeigen die letzten Abbildungen, dass bei Dreieckschaltung die Strangspannungen gleich den Leiterspannungen sind.

Da die Urspannungen $\underline{E}_{XU}, \underline{E}_{YV}$ *und* $\underline{E}_{ZW}$ eingeprägt und in je 120° gegen die Phase verschoben sind und auch ihre Beträge gleich sind, so gilt:

$$\underline{E}_{YV} = \underline{E}_{XU} \cdot e^{-j120°}$$

$$\underline{E}_{ZW} = \underline{E}_{XU} \cdot e^{-j240°}$$

Darüber hinaus gilt:

$$\underline{I}_{UX} = \underline{I}_{UV} = \frac{\underline{E}_{XU}}{\underline{Z}_i + \underline{Z}}$$

$$\underline{I}_{VY} = \underline{I}_{VW} = \frac{\underline{E}_{YV}}{\underline{Z}_i + \underline{Z}}$$

$$\underline{I}_{WZ} = \underline{I}_{WU} = \frac{\underline{E}_{ZW}}{\underline{Z}_i + \underline{Z}}$$

und daraus folgernd gilt:

$$\underline{I}_{VW} = \frac{\underline{E}_{XU} \cdot e^{-j120°}}{\underline{Z}_i + \underline{Z}} = \underline{I}_{UV} \cdot e^{-j120°}$$

$$\underline{I}_{WU} = \frac{\underline{E}_{XU} \cdot e^{-j240°}}{\underline{Z}_i + \underline{Z}} = \underline{I}_{UV} \cdot e^{-j240°}$$

Sowohl der Generator als auch in der Belastung sind die Strangstromstärken $\underline{I}_{UV}, \underline{I}_{VW}$ *und* $\underline{I}_{WU}$ um je 120° gegeneinander in der Phase verschoben. Für die Beträge gilt:

$$I_{UV} = I_{VW} = I_{WU}$$

Weiter folgt:

$$\underline{I}_{UV} \cdot \underline{Z} = \underline{E}_{XU} - \underline{I}_{UV} \cdot \underline{Z}_i = \underline{U}_{UV}$$

$$\underline{I}_{VW} \cdot \underline{Z} = \underline{E}_{YV} - \underline{I}_{VW} \cdot \underline{Z}_i = \underline{U}_{VW}$$

$$\underline{I}_{WU} \cdot \underline{Z} = \underline{E}_{ZW} - \underline{I}_{WU} \cdot \underline{Z}_i = \underline{U}_{WU}$$

und daraus folgt:

$$\underline{U}_{VW} = \underline{I}_{VW} \cdot \underline{Z} = \underline{I}_{UV} \cdot \underline{Z} \cdot e^{-j120°} = \underline{U}_{UV} \cdot e^{-j120°}$$

und entsprechend:

$$\underline{U}_{WU} = \underline{U}_{UV} \cdot e^{-j120°}.$$

Die Abbildung zeigt, dass die Strangspannungen $\underline{U}_{UV}, \underline{U}_{VW}$ und $\underline{U}_{WU}$ sowohl beim Generator als auch an der Belastung aber auch als Leiterspannungen auftreten und um je 120° in der Phase gegeneinander verschoben sind. Ihre Beträge sind gleich:

$$U_{UV} = U_{VW} = U_{WU}.$$

Dem letzten Bild entsprechend zeigt die Abb. 5.12 die äquivalente Darstellung zweier Gleichstromkreise.

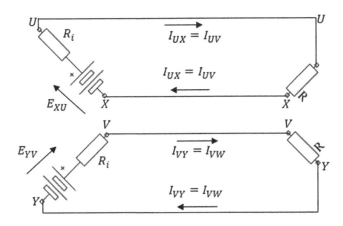

Abb. 5.12 Weitere äquivalente Schaltung zu den Abb. 10 und 11

Würde man die beiden Leiter zwischen X-X und V-V aufeinander legen, so erkennt man, dass in dem einzigen Ersatzleiter der resultierende Strom

$$I_S = I_{VW} - I_{UV}$$

fließt. Da bei der symbolischen Behandlung von Wechselstromaufgaben wie bei Gleichstromaufgaben verfahren wird, so folgt für die resultierende Stromstärke $\underline{I}_S$ im Leiter S

$$\underline{I}_S = \underline{I}_{VW} - \underline{I}_{UV}.$$

Die Stromstärke im Leiter S ist also die Zeigerdifferenz der beiden Strangstromstärken $\underline{I}_{VW} - \underline{I}_{UV}$. Entsprechend ist:

$$\underline{I}_R = \underline{I}_{UV} - \underline{I}_{WU}$$
$$\underline{I}_T = \underline{I}_{WU} - \underline{I}_{VW}$$

sowie

$$\underline{I}_S = \underline{I}_{UV} \cdot \sqrt{3} \cdot e^{-j150°}$$
$$\underline{I}_R = \underline{I}_{UV} \cdot \sqrt{3} \cdot e^{-j30°}$$
$$\underline{I}_T = j \cdot \underline{I}_{UV} \cdot \sqrt{3}$$

Bei der Dreieckschaltung sind die Zeiger der Leiterstromstärken auch die Zeiger der verketteten Stromstärken. Sie sind um je 120° in der Phase verschoben und haben $\sqrt{3}$-fache Betrag der Spannungsstromstärken. Für die Beträge gilt:

$$I_R = I_{UV} \cdot \sqrt{3} = I_{VW} \cdot \sqrt{3} = I_{WU} \cdot \sqrt{3}$$

$$I_S = I_{UV} \cdot \sqrt{3} = I_{VW} \cdot \sqrt{3} = I_{WU} \cdot \sqrt{3}$$

$$I_T = I_{UV} \cdot \sqrt{3} = I_{VW} \cdot \sqrt{3} = I_{WU} \cdot \sqrt{3}$$

5.1.3   Die Beziehungen zwischen Spannungen und Strömen

Bei Sternschaltung (Y-Schaltung) des Generators ist die verkettete Spannung U_{UV}, also die Spannung zwischen den Klemmen U und V des Generators, gleich der Leiterspannung zwischen R und S. U_{VW} ist gleich der Leiterspannung S und T, sowie U_{WU} gleich der Leiterspannung zwischen T und R. Diese drei Spannungen sind um je 120° in der Phase gegeneinander verschoben.

Bei der Dreieckschaltung (Δ-Schaltung) ist die Strangspannung U_{UV}, also die Spannung zwischen den Klemmen U und V des Generators gleich der Leiterspannung zwischen R und S. U_{VW} ist gleich der Leiterspannung zwischen S und T, und U_{WU} ist gleich der Leiterspannung zwischen T und R. Auch diese drei Spannungen sind um je 120° in der Phase verschoben. Unabhängig davon also, ob der Generator in Stern- oder in Dreieckschaltung geschaltet ist, sind die Leiterspannungen um je 120° in der Phase gegeneinander verschoben. Die Beträge der drei Leiterspannungen sind gleich, weshalb man für jeden das Formelzeichen „U" setzt. „U" ist bei Y-Schaltung gleich dem $\sqrt{3}$-fachen des Betrages der Strangspannung. Für diesen Betrag wird das Formelzeichen „Uph" gesetzt. Bei Δ-Schaltung ist die Strangspannung Uph gleich der Leiterspannung U.

Bei Y-Schaltung des Generators ist die Leiterstromstärke $\underline{I}_R$ gleich der Strangstromstärke. Das Gleiche gilt für $\underline{I}_S$ und $\underline{I}_T$. Diese drei Stromstärken sind um je 120° phasenverschoben. Bei Δ-Schaltung des Generators sind die Leiterstromstärken $\underline{I}_R, \underline{I}_S$ und $\underline{I}_T$ um je 120° phasenverschoben. Unabhängig also davon, ob der Generator in Stern oder Dreieck geschaltet ist, sind die Leiterstromstärken um je 120° in der Phase verschoben. Die Beträge der drei Leiterstromstärken sind gleich, weshalb man für jeden die Stromstärke „I" setzt. „I" in der Y-Schaltung ist gleich dem $\sqrt{3}$-fachen des Betrages der Strangstromstärke. Für die Strangstromstärke setzt man das Formelzeichen „Iph" ein. Bei Y-Schaltung ist Iph = I.

Von der Belastung aus betrachtet ist es demnach gleichgültig, ob der Generator in Y oder Δ geschaltet ist. Die Schaltart der Belastung braucht also nicht die Gleiche zu sein wie die des Generators.

Zwischen Strangspannungen und Leiterspannungen sowie zwischen Strang- und Leiterstromstärken gelten bei der Belastung die gleichen Überlegungen wie zuvor ausgeführt.

Die Abb. 5.13 und 5.14 zeigen den Zusammenhang zwischen den Beträgen der verschiedenen Größen.

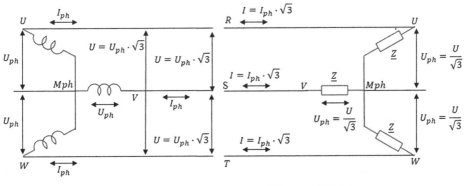

Abb. 5.13 Größen zwischen Strang- und Leiterspannungen

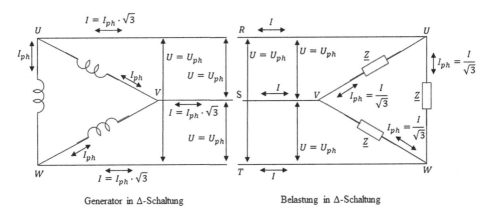

Abb. 5.14 Alternative Darstellung zur Abb. 5.13

5.1.4 Leistungsaufnahme einer Dreiphasen-Schaltung

a) Sternschaltung

Hat ein Strang einen bestimmten $cos\varphi$, so gilt für die Leistungsaufnahme eines Stranges

$$P_{ph} = U_{ph} \cdot I \cdot \cos \varphi.$$

Für die Leistungsaufnahme der gesamten Belastung gilt:

$$P = 3 \cdot P_{ph} = 3 \cdot U_{ph} \cdot I \cdot \cos\varphi = 3 \cdot \frac{U}{\sqrt{3}} \cdot I \cdot \cos\varphi = \sqrt{3} \cdot U \cdot I \cdot \cos\varphi$$

b) Sternschaltung

Hat ein Strang einen bestimmten $cos\varphi$, so gilt für die Leistungsaufnahme dieses Stranges

$$P_{ph} = I_{ph} \cdot U \cdot \cos\varphi$$

$$P = 3 \cdot P_{ph} = 3 \cdot U \cdot I_{ph} \cdot \cos\varphi = 3 \cdot U \cdot \frac{I}{\sqrt{3}} \cdot \cos\varphi = \sqrt{3} \cdot U \cdot I \cdot \cos\varphi$$

Sowohl bei Stern- als auch bei Dreieckschaltung ist also die Leistungsaufnahme gleich $\sqrt{3}$ mal Leiterspannung mal Leiterstromstärke mal Leistungsfaktor eines Stranges. Hierbei ist es gleichgültig, ob R, S und T an einem in Stern oder Dreieck geschalteten Generator (Transformator) angeschlossen sind.

5.1.5   Verwandlung einer Δ-Schaltung in eine äquivalente Y-Schaltung

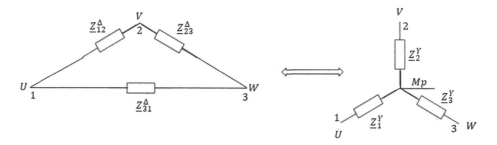

Abb. 5.15 Umwandlung einer Dreieckschaltung in Sternschaltung

Damit die beiden Schaltungen in Abb. 5.15 sich klemmenäquivalent verhalten, müssen die resultierenden komplexen Scheinwiderstände zwischen je zwei gleichen Klemmen die gleichen sein. Daraus folgt:

a) Zwischen 1 und 2:

Sternschaltung:	Dreieckschaltung:
$\underline{Z}_1^Y + \underline{Z}_2^Y$	$\underline{Z}_{12}^\Delta // \left(\underline{Z}_{23}^\Delta + \underline{Z}_{31}^\Delta\right) = \frac{\underline{Z}_{12}^\Delta \cdot \left(\underline{Z}_{23}^\Delta + \underline{Z}_{31}^\Delta\right)}{\underline{Z}_{12}^\Delta + \underline{Z}_{23}^\Delta + \underline{Z}_{31}^\Delta}$

b) Zwischen 2 und 3:

Sternschaltung:	Dreieckschaltung:
$\underline{Z}_2^Y + \underline{Z}_3^Y$	$\underline{Z}_{23}^\Delta // \left(\underline{Z}_{31}^\Delta + \underline{Z}_{12}^\Delta\right) = \frac{\underline{Z}_{23}^\Delta \cdot \left(\underline{Z}_{31}^\Delta + \underline{Z}_{12}^\Delta\right)}{\underline{Z}_{23}^\Delta + \underline{Z}_{31}^\Delta + \underline{Z}_{12}^\Delta}$

c) Zwischen 3 und 1:

Sternschaltung:	Dreieckschaltung:
$\underline{Z}_3^Y + \underline{Z}_1^Y$	$\underline{Z}_{31}^\Delta // \left(\underline{Z}_{12}^\Delta + \underline{Z}_{23}^\Delta\right) = \frac{\underline{Z}_{31}^\Delta \cdot \left(\underline{Z}_{12}^\Delta + \underline{Z}_{23}^\Delta\right)}{\underline{Z}_{31}^\Delta + \underline{Z}_{12}^\Delta + \underline{Z}_{23}^\Delta}$

Nun werden die Fälle a), b) und c) so geschickt miteinander verknüpft, dass sich daraus die äquivalenten Beziehungen für die Umwandlung und folgerichtig die äquivalenten Umwandlungswiderstände ergeben. Es gelten folgende Beziehungen:

$$a^Y + c^Y - b^Y = a^\Delta + b^\Delta - c^\Delta$$

$$\underline{Z}_1^Y + \underline{Z}_2^Y + \underline{Z}_3^Y + \underline{Z}_1^Y - \underline{Z}_2^Y - \underline{Z}_3^Y = \frac{\underline{Z}_{12}^\Delta \cdot \left(\underline{Z}_{23}^\Delta + \underline{Z}_{31}^\Delta\right)}{\underline{Z}_{12}^\Delta + \underline{Z}_{23}^\Delta + \underline{Z}_{31}^\Delta} + \frac{\underline{Z}_{23}^\Delta \cdot \left(\underline{Z}_{31}^\Delta + \underline{Z}_{12}^\Delta\right)}{\underline{Z}_{23}^\Delta + \underline{Z}_{31}^\Delta + \underline{Z}_{12}^\Delta} - \frac{\underline{Z}_{31}^\Delta \cdot \left(\underline{Z}_{12}^\Delta + \underline{Z}_{23}^\Delta\right)}{\underline{Z}_{31}^\Delta + \underline{Z}_{12}^\Delta + \underline{Z}_{23}^\Delta}$$

$$\underline{Z}_1^Y = \frac{\underline{Z}_{12}^\Delta \cdot \underline{Z}_{31}^\Delta}{\underline{Z}_{12}^\Delta + \underline{Z}_{23}^\Delta + \underline{Z}_{31}^\Delta}$$

$$a^Y + b^Y - c^Y = a^\Delta + b^\Delta - c^\Delta$$

$$\underline{Z}_1^Y + \underline{Z}_2^Y + \underline{Z}_2^Y + \underline{Z}_3^Y - \underline{Z}_3^Y - \underline{Z}_1^Y = \frac{\underline{Z}_{12}^\Delta \cdot \left(\underline{Z}_{23}^\Delta + \underline{Z}_{31}^\Delta\right)}{\underline{Z}_{12}^\Delta + \underline{Z}_{23}^\Delta + \underline{Z}_{31}^\Delta} + \frac{\underline{Z}_{23}^\Delta \cdot \left(\underline{Z}_{31}^\Delta + \underline{Z}_{12}^\Delta\right)}{\underline{Z}_{23}^\Delta + \underline{Z}_{31}^\Delta + \underline{Z}_{12}^\Delta} - \frac{\underline{Z}_{31}^\Delta \cdot \left(\underline{Z}_{12}^\Delta + \underline{Z}_{23}^\Delta\right)}{\underline{Z}_{31}^\Delta + \underline{Z}_{12}^\Delta + \underline{Z}_{23}^\Delta}$$

$$\underline{Z}_2^Y = \frac{\underline{Z}_{12}^\Delta \cdot \underline{Z}_{23}^\Delta}{\underline{Z}_{12}^\Delta + \underline{Z}_{23}^\Delta + \underline{Z}_{31}^\Delta}$$

$$b^Y + c^Y - a^Y = b^\Delta + c^\Delta - a^\Delta$$

$$\underline{Z}_2^Y + \underline{Z}_3^Y + \underline{Z}_3^Y + \underline{Z}_1^Y - \underline{Z}_1^Y - \underline{Z}_2^Y = \frac{\underline{Z}_{23}^\Delta \cdot \left(\underline{Z}_{31}^\Delta + \underline{Z}_{12}^\Delta\right)}{\underline{Z}_{23}^\Delta + \underline{Z}_{31}^\Delta + \underline{Z}_{12}^\Delta} + \frac{\underline{Z}_{31}^\Delta \cdot \left(\underline{Z}_{12}^\Delta + \underline{Z}_{23}^\Delta\right)}{\underline{Z}_{31}^\Delta + \underline{Z}_{12}^\Delta + \underline{Z}_{23}^\Delta} - \frac{\underline{Z}_{12}^\Delta \cdot \left(\underline{Z}_{23}^\Delta + \underline{Z}_{31}^\Delta\right)}{\underline{Z}_{12}^\Delta + \underline{Z}_{23}^\Delta + \underline{Z}_{31}^\Delta}$$

$$\underline{Z}_3^Y = \frac{\underline{Z}_{31}^\Delta \cdot \underline{Z}_{23}^\Delta}{\underline{Z}_{12}^\Delta + \underline{Z}_{23}^\Delta + \underline{Z}_{31}^\Delta}$$

Sonderfall:

Ist $\underline{Z}_{12}^\Delta = \underline{Z}_{23}^\Delta = \underline{Z}_{31}^\Delta = \underline{Z}^\Delta$, stimmen also die drei Stränge nach Betrag und Phase überein, so folgt aus den letzten Gleichungen

$$\underline{Z}_1^Y = \frac{\underline{Z}_{12}^\Delta \cdot \underline{Z}_{31}^\Delta}{\underline{Z}_{12}^\Delta + \underline{Z}_{23}^\Delta + \underline{Z}_{31}^\Delta} = \frac{\underline{Z}^\Delta}{3}$$

$$\underline{Z}_2^Y = \frac{\underline{Z}_{12}^\Delta \cdot \underline{Z}_{23}^\Delta}{\underline{Z}_{12}^\Delta + \underline{Z}_{23}^\Delta + \underline{Z}_{31}^\Delta} = \frac{\underline{Z}^\Delta}{3}$$

$$\underline{Z}_3^Y = \frac{\underline{Z}_{31}^\Delta \cdot \underline{Z}_{23}^\Delta}{\underline{Z}_{12}^\Delta + \underline{Z}_{23}^\Delta + \underline{Z}_{31}^\Delta} = \frac{\underline{Z}^\Delta}{3}$$

$$\underline{Z}_1^Y = \underline{Z}_2^Y = \underline{Z}_3^Y = \underline{Z}^Y = \frac{\underline{Z}^\Delta}{3}$$

Ist die Dreieckschaltung symmetrisch, so ist es auch die äquivalente Sternschaltung. Hat $\underline{Z}^\Delta$ den Betrag Z^Δ und das Argument α sowie $\underline{Z}^Y$ den Betrag Z^Y und das Argument β, so folgt aus der letzten Beziehung

$$Z^Y \cdot e^{j\beta} = \frac{Z^\Delta \cdot e^{j\alpha}}{3}$$

Da die e-Funktionen nur die Drehung angeben, so folgt aus der letzten Gleichung

$$Z^Y = \frac{Z^\Delta}{3} f\ddot{u}r \, \alpha = \beta.$$

Die Argumente der Stränge äquivalenter Schaltungen stimmen überein, d. h., die Leistungsfaktoren sind hier die gleichen.

5.1.6 Verwandlung einer Y-Schaltung in eine äquivalente Δ-Schaltung

In diesem Falle sind $\underline{Z}_1^Y, \underline{Z}_2^Y$ und $\underline{Z}_3^Y$ bekannt und $\underline{Z}_{12}^\Delta, \underline{Z}_{23}^\Delta$ und $\underline{Z}_{31}^\Delta$ gesucht. Es folgt aus den vorherigen Gleichungen

$$\frac{\underline{Z}_2^Y}{\underline{Z}_1^Y} = \frac{\frac{\underline{Z}_{12}^\Delta \cdot \underline{Z}_{23}^\Delta}{\underline{Z}_{12}^\Delta + \underline{Z}_{23}^\Delta + \underline{Z}_{31}^\Delta}}{\frac{\underline{Z}_{12}^\Delta \cdot \underline{Z}_{31}^\Delta}{\underline{Z}_{12}^\Delta + \underline{Z}_{23}^\Delta + \underline{Z}_{31}^\Delta}} = \frac{\underline{Z}_{23}^\Delta}{\underline{Z}_{31}^\Delta}$$

$$\frac{\underline{Z}_3^Y}{\underline{Z}_2^Y} = \frac{\frac{\underline{Z}_{31}^\Delta \cdot \underline{Z}_{23}^\Delta}{\underline{Z}_{12}^\Delta + \underline{Z}_{23}^\Delta + \underline{Z}_{31}^\Delta}}{\frac{\underline{Z}_{12}^\Delta \cdot \underline{Z}_{23}^\Delta}{\underline{Z}_{12}^\Delta + \underline{Z}_{23}^\Delta + \underline{Z}_{31}^\Delta}} = \frac{\underline{Z}_{31}^\Delta}{\underline{Z}_{12}^\Delta}$$

$$\frac{\underline{Z}_1^Y}{\underline{Z}_3^Y} = \frac{\frac{\underline{Z}_{12}^\Delta \cdot \underline{Z}_{31}^\Delta}{\underline{Z}_{12}^\Delta + \underline{Z}_{23}^\Delta + \underline{Z}_{31}^\Delta}}{\frac{\underline{Z}_{31}^\Delta \cdot \underline{Z}_{23}^\Delta}{\underline{Z}_{12}^\Delta + \underline{Z}_{23}^\Delta + \underline{Z}_{31}^\Delta}} = \frac{\underline{Z}_{12}^\Delta}{\underline{Z}_{23}^\Delta}$$

Aus der schon abgeleiteten Gleichung

$$\underline{Z}_2^Y = \frac{\underline{Z}_{12}^\Delta \cdot \underline{Z}_{23}^\Delta}{\underline{Z}_{12}^\Delta + \underline{Z}_{23}^\Delta + \underline{Z}_{31}^\Delta}$$

folgt durch Umformung

$$\underline{Z}_{12}^\Delta \cdot \underline{Z}_{23}^\Delta = \underline{Z}_2^Y \cdot \left(\underline{Z}_{12}^\Delta + \underline{Z}_{23}^\Delta + \underline{Z}_{31}^\Delta \right)$$

$$\underline{Z}_{12}^\Delta = \underline{Z}_2^Y \cdot \left(1 + \frac{\underline{Z}_{12}^\Delta}{\underline{Z}_{23}^\Delta} + \frac{\underline{Z}_{31}^\Delta}{\underline{Z}_{23}^\Delta} \right)$$

$$\underline{Z}_{12}^\Delta = \underline{Z}_2^Y \cdot \left(1 + \frac{\underline{Z}_1^Y}{\underline{Z}_3^Y} + \frac{\underline{Z}_1^Y}{\underline{Z}_2^Y} \right)$$

$$\underline{Z}_{12}^\Delta = \underline{Z}_2^Y + \underline{Z}_1^Y + \frac{\underline{Z}_1^Y \cdot \underline{Z}_2^Y}{\underline{Z}_3^Y}.$$

Analog lassen sich die restlichen Beziehungen wie folgt ableiten:

$$\underline{Z}_{23}^\Delta = \underline{Z}_2^Y + \underline{Z}_3^Y + \frac{\underline{Z}_2^Y \cdot \underline{Z}_3^Y}{\underline{Z}_1^Y}$$

$$\underline{Z}_{31}^\Delta = \underline{Z}_1^Y + \underline{Z}_3^Y + \frac{\underline{Z}_1^Y \cdot \underline{Z}_3^Y}{\underline{Z}_2^Y}$$

Sonderfall:
Ist $\underline{Z}_1^Y = \underline{Z}_2^Y = \underline{Z}_3^Y = \underline{Z}^Y$, so ist $\underline{Z}_{12}^\Delta = \underline{Z}_{23}^\Delta = \underline{Z}_{31}^\Delta = \underline{Z}^\Delta = 3 \cdot \underline{Z}^Y$.

Für die Scheinleitwerte gilt:

$$\underline{Y}_{12}^\Delta = \frac{\underline{Y}_1^Y \cdot \underline{Y}_2^Y}{\underline{Y}_1^Y + \underline{Y}_2^Y + \underline{Y}_3^Y}$$

$$\underline{Y}_{23}^\Delta = \frac{\underline{Y}_2^Y \cdot \underline{Y}_3^Y}{\underline{Y}_1^Y + \underline{Y}_2^Y + \underline{Y}_1^Y}$$

$$\underline{Y}^{\Delta}_{31} = \frac{\underline{Y}^{Y}_3 \cdot \underline{Y}^{Y}_1}{\underline{Y}^{Y}_1 + \underline{Y}^{Y}_2 + \underline{Y}^{Y}_1}$$

5.1.7   Unsymmetrische Belastung

a) Dreieckschaltung

Abb. 5.16 Berechnung der Leiterspannungen

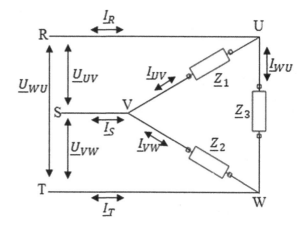

Man kann davon ausgehen, dass die Leiterspannungen den gleichen Betrag haben und in der Phase um je 120° gegeneinander verschoben sind. Man denkt sich $\underline{U}_{UV}$ in die reelle Achse gelegt, sodass $\underline{U}_{UV} = U_{UV}$ ist. Man berechnet (Abb. 5.16):

$$\underline{I}_{UV} = \frac{U_{UV}}{\underline{Z}_1}$$

$$\underline{I}_{VW} = \frac{U_{VW}}{\underline{Z}_2}$$

$$\underline{I}_{WU} = \frac{U_{WU}}{\underline{Z}_3}$$

Aus den letzten Gleichungen erhält man auch die Beträge der Strangstromstärken. Für die Leiterstromstärken in symbolischer Form erhält man auch die Beträge der Leiterstromstärken. Für die Leistungsaufnahme des Stranges 1 mit dem Scheinwiderstand $\underline{Z}_1$ gilt:

$$P_1 = U_{UV} \cdot I_{UV} \cdot cos\varphi_1$$

wobei φ_1 das Argument von $\underline{Z}_1$ ist. Entsprechend gilt:

$$P_2 = U_{VW} \cdot I_{VW} \cdot cos\varphi_2$$

$$P_3 = U_{WU} \cdot I_{WU} \cdot cos\varphi_3$$

Die Leistungsaufnahmen der Dreieckschaltung beträgt:

$$P = P_1 + P_2 + P_3$$

b) Sternschaltung

Abb. 5.17 Kenngrößen einer Sternschaltung

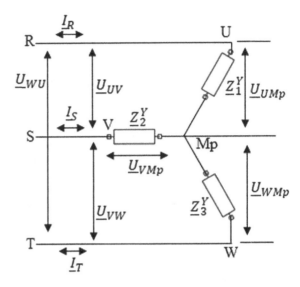

Voraussetzung soll sein, dass die Leiterspannungen den gleichen Betrag haben und um je 120° in der Phase verschoben sind. Man verwandelt zunächst die Sternschaltung in eine äquivalente Dreieckschaltung. Hierfür gilt (Abb. 5.17):

$$\underline{I}_{UV} = \frac{\underline{U}_{UV}}{\underline{Z}_1^\Delta}$$

$$\underline{I}_{VW} = \frac{\underline{U}_{VW}}{\underline{Z}_2^\Delta}$$

$$\underline{I}_{WU} = \frac{\underline{U}_{WU}}{\underline{Z}_3^\Delta}$$

Für die Spannungen $\underline{I}_{VW}$ und $\underline{I}_{WU}$ gilt:

$$\underline{I}_{VW} = \underline{U}_{UV} \cdot e^{-j120°}$$

$$\underline{I}_{WU} = \underline{U}_{UV} \cdot e^{-j240°}$$

Die Zeiger der Leiterstromstärken haben die folgenden Größen:

$$\underline{I}_R = \underline{I}_{UV} - \underline{I}_{WU}$$

$$\underline{I}_S = \underline{I}_{VW} - \underline{I}_{UV}$$

$$\underline{I}_T = \underline{I}_{WU} - \underline{I}_{VW}$$

Diese Leiterstromstärken sind die gleichen wie in der äquivalenten Schaltung oben. Für die Zeiger der Strangspannungen muss entsprechend der Schaltung daher gelten:

$$\underline{U}_{UMp} = \underline{I}_R \cdot \underline{Z}_1^Y$$

$$\underline{U}_{VMp} = \underline{I}_S \cdot \underline{Z}_2^Y$$

$$\underline{U}_{WMp} = \underline{I}_T \cdot \underline{Z}_3^Y$$

Aus den letzten Gleichungen ermittelt man die Beträge aus $\underline{Z}_1^Y, \underline{Z}_2^Y$ und $\underline{Z}_3^Y$, die Leistungsfaktoren $cos\varphi_1^Y, cos\varphi_2^Y$ und $cos\varphi_3^Y$. Die Leistungsaufnahmen der Stränge in der Schaltung sind:

$$P_1 = U_{UMp} \cdot I_R \cdot cos\varphi_1$$

$$P_2 = U_{UMp} \cdot I_S \cdot cos\varphi_2$$

$$P_3 = U_{UMp} \cdot I_T \cdot cos\varphi_3$$

Die Gesamtleistungsaufnahme beträgt:

$$P = P_1 + P_2 + P_3$$

Mit Mp-Leiter und unter der Voraussetzung, dass die Leiter R, S, T und Mp widerstandsfrei sind, gilt für die Strangströme:

$$\underline{I}_R = \frac{\underline{U}_{UX}}{\underline{Z}_1^Y}$$

$$\underline{I}_S = \frac{\underline{U}_{VY}}{\underline{Z}_2^Y}$$

$$\underline{I}_T = \frac{\underline{U}_{WZ}}{\underline{Z}_3^Y}$$

Übung:

Gegeben: Drehstrommotor mit Nennleistung 6 kW, Netzspannung 380 V, Schaltart der Ständerwicklung Dreieck, Wirkungsgrad bei Nennlast 0,85 und $cos\,\varphi = 0,8$.

Gesucht:

a) Stromstärke des Motors bei Nennverhältnissen
b) Wie groß sind die Strangstromstärken?

Lösung:

a) Nennleistung heißt die abgegebene Leistung des Motors, als $P_{ab} = 6000\,\text{W}$. Die aufgenommene Leistung:

$$P_{auf} = \frac{P_{ab}}{\eta} = \frac{6000\,\text{W}}{0,85} = 7,06\,\text{kW}$$

$$I = \frac{P_{auf}}{\sqrt{3} \cdot U \cdot \cos\varphi} = \frac{7060\,\text{W}}{\sqrt{3} \cdot 380\,\text{V} \cdot 0,8} = 13,4\,\text{A}$$

$$I_{ph} = \frac{I}{\sqrt{3}} = 7,76\,\text{A}$$

Übung:

Gegeben: Eine Sternschaltung als Last (Abb. 5.18)

Abb. 5.18 Beispielschaltung

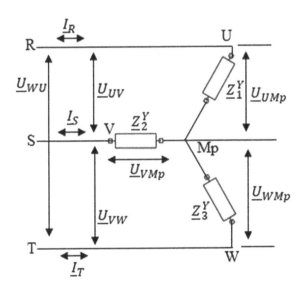

mit

$$\underline{Z}_1^Y = (4 + j8)\,\Omega$$

$$\underline{Z}_2^Y = (2 + j2)\,\Omega$$

$$\underline{Z}_3^Y = (10 + j5)\,\Omega$$

Leiterspannung: 380 V

 Gesucht:

a) Strangstromstärken mit Mp-Leiter?
b) Strangstromstärken ohne Mp-Leiter?
c) Leistungsaufnahme der Schaltung mit und ohne Mp-Leiter?
d) Stromstärke in Mp-Leiter?

Lösung:

a) Es darf gesetzt werden:

$$\underline{U}_{UMp} = \underline{U}_{UX}$$

$$\underline{U}_{VMp} = \underline{U}_{VY}$$

$$\underline{U}_{WMp} = \underline{U}_{WZ}$$

Die Strangstromstärken lassen sich entweder durch die folgende Vorgehensweise bestimmt:

$\underline{U}_{UX}$ wird in die reelle Achse gelegt.

$$\underline{U}_{UX} = U_{UX} = U_{ph} = \frac{U}{\sqrt{3}} = \frac{380\,\text{V}}{\sqrt{3}} = 220\,\text{V}$$

$$\underline{I}_R = \frac{\underline{U}_{UX}}{\underline{Z}_1} = \frac{220\,\text{V}}{(4+j8)\Omega} = (11 - j22)\Omega$$

$$I_R = \sqrt{11^2 + 22^2} = 24,6A$$

$$\underline{I}_S = \frac{\underline{U}_{VY}}{\underline{Z}_2} = \frac{\underline{U}_{UX} \cdot e^{-j120°}}{\underline{Z}_2} = \frac{220\,\text{V} \cdot (-0,5 - j0{,}866)}{(2+j2)\Omega} = (-75 - j20)\Omega$$

$$I_S = \sqrt{75^2 + 20^2} = 77,7\,\text{A}$$

$$\underline{I}_T = \frac{\underline{U}_{WZ}}{\underline{Z}_3} = \frac{\underline{U}_{UX} \cdot e^{-j240°}}{\underline{Z}_3} = \frac{220\,\text{V} \cdot (-0,5 + j0{,}866)}{(10+j5)\Omega} = (-1{,}18 + j19{,}64)\Omega$$

$$I_T = \sqrt{16{,}4^2 + 10{,}84^2} = 19{,}65\,\text{A}$$

Oder aber durch die Strangwiderstände lassen sich die Strangstromstärken ermitteln:

$$\underline{Z}_1 = (4+j8)\Omega \rightarrow Z_1 = 8{,}94\,\Omega$$

$$\underline{Z}_2 = (2+j2)\Omega \rightarrow Z_2 = 2{,}83\,\Omega$$

$$\underline{Z}_3 = (10+j5)\Omega \rightarrow Z_1 = 11{,}18\,\Omega$$

$$I_R = \frac{220\,\text{V}}{8,94\,\Omega} = 24,6\,\text{A}$$

$$I_S = \frac{220\,\text{V}}{2,83\,\Omega} = 77,8\,\text{A}$$

$$I_T = \frac{220\,\text{V}}{11,18\,\Omega} = 19,67\,\text{A}$$

b) Zunächst ist die äquivalente Dreieckschaltung zu berechnen (Abb. 5.19).

Abb. 5.19 Zur Berechnung der äquivalenten Schaltung in Dreieck

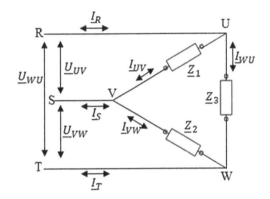

Mit den folgenden Widerstandsgrößen

$$\underline{Z}_1^Y = (4 + j8)\Omega$$
$$\underline{Z}_2^Y = (2 + j2)\Omega$$
$$\underline{Z}_3^Y = (10 + j5)\Omega$$

Lassen sich die nachstehenden klemmenäquivalenten umgewandelten Werte ermitteln:

$$\underline{Z}_1^\Delta = (4 + j8)\Omega + (2 + j2)\Omega + \frac{(4 + j8)\Omega \cdot (2 + j2)\Omega}{(10 + j5)\Omega} = (6,32 + j12,24)\Omega$$

$$\underline{Z}_2^\Delta = (2 + j2)\Omega + (10 + j5)\Omega + \frac{(2 + j2)\Omega \cdot (10 + j5)\Omega}{(4 + j8)\Omega} = (15,5 + j7,5)\Omega$$

$$\underline{Z}_3^\Delta = (10 + j5)\Omega + (4 + j8)\Omega + \frac{(10 + j5)\Omega \cdot (4 + j8)\Omega}{(2 + j2)\Omega} = (39 + j38)\Omega$$

Man legt die $\underline{U}_{UV}$ in die reelle Achse, sodass $\underline{U}_{UV} = U_{UV}$ wird.

$$\underline{U}_{UV} = U_{UV} = 380\,\text{V}$$

$$\underline{I}_{UV} = \frac{U_{UV}}{\underline{Z}_1^\Delta} = \frac{380\,\text{V}}{(6,32 + j12,24)\Omega} = (12,65 - j24,51)\,\text{A}$$

$$\underline{I}_{VW} = \frac{U_{UV} \cdot e^{-j120°}}{\underline{Z}_2^\Delta} = \frac{380\,\text{V} \cdot (\cos 120° - j\sin 120°)}{(15,5 + j7,5)\Omega} = (-18,25 - j12,39)\,\text{A}$$

$$\underline{I}_{WU} = \frac{U_{UV} \cdot e^{-j240°}}{\underline{Z}_3^\Delta} = \frac{380\text{V} \cdot (\cos 240° - j\sin 240°)}{(39 + j38)\Omega} = (1,71 + j6,76)\,\text{A}$$

Danach gilt wie vorher abgeleitet:

$$\underline{I}_R = \underline{I}_{UV} - \underline{I}_{WU} = (12,65 - j24,51)\,\text{A} - (1,71 + j6,76)\text{A} \rightarrow I_R = 33,12\,\text{A}$$

$$\underline{I}_S = \underline{I}_{VW} - \underline{I}_{UV} = (-18,25 - j12,39)\,\text{A} - (12,65 - j24,51)\,\text{A} \rightarrow I_S = 33,19\,\text{A}$$

$$\underline{I}_T = \underline{I}_{WU} - \underline{I}_{VW} = (1,71 + j6,76)\,\text{A} - (-18,25 - j12,39)\,\text{A} \rightarrow I_T = 27,66\,\text{A}$$

Diese Stromwerte und die zugehörigen komplexen Werte müssen bei der äquivalenten Sternschaltung die Strangstromstärken sein. Zu beachten sind die beträchtlichen Abweichungen von den Stromstärken für den Fall, dass der Mp-Leiter vorhanden ist.

c) Die Strangspannungen ohne MP-Leiter:

$$\underline{U}_{UMp} = \underline{I}_R \cdot \underline{Z}_1 = (11 - j22)\Omega \cdot (4 + j8)\Omega = (220 + j0)\,\text{V} \rightarrow U_{UMp} = 220\,\text{V}$$

$$\underline{U}_{VMp} = \underline{I}_S \cdot \underline{Z}_2 = (-75 - j20)\Omega \cdot (2 + j2)\Omega = (-110 - j190)\,\text{V} \rightarrow U_{VMp} = 219,54\,\text{V}$$

$$\underline{U}_{WMp} = \underline{I}_T \cdot \underline{Z}_3 = (-1,18 + j19,64)\Omega \cdot (10 + j5)\Omega = (-110 + j190,5)\,\text{V} \rightarrow U_{WMp} = 220\,\text{V}$$

Ohne MP-Leiter:

Aus den $\underline{Z}$-Werten ermittelt:

$$P_1 = U_{UMp} \cdot I_R \cdot cos\varphi_1 = 220\,\text{V} \cdot 33,12\,\text{A} \cdot 0,447 = 3257\,\text{W}$$

$$P_2 = U_{VMp} \cdot I_S \cdot cos\varphi_2 = 219.54\,\text{V} \cdot 33,19\,\text{A} \cdot 0,707 = 5162\,\text{W}$$

$$P_3 = U_{WMp} \cdot I_T \cdot cos\varphi_3 = 220\,\text{V} \cdot 27,66\,\text{A} \cdot 0,894 = 5440\,\text{W}$$

$$P_{ges} = P_1 + P_2 + P_3 = 13859\,\text{W}$$

Mit MP-Leiter:

Aus den $\underline{Z}$-Werten ermittelt:

$$P_1 = U_{UX} \cdot I_R \cdot cos\varphi_1 = 220\,\text{V} \cdot 24,6\,\text{A} \cdot 0,447 = 2419\,\text{W}$$

$$P_2 = U_{VY} \cdot I_S \cdot cos\varphi_2 = 220\,\text{V} \cdot 77,7\,\text{A} \cdot 0,707 = 12085\,\text{W}$$

$$P_3 = U_{WZ} \cdot I_T \cdot cos\varphi_3 = 220\,\text{V} \cdot 19,65A \cdot 0,894 = 3864\,\text{W}$$

d) $\underline{I}_{Mp} = \underline{I}_R + \underline{I}_S + \underline{I}_T = (11 - j22)\Omega + (-75 - j20)\Omega + (-1,18 + j19,64)\Omega = (-65,18 - j22,36)$

$$I_{Mp} = 68,9\,\text{A}$$

5.2 Anwendung in der Antriebstechnik

5.2.1 Dynamisches Verhalten von Drehstromantrieben

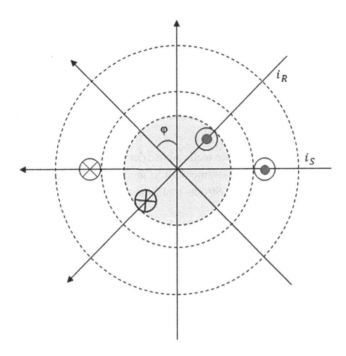

Abb. 5.20 Querschnitteben einer rotationssymmetrische Maschine

Das schematisch skizzierte Abb. 5.20 zeigt eine Querschnittebene einer rotationssymmetrischen Maschine, in der φ den Winkel zwischen den Spulenachsen der Stator- und Rotorwicklung bildet. Durch diese Anordnung wird dem Stator- und Rotorstrom i_S *und* i_R eine räumliche Richtung längs der Spulenachse zugeordnet. Wird die in Abb. 5.20 abgebildete Querschnittebene der Maschine als komplexe Ebene aufgefasst (d. h. in der Querschnittsebene wird ein Koordinatensystem aufgelegt), so können dann der „gerichtete" Strom sowie der magnetische Fluss als komplexe Größen in dieser Ebene dargestellt werden. Für diese Darstellungsart ist der Begriff „Strom- bzw. Flussraumzeiger" geprägt. Unter Betrachtung der Definitionen dieser Begriffe haben beide Raumzeiger die Richtung ihrer Spulenachse und einen Betrag entsprechend ihren Momentanwerten. Die Überlagerung zweier Ströme oder Flüsse entspricht der geometrischen Summe zweier Stromraum-/Flussraumzeiger.

Betrachtet man eine dreiphasige Drehfeldmaschine, so findet hier eine Überlagerung der Flüsse und der Ströme statt, die jeweils von den drei Strangströmen in den Strängen a, b und c einer Spule erzeugt werden. Da die Spulen jeweils um 120° räumlich versetzt sind, bildet sich der Raumzeiger additiv aus drei Fluss- bzw. Stromteilen wie folgt:

$$\Psi = \Psi_\alpha + j\Psi_\beta = \frac{2}{3}\left(\Psi_a + \alpha \cdot \Psi_b + \alpha^2 \cdot \Psi_c\right) = \frac{2}{3}\left[1 \;\; \alpha \;\; \alpha^2\right] \cdot \begin{bmatrix} \Psi_a \\ \Psi_b \\ \Psi_c \end{bmatrix} \; mit \; \alpha = e^{j120°}$$

$$i = i_\alpha + ji_\beta = \frac{2}{3}\left(i_a + \alpha \cdot i_b + \alpha^2 \cdot i_c\right) = \frac{2}{3}\left[1 \;\; \alpha \;\; \alpha^2\right] \cdot \begin{bmatrix} i_a \\ i_b \\ i_c \end{bmatrix} \; mit \; \alpha = e^{j120°}$$

$$u = u_\alpha + ju_\beta = \frac{2}{3}\left(u_a + \alpha \cdot u_b + \alpha^2 \cdot u_c\right) = \frac{2}{3}\left[1 \;\; \alpha \;\; \alpha^2\right] \cdot \begin{bmatrix} u_a \\ u_b \\ u_c \end{bmatrix} \; mit \; \alpha = e^{j120°}$$

Der Zeilenvektor beschreibt, dass die reelle Achse der betrachteten komplexen Ebene mit der Spulenachse des Stranges a zusammenfällt. α *und* α^2 bestimmen die Richtungen der Spulenachsen b und c. Die Fluss-, Strom- und Spannungsgrößen im Spaltenvektor sind die Momentanwerte.

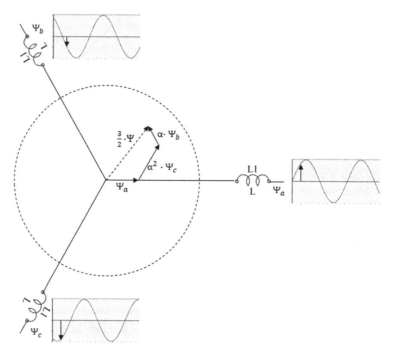

Abb. 5.21 Momentanwerte der Flussraumzeiger

Abb. 5.21 zeigt die Zusammensetzung des Flussraumzeigers aus den Momentan-werten der Teilflüsse. Die Flüsse werden durch sinusförmige und jeweils um 120° phasen-verschobenen Strömen mit gleichgroßer Amplitude generiert. Der Faktor 2/3 in der

Gleichung wird eingeführt, damit die umgerechneten Größen im orthogonalen System die gleiche Amplitude haben wie die Größen im Dreiphasensystem.

Betrachtet man den Verlauf des Raumzeigers während einer Periode der Flüsse, so erhält man

$$\Psi_a = \hat{\Psi} \cdot \cos \omega t$$

$$\Psi_b = \hat{\Psi} \cdot \cos (\omega t - 120°)$$

$$\Psi_c = \hat{\Psi} \cdot \cos (\omega t - 240°)$$

$$\Psi(\omega t) = \hat{\Psi} \cdot (\cos \omega t + j \sin \omega t) = \hat{\Psi} \cdot e^{j\omega t}$$

Ableitung:

$$\Psi(\omega t) = \frac{2}{3} \left[\hat{\Psi} \cdot \cos \omega t + \alpha \cdot \hat{\Psi} \cdot \cos (\omega t - 120°) + \alpha^2 \cdot \hat{\Psi} \cdot \cos (\omega t - 240°) \right]$$

Nach den Additionstheoremen gilt:

$$\cos (\alpha - \beta) = \cos \alpha \cdot \cos \beta + \sin \alpha \cdot \sin \beta$$

In die Gleichung eingesetzt:

$$\Psi(\omega t) = \frac{2}{3} \hat{\Psi} \left[\begin{array}{l} \cos \omega t + e^{j120°} \cdot (\cos \omega t \cdot \cos 120° + \sin \omega t \cdot \sin 120°) \\ + e^{j240°} \cdot (\cos \omega t \cdot \cos 240° + \sin \omega t \cdot \sin 240°) \end{array} \right]$$

$$\Psi(\omega t) = \frac{2}{3} \hat{\Psi} \left[\begin{array}{l} cos\omega t + (cos120° + jsin120°) \cdot (cos\omega t \cdot cos120° + sin\omega t \cdot sin120°) \\ + (cos240° + jsin240°) \cdot (cos\omega t \cdot cos240° + sin\omega t \cdot sin240°) \end{array} \right]$$

$$\Psi(\omega t) = \frac{2}{3} \hat{\Psi} \left[\begin{array}{l} cos\omega t + (-0,5 + j0,866) \cdot (cos\omega t \cdot -0,5 + sin\omega t \cdot 0,866) \\ + (-0,5 - j0,866) \cdot (cos\omega t \cdot (-0,5) - sin\omega t \cdot 0,866) \end{array} \right]$$

$$\Psi(\omega t) = \frac{2}{3} \hat{\Psi} \left[\frac{3}{2} \cos \omega t + j\frac{3}{2} \sin \omega t \right] = \hat{\Psi} \cdot e^{j\omega t}$$

Das bedeutet, dass der Flussraumzeiger mit konstanter Amplitude und der konstanten Winkelgeschwindigkeit der erregenden Ströme um den Koordinatenursprung rotiert. Strom- und Spannungsraumzeiger rotieren auch bei gleichartig sinusförmig vorgegebenen Stranggrößen mit konstantem Betrag und konstanter Winkelgeschwindigkeit um den Koordinatenursprung. Die Rückgewinnung der Stranggrößen aus den Raumzeigern lässt sich mathematisch durch die folgende Beziehung ausdrücken:

$$\Psi_a = Re\{\Psi\} = \Psi_\alpha$$
$$\Psi_b = Re\{\Psi \cdot e^{j120°}\} = -\frac{1}{2}\Psi_\alpha + \frac{\sqrt{3}}{2}\Psi_\beta$$
$$\Psi_c = Re\{\Psi \cdot e^{j240°}\} = -\frac{1}{2}\Psi_\alpha - \frac{\sqrt{3}}{2}\Psi_\beta$$

$$\begin{bmatrix} \Psi_a \\ \Psi_b \\ \Psi_c \end{bmatrix} = \begin{bmatrix} 1 & 0 \\ -\frac{1}{2} & \frac{\sqrt{3}}{2} \\ -\frac{1}{2} & -\frac{\sqrt{3}}{2} \end{bmatrix} \cdot \begin{bmatrix} \Psi_\alpha \\ \Psi_\beta \end{bmatrix}$$

Die Stranggrößen sind identisch mit der Projektion des Raumzeigers auf die entsprechende Strangachsen. Die Abb. 5.22 bis   zeigen den rotierenden Flussverlauf mit deren Komponenten und den resultierenden Vektoren als Funktion von ωt.

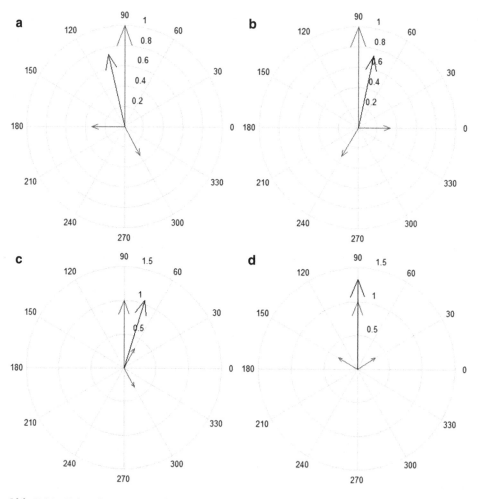

Abb. 5.22 Zeigerdiagramme der rotierenden Flussverläufe unterschiedlicher Momentanzeitpunkten

$\omega t = \frac{\pi}{3}$	$\omega t = \frac{2 \cdot \pi}{3}$
$\omega t = \pi$	$\omega t = \frac{3 \cdot \pi}{2}$

5.2.2 Frequenzumrichter

Der Frequenzumrichter verfügt über drei Einheiten, Gleichrichter, Zwischenkreis und Wechselrichter, die über eine zusätzliche elektronische Steuereinheit koordiniert wird. Abb. 5.23 zeigt die blockmäßigen Aufbauten:

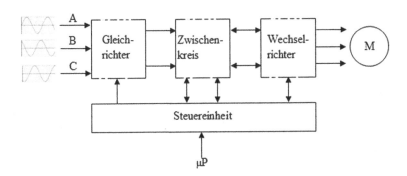

Abb. 5.23 Frequenzumrichter in Blockschaltbild

Am Eingang des Gleichrichters sind drei um jeweils 120° phasenverschobene zeitlich periodische Signale vorhanden. Der Gleichrichter besteht aus drei in jeweils zwei Dioden bestehenden Zweigen aufgebaut, wie Abb. 5.24 zeigt.

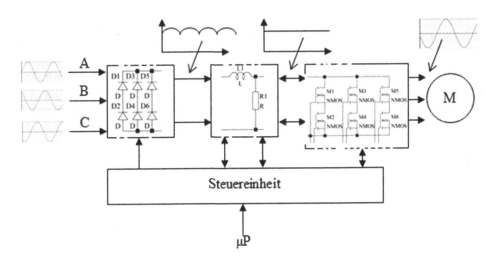

Abb. 5.24 Signalverläufe an den Ein- und Ausgängen des Frequenzumrichters

Der Gleichrichter kann aus Dioden, Thyristoren oder aus der Kombination dieser Halbleiter bestehen. Ein aus nur Dioden bestehender Gleichrichter ist ungesteuert, da die Diode den Strom nicht steuern kann. Eine Wechselspannung über eine Diode wird in eine pulsierende Gleichspannung gewandelt. Damit wird auch eine Dreiphasen-Wechselspannung auf einen ungesteuerten Dreiphasen-Gleichrichter am Ausgang eine pulsierende Spannung erzeugen.

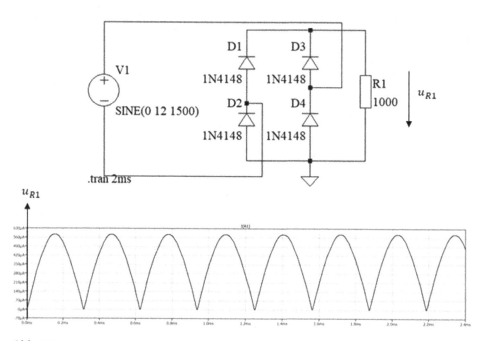

Abb. 5.25 Ausgangsspannung des Wechselrichters

Ein aus Thyristoren bestehender Gleichrichter ist gesteuert. Der Mittelwert der pulsierenden Gleichspannung beträgt 1,35-mal Netzspannung. Jede Diode leitet 1/3 der Periodenzeit.

Ein aus Thyristoren bestehender Gleichrichter ist gesteuert. Er lässt zwar auch den Strom wie eine Diode nur in eine Richtung fließen. Abweichend von der Diode hat der Thyristor den dritten „Gate"-Anschluss, der durch ein Signal angesteuert werden muss, bevor der Thyristor den Strom leitet. Man nennt dieses Signal als Steuersignal α und als Zeitverzögerung des Thyristors. Der gesteuerte Gleichrichter liefert eine Gleichspannung mit dem Mittelwert von $1,35 \cdot Netzspannung \cdot \cos\alpha$.

Also am Ausgang des Gleichrichters wird eine pulsierende Spannung erzeugt. Die nachgeschaltete Einheit ist der Zwischenkreis, der die Aufgabe hat, die pulsierende Spannung des Gleichrichters in einen Gleichstrom umzuformen. Damit wird eine gesteuerte pulsierende Spannung am Eingang des Zwischenkreises eine variable Gleichspannung am Ausgang des Wechselkreises generieren. Damit wird der Grund erläutert, warum am Eingang des Wechselrichters und auch an dessen Ausgang die gleiche Form des Signals erzeugt wird. Die beiden Signalformen unterscheiden sich in Amplitude und Frequenz. Darüber hinaus wirkt der Zwischenkreis als Filter. Der Filter glättet die pulsierende Spannung des Gleichrichters. Er kann auch als „Speicher" betrachtet werden, aus dem der Motor als Last über den Wechselrichter seine Energie holen kann.

Der Wechselrichter wird gewöhnlich aus Feldeffekt Transistoren (FET) aufgebaut. Die bipolaren Transistoren sind stromgesteuert. Die Verlustleistung ist groß. Die FET- oder Metal-Oxide-Semiconductor (MOS)-Transistoren sind spannungsgesteuert und weisen wesentlich geringere Verlustleistung auf. Die Anordnung des Wechselrichters in Abb. 5.25 erzeugt drei phasenverschobene Steuerspannungen für den Motor als Last. Es soll mit dem Wechselrichter dafür gesorgt werden, dass die Versorgung zum Motor eine variable Wechselgröße wird. Im Wechselrichter werden damit die variable Frequenz und die variable Motorspannung erzeugt. Die Motorspannung wird dadurch verstellt, dass die Zwischenkreisspannung über längere oder kürzere Zeit auf die Motorwicklung gelegt wird und die Frequenz wird verändert, indem die Spannungspulse in einer Halbperiode positiv und der anderen negativ in der Zeitachse kombiniert wird (PWM: Puls-Weiten-Modulation PWM).

Die elektronische Steuereinheit kann Signale sowohl an den Gleichrichter, Zwischenkreis als auch an den Wechselrichter übertragen und empfangen. Ein Anwenderprogramm im µP dient dazu, die Schaltzyklen der Ausgangsspannungen einzuordnen. Eine Zustandstabelle zur Erzeugung von 120° phasenverschobenen Signale am Ausgang vom Wechselrichter könnte z. B. folgende Gestalt mit dem Takt t haben:

q	M1	M3	M5	M2	M4	M6
t_1	1	1	1	0	0	0
t_2	0	0	1	1	1	0
t_3	1	0	0	0	1	1
t_4	0	0	0	1	1	1
t_5	1	1	0	0	0	1
t_6	0	1	1	1	0	0

Die Idee ist nun, die Frequenz der Speisung durch den Zwischenkreis zu variieren und damit die Drehzahl des Motors zu regeln. Der Frequenzumrichter muss neben der Frequenz auch die Höhe der Ausgangsspannung anpassen.

5.3 Zweiachsentheorie

Die Anwendung der Zweiachsentheorie in der Antriebstechnik für die Transformation der drei Phasenströme, -spannungen und -flüsse zur Steuerung/Regelung eines Drehantriebs vereinfacht die mathematische Handhabung und bildet eine bessere Anschaulichkeit des Prinzips. Die erwähnten drei Größen eines Drehantriebes lassen sich unter der Verwendung der Raumzeigerdarstellung auf eine reelle und imaginäre Achse (Längs- und Querachse) umrechnen. Die folgende mathematische Vorgehensweise beschreibt, wie die z. B. drei Momentanwerte der Statorströme i_A, i_B und i_C zu einem komplexen Raumzeiger zusammengefasst werden können.

Unter Berücksichtigung der Eulerschen Beziehung lässt sich der Summenzeiger der drei um 120° phasenverschobenen Statorströme wie folgt zu einer Größe addieren.

Eulersche Beziehung (Abb. 5.26):

$$e^{jx} = \cos x + j \sin x$$

$$i_S = \frac{2}{3}\left(i_A + \alpha \cdot i_B + \alpha^2 \cdot i_C\right) \text{ mit } \alpha = e^{j\frac{2}{3}\pi} = \cos\frac{2}{3}\pi + j \sin\frac{2}{3}\pi$$

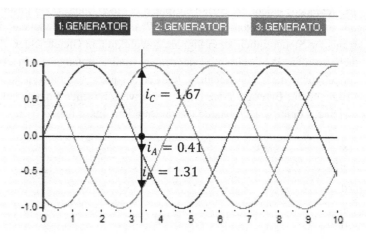

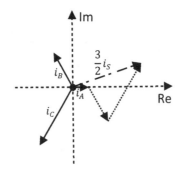

Abb. 5.26 Momentane Zeigerdarstellungen der phasenverschobenen Statorströme

Für das Zweiphasensystem gilt nach R.H. Park (Two-Reaction Theory of Synchronous Machines Generalized Method of Analysis – Part I) für den komplexen Raumzeiger auch:

$$i_S = i_\alpha + ji_\beta.$$

Werden die beiden Beziehungen gleichgesetzt und teilt sie in Real- und Imaginärteil auf, so ergeben sich für die α- und β-Komponenten des Statorstromes:

$$i_\alpha + ji_\beta = \frac{2}{3}\left(i_A + i_B \cdot \cos\frac{2}{3}\pi + ji_B \cdot \sin\frac{2}{3}\pi + i_C \cdot \cos\frac{4}{3}\pi + ji_C \cdot \sin\frac{4}{3}\pi\right)$$

$$i_\alpha = \frac{2}{3}\left(i_A + i_B \cdot \cos\frac{2}{3}\pi + i_C \cdot \cos\frac{4}{3}\pi\right) = \frac{2}{3}\left(i_A - i_B\frac{1}{2} - i_C\frac{1}{2}\right) = \frac{2}{3}\left[i_A - \frac{1}{2}(i_B + i_C)\right]$$

$$i_\beta = \frac{2}{3}\left(i_B \cdot \sin\frac{2}{3}\pi + i_C \cdot \sin\frac{4}{3}\pi\right) = \frac{2}{3}\left(i_B\frac{\sqrt{3}}{2} - i_C\frac{\sqrt{3}}{2}\right) = \frac{1}{\sqrt{3}}(i_B - i_C).$$

Es wird ein Antrieb berücksichtigt, dessen Wicklungen in Stern geschaltet sind und dessen Mittelpunkt freischwebend ist.

$$i_A + i_B + i_C = 0.$$

Zur Bestimmung von i_α und i_β reichen damit nur die Messung von zwei Phasenströme aus $(i_\alpha = i_A)$.

$$i_\alpha = \frac{2}{3}\left[i_A - \frac{1}{2}\underbrace{(i_B + i_C)}_{-i_A}\right] = i_A$$

$$i_\beta = \frac{1}{\sqrt{3}}(i_B - i_C).$$

Um die mathematische Behandlung des Gleichungssystems eines Antriebes zu vereinfachen ist es von Vorteil, eine Transformation der Maschinengrößen in ein rotorfestes Koordinatensystem einzuführen. Dazu werden in einem komplexen Koordinatensystem die zwei Ströme i_d und i_q eingeführt. Dadurch wird eine komplexe Bezugsebene entstehen, die sich synchron mit dem Rotor des Antriebes dreht.

$$i_S \cdot e^{-j\vartheta} = i_d + ji_q$$

$$\underbrace{(i_\alpha + ji_\beta)}_{i_S} \cdot \underbrace{(\cos\vartheta - j\sin\vartheta)}_{e^{-j\vartheta}} = i_d + ji_q$$

$$i_\alpha \cdot \cos\vartheta - ji_\alpha \cdot \sin\vartheta + ji_\beta \cdot \cos\vartheta + i_\beta \cdot \sin\vartheta = i_d + ji_q$$

$$i_d = i_\alpha \cdot \cos\vartheta + i_\beta \cdot \sin\vartheta$$

$$i_q = -i_\alpha \cdot \sin\vartheta + i_\beta \cdot \cos\vartheta$$

Durch Einsetzen der Größen i_α und i_β ergibt sich eine Beziehung, die den Zusammenhang zwischen den statorbezogenen Phasenströmen i_A, i_B und i_C und den Strömen i_d und i_q im rotorfesten System beschreibt.

$$i_d = \frac{2}{3}\underbrace{\left(i_A + i_B \cdot \cos\frac{2}{3}\pi + i_C \cdot \cos\frac{4}{3}\pi\right)}_{i_\alpha} \cdot \cos\vartheta + \frac{2}{3}\underbrace{\left(i_B \cdot \sin\frac{2}{3}\pi + i_C \cdot \sin\frac{4}{3}\pi\right)}_{i_\beta} \cdot \sin\vartheta$$

$$i_d = \frac{2}{3}\left(i_A \cdot \cos\vartheta + i_B \cdot \cos\frac{2}{3}\pi \cdot \cos\vartheta + i_C \cdot \cos\frac{4}{3}\pi \cdot \cos\vartheta + i_B \cdot \sin\frac{2}{3}\pi \cdot \sin\vartheta + i_C \cdot \sin\frac{4}{3}\pi \cdot \sin\vartheta\right)$$

$$i_d = \frac{2}{3}\left[i_A \cdot \cos\vartheta + i_B \cdot \left(\cos\vartheta \cdot \cos\frac{2}{3}\pi + \sin\vartheta \cdot \sin\frac{2}{3}\pi\right) + i_C \cdot \left(\cos\vartheta \cdot \cos\frac{4}{3}\pi + \sin\vartheta \cdot \sin\frac{4}{3}\pi\right)\right]$$

Additionstheorem:

$$\cos\vartheta \cdot \cos\frac{2}{3}\pi + \sin\vartheta \cdot \sin\frac{2}{3}\pi = \cos\left(\vartheta - \frac{2}{3}\pi\right)$$

$$i_d = \frac{2}{3}\left[i_A \cdot \cos\vartheta + i_B \cdot \cos\left(\vartheta - \frac{2}{3}\pi\right) + i_C \cdot \cos\left(\vartheta - \frac{4}{3}\pi\right)\right]$$

$$i_q = -i_\alpha \cdot \sin\vartheta + i_\beta \cdot \cos\vartheta$$

$$i_q = -\frac{2}{3}\underbrace{\left(i_A + i_B \cdot \cos\frac{2}{3}\pi + i_C \cdot \cos\frac{4}{3}\pi\right)}_{i_\alpha} \cdot \sin\vartheta + \frac{2}{3}\underbrace{\left(i_B \cdot \sin\frac{2}{3}\pi + i_C \cdot \sin\frac{4}{3}\pi\right)}_{i_\beta} \cdot \cos\vartheta$$

$$i_q = -\frac{2}{3}\left(i_A \cdot \sin\vartheta + i_B \cdot \cos\frac{2}{3}\pi \cdot \sin\vartheta + i_C \cdot \cos\frac{4}{3}\pi \cdot \sin\vartheta + i_B \cdot \sin\frac{2}{3}\pi \cdot \cos\vartheta + i_C \cdot \sin\frac{4}{3}\pi \cdot \cos\vartheta\right)$$

$$i_q = -\frac{2}{3}\left[i_A \cdot \sin\vartheta + i_B \cdot \left(\sin\vartheta \cdot \cos\frac{2}{3}\pi + \cos\vartheta \cdot \sin\frac{2}{3}\pi\right) + i_C \cdot \left(\sin\vartheta \cdot \cos\frac{4}{3}\pi + \cos\vartheta \cdot \sin\frac{4}{3}\pi\right)\right]$$

Additionstheorem:

$$\sin\vartheta \cdot \cos\frac{2}{3}\pi + \cos\vartheta \cdot \sin\frac{2}{3}\pi = \sin\left(\vartheta - \frac{2}{3}\pi\right)$$

$$i_q = -\frac{2}{3}\left[i_A \cdot \sin\vartheta + i_B \cdot \sin\left(\vartheta - \frac{2}{3}\pi\right) + i_C \cdot \sin\left(\vartheta - \frac{4}{3}\pi\right)\right].$$

Durch die Transformation der Statorströme auf ein mit dem Rotor umlaufendes Koordinatensystem lassen sich für die Ersatzströme i_d *und* i_q im stationären Zustand konstante Werte ergeben. Die Darstellung in Abb. 5.27 stellt als Blockschaltbild die Transformation der Phasenströme in das rotorfeste Bezugssystem dar.

Abb. 5.27 Transformation
der Statorströme

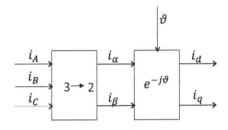

Anhang

Formelsammlung

a) Trigonometrische Funktionen

$\sin(-\varphi) = -\sin(\varphi)$
$\cos(-\varphi) = +\cos(\varphi)$
$\sin^2\varphi + \cos^2\varphi = 1$
$\tan\varphi = \frac{\sin\varphi}{\cos\varphi}$

b) Additionstheoreme

$\sin(\alpha \pm \beta) = \sin\alpha \cdot \cos\beta \pm \cos\alpha \cdot \sin\beta$
$\cos(\alpha \pm \beta) = \cos\alpha \cdot \cos\beta \mp \sin\alpha \cdot \sin\beta$
$\sin^2\varphi = \frac{1}{2}(1 - \cos 2\varphi)$
$\cos^2\varphi = \frac{1}{2}(1 + \cos 2\varphi)$
$\sin 2\varphi = 2\sin\varphi \cdot \cos\varphi$
$\cos 2\varphi = \cos^2\varphi - \sin^2\varphi = 1 - 2\sin^2\varphi = 2\cos^2\varphi$
$\sin\alpha + \sin\beta = 2\sin\frac{\alpha+\beta}{2}\cos\frac{\alpha-\beta}{2}$
$\sin\alpha - \sin\beta = 2\cos\frac{\alpha+\beta}{2}\sin\frac{\alpha-\beta}{2}$
$\cos\alpha + \cos\beta = 2\cos\frac{\alpha+\beta}{2}\cos\frac{\alpha-\beta}{2}$
$\cos\alpha - \cos\beta = -2\sin\frac{\alpha+\beta}{2}\sin\frac{\alpha-\beta}{2}$
$\sin\alpha = \cos(90° - \alpha)$
$\cos\alpha = \sin(90° - \alpha)$
$\sin(2\pi + \alpha) = \sin\alpha$
$\sin(-\alpha) = -\sin\alpha$
$\cos(2\pi + \alpha) = \cos\alpha$
$\cos(-\alpha) = -\cos\alpha = \cos\alpha$
$-\sin\alpha = \cos\left(\alpha + \frac{\pi}{2}\right)$
$\sin\alpha = \cos\left(\alpha - \frac{\pi}{2}\right)$
$-\cos\left(\alpha - \frac{\pi}{2}\right) = \cos\left(\alpha + \frac{\pi}{2}\right)$

© Springer Fachmedien Wiesbaden GmbH, ein Teil von Springer Nature 2021
C. Karaali, *Grundlagen der Elektrotechnik,* https://doi.org/10.1007/978-3-658-31829-1

c) Komplexe Funktionen

$$j = \sqrt{-1} = (-1)^{\frac{1}{2}}$$

$$j^2 = j \cdot j = (-1)^{\frac{1}{2}} \cdot (-1)^{\frac{1}{2}} = (-1)^{\frac{1}{2}+\frac{1}{2}} = (-1)^1 = -1$$

$$a + jb = r(\cos\varphi + j\sin\varphi) \text{ mit } r = \sqrt{a^2+b^2} \text{ und } \tan\varphi = \frac{a}{b}$$

$$(a + jb)^n = \left[r(\cos\varphi + j\sin\varphi)\right]^n = r^n(\cos n\varphi + j\sin n\varphi)$$

$$e^{jx} = \cos x + j\sin x$$

$$\cos x = \frac{e^{jx}+e^{-jx}}{2}$$

$$\sin x = \frac{e^{jx}-e^{-jx}}{2}$$

$$\sin^2\alpha + \cos^2\alpha$$

$$\tan\alpha = \frac{\sin\alpha}{\cos\alpha}$$

Bemerkung:

Komplexe Zahl in Polarform:

Die Winkelbestimmung erfolgt am einfachsten anhand einer Lageskizze oder nach den folgenden vom Quadrat abhängigen Formeln:

Quadrant	I	II, III	IV
Φ	$\arctan\left(\frac{y}{x}\right)$	$\arctan\left(\frac{y}{x}\right) + \pi$	$\arctan\left(\frac{y}{x}\right) + 2\pi$

Beispiel

Wir bringen die im zweiten Quadranten liegende komplexe Zahl $z = -4 + j3$ in die Polarform.

$$r = |z| = \sqrt{(-4)^2 + (3)^2} = 5$$

$$\tan\varphi = \frac{3}{-4} = -0{,}75 \rightarrow \varphi = \arctan(-0{,}75) + \pi = 143{,}12° = \underbrace{2{,}498}_{\text{Bogenmaß}}$$

$$z = -4 + j3 = 5(\cos 2{,}498 + j\sin 2{,}498) = 5e^{j2{,}498}$$

d) Korrespondenztabelle für Laplace Transformation:

Nr.	F(s)	f(t)
1	1	....
2	$\frac{1}{s}$	1
3	$\frac{1}{s^n}$	$\frac{t^{n-1}}{(n-1)!}$
4	$\frac{1}{s+a}$	e^{-at}
5	$\frac{1}{s(s+a)}$	$\frac{1}{a}\left(1 - e^{-at}\right)$
6	$\frac{s}{s^2+\omega^2}$	$\cos \omega t$
7	$\frac{\omega}{s^2+\omega^2}$	$\sin \omega t$
8	$\frac{1}{(s+a)(s+\beta)}$	$\frac{e^{-\beta t}-e^{-at}}{a-\beta}$
9	$\frac{1}{(s+a)^n}; n > 0$	$\frac{t^{n-1}}{(n-1)!} \cdot e^{-at}$
10	$\frac{1}{s(s+a)^n}$	$\frac{1}{a^n}\left[\sum_{\nu=0}^{n-1} \frac{(at)^\nu}{\nu!}\right]e^{-at}$
11	$\frac{1}{s^2+s2a+\beta^2}$	$\frac{1}{2w}\left[e^{s_1 t} - e^{s_2 t}\right]$ für $D = \frac{\alpha}{\beta} > 1$ $\frac{1}{\omega}e^{-at} \cdot \sin \omega t$ für $D < 1$
12	$\frac{s}{s^2+s2a+\beta^2}$	$\frac{1}{2w}\left[s_1 e^{s_1 t} - s_2 e^{s_2 t}\right]$ für $D = \frac{\alpha}{\beta} > 1$ $e^{-at}\left[\cos \omega t - \frac{a}{\omega}\sin \omega t\right]$ für $D < 1$
13	$\frac{1}{s(s^2+s2a+\beta^2)}$	$\frac{1}{\beta^2}\left[1 + \frac{s_2}{2w}e^{s_1 t} - \frac{s_1}{2w}e^{s_2 t}\right]$ für $D = \frac{\alpha}{\beta} > 1$ $\frac{1}{\beta^2}\left[1 - \left(\cos \omega t + \frac{a}{\omega}\sin \omega t\right)e^{-at}\right]$ für $D =< 1$

In den Beziehungen 10, 11, 12 und 13 ist:

$$w = \sqrt{a^2 - \beta^2}$$
$$\omega = \sqrt{\beta^2 - a^2}$$
$$s_{1,2} = -a \pm w = -a \pm j\omega$$

e) Determinanten

$$\underbrace{det(a_{ik})}_{i,k=1,2} = \begin{vmatrix} a_{11} & a_{12} \\ a_{21} & a_{22} \end{vmatrix}$$

$$\underbrace{det(a_{ik})}_{i,k=1,2,3} = \begin{vmatrix} a_{11} & a_{12} & a_{13} \\ a_{21} & a_{22} & a_{23} \\ a_{31} & a_{32} & a_{33} \end{vmatrix} = a_{11}\begin{vmatrix} a_{22} & a_{23} \\ a_{32} & a_{33} \end{vmatrix} - a_{12}\begin{vmatrix} a_{21} & a_{23} \\ a_{31} & a_{33} \end{vmatrix} + a_{13}\begin{vmatrix} a_{21} & a_{22} \\ a_{31} & a_{32} \end{vmatrix}$$

f) Differenzialrechnungen

$$\frac{d(\sin x)}{dx} = \cos x$$
$$\frac{d(\cos x)}{dx} = -\sin x$$
$$\frac{d(\tan x)}{dx} = \frac{1}{\cos^2 x}$$
$$\frac{d(\cot x)}{x} = -\frac{1}{\sin^2 x}$$
$$\frac{d(\sin^2 x)}{dx} = 2 \cdot \sin x \cdot \cos x$$
$$\frac{d(\cos^2 x)}{dx} = -2 \cdot \cos x \cdot \sin x$$
$$\frac{d(e^x)}{dx} = e^x$$
$$\cdot \quad \frac{d(e^{-x})}{dx} = -e^{-x}$$
$$\frac{d(e^{2x})}{dx} = 2 \cdot e^{2x}$$

g) Integralrechnungen

$$\int u \cdot v' dx = u \cdot v - \int v \cdot u' dx \rightarrow \text{Partielle Integration}$$
$$\int \sin x dx = -\cos x$$
$$\int \cos x dx = \sin x$$
$$\int \sin^2 x dx = \frac{x}{2} - \frac{\sin 2x}{4}$$
$$\int \cos^2 x dx = \frac{x}{2} + \frac{\sin 2x}{4}$$
$$\int \ln x dx = x(\ln x - 1)$$
$$\int e^x dx = e^x$$
$$\int \frac{dx}{x} = \ln |x|$$

Literatur

1. R. Endter: Vorlesungsunterlagen Grundlagen der Elektrotechnik.
2. A. Haase: Vorlesungsunterlagen Elektrotechnik.
3. R.H. Park (Two-Reaction Theory of Synchronous Machines Generalized Method of Analysis – Part I)

Weiterführende Literatur

4. Bystron, K. (1976). *Technische Elektronik: Bd. I und II*. München: Hanser.
5. Liepe, J. (2017). *Schaltungen der Elektrotechnik und Elektronik – verstehen und lösen mit NI Multisim*. München: Hanser.
6. Fachkunde Elektrotechnik, Verlag Willing & Co, 1964.
7. Friedrich Oehme, W., Huemer, M., & Pfaff, M. (2012). *Elektronik und Schaltungstechnik*. München: Hanser.
8. Hölzer, E., & Holzwarth, H. (1986). *Pulstechnik: Bd. I und II*. Berlin: Springer.
9. Von Grünigen, Ch., D. (2014). *Digitale Signalverarbeitung*. München: Hanser.
10. Meister, H. (1979). *Elektrotechnische Grundlagen der Elektronik*. Vogel.
11. Beuth, K. (1979). *Bauelemente der Elektronik*. Vogel.
12. Beuth, K., & Schmusch, W. (1979). *Grundschaltungen der Elektronik*. Vogel.
13. Küpfmüller, K. (1968). *Einführung in die theoretische Elektrotechnik*. Berlin: Springer.
14. Philippow, E. (1967). *Grundlagen der Elektrotechnik, Akademische Verlagsgesellschaft Geest & Portig K.-G.*
15. Albach, M. (2011). *Elektrotechnik*. Pearson.
16. Rüdenberg. (1974). *Elektrische Schaltvorgänge*. Berlin: Springer.
17. Kamen, E. W., & Heck, B. S. (2007). *Signals and Systems*. Pearson.
18. Tietze, U., & Schenk, Ch. (1978). *Halbleiter Schaltungstechnik*. Berlin: Springer.
19. Langewellpott-Schwering. (1977). *Elektrotechnik für Sie*. Hueber-Holzmann.
20. Hagmann, G. (2011). *Grundlagen der Elektrotechnik*. Aula.

© Springer Fachmedien Wiesbaden GmbH, ein Teil von Springer Nature 2021
C. Karaali, *Grundlagen der Elektrotechnik,* https://doi.org/10.1007/978-3-658-31829-1

Printed in the United States
by Baker & Taylor Publisher Services